数码影像编辑技术

主 编　张 锐　薛艳林
副主编　孙友华　袁金堂　雷君一

DIGITAL
IMAGE

北京理工大学出版社
BEIJING INSTITUTE OF TECHNOLOGY PRESS

内 容 提 要

　　本书是一本全面、系统、实用的数码影像编辑技术指南，旨在帮助读者深入了解和认识数码影像编辑技术，并掌握部分实用技巧和方法。本书力求理论联系实际，内容由浅入深、循序渐进，共包括6个项目：数码摄影技术、数码摄像技术、视听语言基础、音频编辑基础、视频编辑基础、音视频编辑综合案例。

　　本书可作为数字媒体技术专业的教材，也可作为专业影像工作者或相关兴趣爱好者的参考用书。

图书在版编目（CIP）数据

数码影像编辑技术 / 张锐，薛艳林主编 . -- 北京：
北京理工大学出版社，2025.1.
ISBN 978-7-5763-4859-0

Ⅰ. TP391.413

中国国家版本馆 CIP 数据核字第 2025AM9722 号

责任编辑：钟　博　　　　文案编辑：钟　博
责任校对：周瑞红　　　　责任印制：王美丽

出版发行 /	北京理工大学出版社有限责任公司
社　　址 /	北京市丰台区四合庄路6号
邮　　编 /	100070
电　　话 /	(010) 68914026（教材售后服务热线）
	(010) 63726648（课件资源服务热线）
网　　址 /	http：//www.bitpress.com.cn
版 印 次 /	2025年1月第1版第1次印刷
印　　刷 /	河北鑫彩博图印刷有限公司
开　　本 /	787 mm×1092 mm　1/16
印　　张 /	17
字　　数 /	331千字
定　　价 /	89.00元

前 言
PREFACE

党的二十大报告提到："推进文化自信自强，铸就社会主义文化新辉煌"。在当今时代，数码影像技术作为文化传播与创作的重要载体，正深刻地影响并改变着人们的生活与文化生态。从电影、电视这种传统的大众传媒，到蓬勃发展的网络媒体；从极具创意的广告领域，到广泛的出版行业，乃至每个人都能参与的个人创作，数码影像技术无处不在，它为文化的传播与创新提供了无限可能。

本书编写组为了更好地满足社会和学生的需求，尝试基于职业院校数字媒体技术专业的课程设计与实施，将"数码影像技术"和"音视频编辑"两门课程融合，为读者提供更加丰富、实用的学习体验。这种融合教学模式有助于培养学生的创新能力和实践能力，让他们能够在未来的工作和生活中更好地运用所学的知识。

本课程建议教学总学时数为 64 学时。本书共分为 6 个项目：数码摄影技术、数码摄像技术、视听语言基础、音频编辑基础、视频编辑基础和音视频编辑综合案例。这些主题内容涵盖了数码影像编辑的各个方面，从基础知识到高级技巧，从理论到实践，旨在帮助读者全面了解和掌握数码影像编辑技术。

项目 1 讲述了数码摄影技术，包括数码摄影的起源与发展、数码相机的结构与分类、数码相机的选购和保养等内容。了解数码摄影的基本原理和相关知识，读者不仅可以提高数码摄影的技术水平，还能更好地选择和保养数码相机，为后续的影像编辑打下坚实的基础。

项目 2 介绍了数码摄像技术，包括摄像技术概述、不同类型的数码摄像机、摄像机的基本操作等内容。了解摄像技术的发展历程和数码摄像机的工作原理对于从事摄像工作的人来说尤为重要。本项目旨在帮助读者掌握影像创作的全过程，实现更为生动、立体的影像表达。

项目 3 讲述了视听语言基础，包括构图、色彩、镜头语言、剪辑和蒙太奇以及影视作品中的声音艺术等。这些基础知识对于拍摄和编辑影像作品有重要的指导作用，使读者能够更好地表达和传达想要表达的信息，帮助读者学会如何运用声音和画面来讲述故事，提升影像作品的感染力。

项目 4 和项目 5 分别是音频编辑基础和视频编辑基础，涵盖了音频基础知识、Adobe Audition 软件的使用、音频编辑与剪辑、混音和音频特效等内容，以及视频基础知识、Adobe Premiere Pro 软件的使用、视频素材的导入和编辑、音频编辑和视频效果等内容。学习这些知识和技术，读者可以进行音频和视频的后期编辑，提升作品的质量和表现力，并为影像作品增添丰富的听觉元素，创作出令人印象深刻的影像作品。

项目 6 是音视频编辑综合案例，旨在通过具体案例，使读者更深入地理解和掌握音视频编辑的技术和理念、音视频编辑的基本流程和常用工具。本项目详细讲解了从零开始进行音视频编辑的全过程，包括剪辑思路的设定、素材的剪辑和拼接、音效和特效的添加、视频的输出等内容。本项目旨在通过具体的案例和实践经验的分享，帮助读者更深入地掌握音视频编辑的技术和理念，培养创新能力和实践能力，为未来的职业发展和社会应用做好充分准备。

本书在编写过程中，参阅了大量书籍、资料和案例，在此对相关作者表示真诚的感谢。

由于编者的编写水平有限以及编写时间仓促，书中难免存在疏漏和不足之处，欢迎广大读者批评指正。

编　者

素材包：图片

目录

CONTENTS

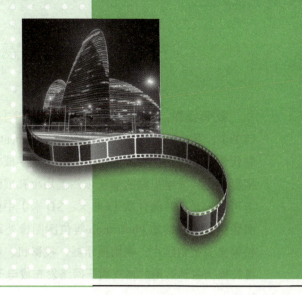

项目 1
数码摄影技术

项目介绍

本项目介绍数码摄影技术的起源、发展和应用。通过本项目，读者能够学习数码相机的结构、分类及选购保养方法，并深入了解数码相机的主要性能指标。同时，本项目介绍了数码摄影的基本要求，包括光线运用、构图技巧以及光圈、快门、对焦和景深等知识，由此读者可以了解数码相机的正确持机方法以及数码照片的传导和处理过程。

学习目标

1. 知识目标
（1）了解数码摄影的起源及发展；
（2）理解数码相机的基本结构及分类；
（3）掌握数码相机的选购技巧和保养方法；
（4）掌握数码摄影的主要性能标准；
（5）理解数码摄影的拍摄技巧及照片处理方法。

2. 技能目标
（1）熟练掌握数码相机的使用方法；
（2）能够根据实际情况选择合适的数码相机；
（3）能够进行数码照片的传导和处理。

3. 素养目标
（1）提升对摄影艺术的理解和欣赏能力；
（2）培养良好的摄影习惯和技巧；
（3）培养解决实际问题的能力和创新思维。

PPT：数码摄影技术

任务 1.1　数码摄影的起源与发展

　　数码摄影，是指使用数字成像组件［电荷耦合器件（Charge-Coupled Device，CCD）、互补金属氧化物半导体（Complementary Metal-Oxide-Semiconductor，CMOS）］替代传统菲林记录视频的技术。配备数字成像组件的相机统称为数码相机。对于数码摄影来说，光学视频的捕获依然运用小孔成像原理，但其将投射其上的光学视频转换为可被记录在存储介质（CF 卡、SD 卡）中的数字信息。其成像可被生成标准的位图图像格式，借助如 Photoshop 等位图图像处理软件进行各种修改，由数字冲印或打印机输出为实物照片，或用显示器、投影机、电子相册等展示工具直接展示，也可以直接转换为各种适用的格式用于网络发布或电子邮件传送。

1.1.1　数码摄影的起源

　　1970 年，美国贝尔实验室发明了 CCD，这是影像处理行业具有里程碑意义的一年。

　　1975 年，美国伊士曼柯达公司（以下简称"柯达公司"）工程师赛尚（Steven J.Sasson）发明了世界上第一台数码相机的原型机——手持电子照相机，并拍下了历史上首张数码相片，因此他也被称为"数码相机之父"，如图 1-1 所示。

1.1.2　数码摄影的发展

　　当今社会，数码风暴已经席卷了人们的生活。数码摄影技术在数年间迅速普及，科技与艺术共同缔造了数码时代。从计算机、互联网、电子邮件、电子相册到数码相机，它们已经融入了每个摄影师的日常生活。在信息技术时代，数码技术已成为生活的一部分。

图 1-1　数码相机之父

　　1981 年，日本索尼公司经过多年对 CCD 的研究和不断的技术积累，推出了全球第一台不用感光胶片的电子相机——静态视频"马维卡（MABIKA）"。该相机首次将光信号转换为了电子信号。

　　1984—1986 年，日本多家公司先后开始对电子相机进行研发并分别推出了试制品，其中包括松下、佳能、尼康、卡西欧、东芝、奥林巴斯等公司。

　　1994 年，美国柯达公司推出了全球首部民用消费级数码相机 DC40。该款相机由于体积较小、操作较为方便、价格较为合理而被部分消费者所接受。自那时起，数码相机经历了飞速的发展。

1999 年，数码相机的图像分辨率再次得到突破，不但全面跨入百万像素，画质有了质的改进，而且功能也有所提高，机身更小型化，价格不断降低。

2000 年后，数码相机进入高速发展期；到 2004 年，消费级数码相机全面进入 800 万像素时代，高像素、多功能、超薄、时尚已成为消费级数码相机的主流，如图 1-2 所示。

图 1-2 消费级数码相机

任务 1.2 数码相机的结构与分类

数码相机也称为数字式相机，是光、机、电一体化的产品。数码相机最早出现在美国。20 多年前，美国曾利用数码相机通过卫星向地面传送照片，后来数码相机转为民用并不断拓展应用范围。数码相机的核心部件是 CCD 图像传感器，它由一种高感光度的半导体材料制成，其工作原理是：把光线转变为电荷，通过模数转换器芯片转换成数字信号，把压缩后的数字信号存储在数码相机内部的闪速存储器或内置硬盘卡上，把数据传输给计算机，并借助计算机的处理手段，根据需要和想象修改图像。

数码相机是一种利用电子传感器把光学影像转换成电子数据的照相机。与传统相机在胶卷上靠溴化银的化学变化来记录图像的原理不同，数码相机的传感器是一种光感应式的 CCD 或 CMOS。图像在传输到计算机以前，通常会先储存在数码存储设备中。

1.2.1 数码相机与传统相机的不同

虽然数码相机的外观、部分功能及操作与传统相机差不多，但数码相机与传统相机还有以下几个不同点。

1. 制作工艺不同

数码相机作为一种摄影工具，它的外形与传统相机基本相似。传统相机使用银盐感光材料即胶卷作为载体，拍摄后的胶卷要经过冲洗才能得到照片。刚拍摄后操作者无法知道照片拍摄效果的好坏，且不能对拍摄得不好的照片立即进行删除。一般情况下，通过暗房加工出来的照片的效果是不能改变的。数码相机不使用胶卷，而是使用CCD感光，然后将光信号转变为电信号，再经模数转换后记录于存储卡上，存储卡可反复使用。由于数码相机拍摄的照片要经过数字化处理再存储，所以拍摄者可以回放观看效果，可以将不满意的照片立即删除然后重拍。拍摄后把数码相机与计算机连接，可以将照片传输到计算机中进行各种处理，再通过打印机打印出来，这是数码相机与传统相机的主要区别。

2. 拍摄效果不同

传统相机的溴化银胶片可以捕捉连续的色调和色彩，而数码相机的CCD在较暗或较亮的光线下会丢失部分细节，更重要的是，数码相机的CCD所采集图像的像素远远少于传统相机所拍摄图像的像素。一般而言，传统相机35 mm胶片解析度为每英寸[①]2 500线，相当于1 800万像素甚至更高，而目前数码相机使用的最好的CCD所能达到的像素还不足1 000万。在现阶段，数码相机拍摄的照片，不论在影像的清晰度、质感、层次、色彩的饱和度等方面，都无法与传统相机拍摄的照片媲美。

3. 拍摄速度不同

在按下快门，即数码相机真正记录数据之前，需要等待1.5 s，这是因为数码相机要进行调整光圈、改变快门速度、检查自动聚焦、打开闪光灯等操作。数码相机每拍摄完一张照片，要等待3 ～ 7 s才能拍摄下一张照片，这是因为数码相机要对已拍摄的照片进行图像压缩处理并存储起来，而存储卡的存储速度较慢，故数码相机的拍摄速度，特别是连拍速度还无法达到专业摄影的要求。另外，由于数码相机的每个动作都需要耗电，故数码相机的耗电量较大，这些都是数码相机的缺点。

4. 存储介质不同

数码相机的图像以数字方式存储在磁介质上，而传统相机的图像是以化学方法记录在溴化银胶片上。

5. 输入 / 输出方式不同

数码相机的图像可直接输入计算机，经处理后打印出来。传统相机的图像必须在

---

① 1英寸 =0.025 4 米。

暗房里冲洗，要想进行处理必须通过扫描仪扫描进入计算机，而扫描后得到的图像的质量会受到扫描仪精度的影响。因此，虽然传统相机图像的原样质量很高，但经过扫描以后得到的图像质量下降较多。数码相机可将自然界中的一切瞬间拍摄为可供计算机直接处理的数码影像，并可在电视上显示。众多跨国公司角逐数码相机市场，正是由于它们看准了数码相机的突出优点，即数码相机可在速度、方便性、拍摄成本及工作效率方面使用户获益。

1.2.2　数码相机的结构

数码相机的结构如图 1-3 所示。

首先是 CCD 图像传感器，它相当于传统相机中的感光胶片。其次，另一个重要部件是采用数字信号处理（Digital Signal Processing，DSP）技术的图像处理器，如佳能数码相机采用的图像处理芯片——佳能数字影像处理器（DIGital Image Core，DIGIC），用于进行图像的压缩、转换、滤波、修正等工作，是数码相机的"大脑"。

另外，数码相机中有其他一些专用控制器，用于管理数码相机的操作、完成存储卡的读写功能，以及进行文件系统的管理等。还有一片可擦除可编程只读存储器（Erasable Programmable Read-only Memory，EPROM），其中保存着相机的固件（Firmware），就相当于计算机主板的基本输入 / 输出系统（Basic Input/Output System，BIOS）芯片，它可看作整台数码相机的操作系统，通常可以进行升级。

机身及镜头组件包括自动对焦系统以及快门控制系统等，与传统相机区别不大。

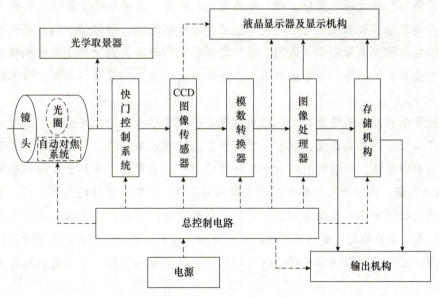

图 1-3　数码相机的结构

1.2.3 数码相机的分类

数码相机根据其性能特点，可分为消费级与专业级两类，每类数码相机都有各自的特点。其中专业级通常指单反数码相机，消费级包括卡片数码相机和微单相机。

1. 单反数码相机

单反数码相机（以下简称"单反"）是指单镜头反光数码相机，英文简称为 DSLR，即数码（Digital）、单独（Single）、镜头（Len）、反光（Reflex）的英文首字母缩写 DSLR。单反数码相机可更换不同规格的镜头，这是普通数码相机无法比拟的。市场中单反的代表机型常见于尼康、佳能、宾得、富士等。此类相机一般体积较大，比较重。

电子取景器（Electronic View Finder，EVF）的机型也归入单反类，但一般加注"类似"，或注明是 EVF 取景，如奥林巴斯 C-2100UZ、富士 FinePix 6900 等。在单反的工作系统中，光线透过镜头到达反光镜后，折射到上面的对焦屏并形成影像，透过接目镜和五棱镜，可以在观景窗中看到外面的景物。与此相反，一般数码相机只能通过液晶显示屏（Liquid Crystal Display，LCD）或 EVF 看到所拍摄的影像。显然直接看到的影像比通过处理看到的影像更利于拍摄。

单反支持更换各种规格的镜头，这是单反固有的优点，是普通数码相机不能比拟的。

2. 微单相机

"微单"包含两个意思：微，即微型小巧；单，即可更换式单镜头相机。也就是说这个词表示了微单相机有小巧的体型和单反般的画质，即微型小巧且具有单反性能的数码相机称为微单相机。普通的卡片数码相机很时尚，但受制于光圈和镜头尺寸，总有些美景无法拍摄；而专业的单反过于笨重。于是，博采两者之长，微单相机应运而生。

微单相机的主要特点如下。微单相机在去掉了单反中的反光板及机顶取景系统，修改了单反中的对焦系统，没有了反光板就意味着没有光线的反射，因此无法直接通过镜头看到景物，在这样的情况下只好另外开一个取景窗，即与卡片数码相机一样通过 LCD 取景，同时可提升微单相机机身的紧凑性。当然对焦性能也不一样，单反的对焦方式为相位对焦，而微单相机使用的是反差对焦，反差对焦在对焦过程中需反复检测对比度，在合焦后可能对焦过头，然后再回到合焦位置，这样对焦速度就会比相位对焦要慢一点，而相位对焦一开始就可以直接到达合焦的位置，不需要对焦过头再反复合焦。

奥林巴斯和松下新款微单相机都具有高检测频率反差对焦功能,对焦速度能够达到甚至超过单反的对焦速度,这项技术足以弥补微单相机对焦慢的不足。其实反差对焦还有一个优点就是不会跑焦,也不需要"十"字、双"十"字对焦点就能实现准确对焦,这项技术为微单相机增添了不少色彩。

3. 卡片数码相机

卡片数码相机在业界没有明确的概念。外形是否小巧、机身是否较轻便,以及造型是否时尚是判断数码相机是否可归类为卡片数码相机的主要标准。其中索尼 T 系列、奥林巴斯 AZ1 和卡西欧 Z 系列等都应划分为这一类。

卡片数码相机的主要特点如下。卡片数码相机可以被随身携带,在正式场合把它们放进西装口袋里也不会将外衣坠得变形;在女士们的小手包中也不难找到空间放置它们;在其他场合把卡片数码相机塞到牛仔裤口袋或干脆挂在脖子上也是可以接受的。虽然它们并不强大,但是最基本的曝光补偿功能是卡片数码相机的标准配置,再加上区域或点测光模式,有时使用卡片数码相机能完成一些摄影创作。卡片数码相机对画面的曝光可以实现基本控制,再配合色彩、清晰度、对比度等选项,很多漂亮的照片也可以来自这些被"高手"看不上的卡片数码相机。

卡片数码相机和其他数码相机相比,其优点是外观时尚、LCD 屏幕大、机身小巧纤薄、操作便捷;其缺点是手动功能相对薄弱、超大的 LCD 耗电量较大、镜头性能较差。

4. 长焦数码相机

长焦数码相机是具有较大光学变焦倍数的数码相机。光学变焦倍数越大,数码相机能拍摄的景物就越远。其代表机型为美能达 Z 系列、松下 FX 系列、富士 S 系列、柯达 DX 系列等。

长焦数码相机的原理与望远镜类似,其通过镜头内部镜片的移动来改变焦距。焦距越大则景深越浅,这和光圈越大景深越浅的效果是一样的,景深浅的好处在于突出主体而虚化背景。很多拍摄者在拍照时都追求一种浅景深的效果,这样使照片更加专业。镜头长的数码相机,其内部的镜片和感光器移动空间大,因此变焦倍数也大。如今数码相机的光学变焦倍数大多为 3 ~ 12 倍,即可以把 10 m 以外的物体拉近至 3 ~ 5 m;也有一些数码相机拥有 10 倍的光学变焦效果。家用摄录机的光学变焦倍数为 10 ~ 22 倍,如果光学变焦倍数不够,可以在镜头前加一个增距镜,其光学变焦倍数的计算方法如下:将一个 2 倍的增距镜套在一个 1 ~ 4 倍光学变焦的数码相机上,那么这台数码相机的光学变焦倍数由原来的 1 ~ 4 倍变为 2 ~ 8 倍(即增距镜的倍数和光学变焦倍数相乘)。

任务 1.3 数码相机的选购和保养

1.3.1 数码相机选购指南

随着科技的不断发展，数码相机已经成为人们记录生活中美好瞬间的重要工具。但是，在众多的品牌和型号中选择一款合适的数码相机并不容易，因此在购买数码相机时，需要对用途、价位、品牌及外观等进行考量来选购最适合的数码相机。

1. 确定使用需求

首先，需要确定购买数码相机的主要用途，如是用于旅行摄影、家庭记录还是专业摄影。这有助于确定所需的性能、功能和预算范围。

2. 传感器大小

数码相机的传感器大小对图像质量有很大影响。数码相机的传感器分为全画幅和先进摄影系统——经典型（Advanced Photo System-Classic，APS-C）两种常见尺寸。全画幅传感器拥有更高的像素质量和更好的低光条件表现，但价格也更高。APS-C 传感器则价格相对较低，适合入门级用户。

3. 分辨率

数码相机的分辨率决定了图像的清晰度和细节。通常来说，分辨率越高图像越清晰，但高分辨率图像会占用更多存储空间。对于一般用户来说，1 200 万像素以上的分辨率已经足够使用。

4. 镜头选择

镜头是数码相机的核心组成部分之一，对于图像质量至关重要。根据需求选择合适的镜头类型，如广角镜头、标准镜头、长焦镜头等。同时，了解更多关于不同品牌和型号数码相机镜头的评价也是必要的。

5. 光学防抖

光学防抖技术可以有效减少数码相机晃动所导致的照片模糊。这对于手持拍摄或拍摄快速运动的对象尤为重要。在购买数码相机时，尽量选择具备光学防抖功能的型号。

6. 感光度范围

感光度（ISO）范围决定了数码相机在低光条件下的表现。较大的 ISO 范围意味着数码相机能够在暗光环境下获得更好的拍摄效果。对于需要在夜晚或室内环境进行拍摄的拍摄者来说，较大的 ISO 范围非常重要。

7. 操作性能

数码相机的操作性能直接影响使用的便捷性和使用者的体验。查看数码相机的菜单界面是否简单易用、手感是否舒适，并尽量选择具有快速对焦和连拍功能的数码相机，这将方便抓拍特定瞬间的画面。

8. 录像功能

除拍摄静态照片外，许多数码相机还具有高质量的录像功能。如果经常拍摄视频，那么选择一款支持高分辨率和高帧率录制的数码相机是一个不错的选择。

9. 电池寿命

电池寿命决定了数码相机能够连续拍摄的时间。在购买数码相机前，应查看其电池容量及正常使用条件下的续航能力。如果经常在户外活动，并且无法随时充电，那么长续航时间的数码相机更适合。

10. 预算

根据经济实力制定预算，并在这个范围内选择一款数码相机。不仅考虑数码相机的初始价格，还要考虑后期的镜头和配件成本。

1.3.2　常用数码相机配件

1. 摄影包

摄影包应具备耐受冲击、减小振动、防磨损、防水、防潮和防尘等功能。购买时要考虑面料、填充海绵、背带、卡扣、D 形环和拉链等配件的做工及内部结构设计是否合理等条件。切忌为了贪图便宜而选择防护效果不良的摄影包，要根据摄影者的实际需求和经济能力选择舒适、方便、灵活的摄影包。

2. 三脚架与独脚架

当使用长焦拍摄、慢速拍摄、多次曝光等拍摄手法时，为了数码相机的稳定和位置不被移动，确保画面的清晰度，应该使用三脚架。市场上三脚架的种类很多，按照材质可分为高强塑料材质、铝合金材质、钢铁材质、碳素材质等。其中，钢铁材质的三脚架稳定性高，但质量大、便携性很差；铝合金和碳素材质的三脚架轻便且结实，但碳素材质的三脚架价格较高。因此，三脚架也要根据摄影者的拍摄需求和经济能力选购。

3. 存储卡

存储卡是数码相机必不可少的配件之一，用来存储照片。存储卡的种类很多，其中安全数字（Secure Digital，SD）卡和紧凑式内存（Compact Flash，CF）卡的使用最为广泛。SD 卡拥有体积小、容量大、传输数据快、安全性高等特点，已成为主流存储卡，普通的数码相机或单反都可以使用。CF 卡是单反最早使用的一种存储卡，但由于体积比较大，所以大多应用于单反。单反可用比较专业的 RAW 格式进行拍摄，这种存储格式与最常见的 JPEG 格式相比具有很大的后期处理优势，但是 RAW 文件容量很大，针对这种情况，存储卡的容量越大越好。

4. 滤镜

滤镜的种类有很多，包括紫外线滤光镜（Ultra Violet Filter，简称 UV 镜）、偏振镜、中性灰度滤镜（Neutral Density Filter，简称中灰镜、ND 镜）、星光镜和渐变灰度滤镜（Gradual Change-Gray Fillter，简称 GC-GRAY 镜、渐变灰镜）等。

UV 镜：可以用来消除紫外线及杂光，提高照片的清晰度，同时也可用于保护镜头。

偏振镜：可以明显地减弱或消除光滑的非金属物体表面的反光，如水面、镜面等，还可以消除金属物体上的强烈耀斑。

ND 镜：可以用来减少进入数码相机的光量，当光线太亮而又想用更慢的快门速度时，可使用 ND 镜。

星光镜：通常用于拍摄夜景的灯光，可以将画面中的点状光源变成美丽的星芒，也是商品广告摄影中使用较多的一种滤镜；它可在玻璃器皿、珠宝及金属制品的高光处产生光芒四射的效果。

渐变灰镜：通常在大光比环境中拍摄时使用。

5. 电池

数码相机所需要的电都是依靠电池提供的。现在市场上大多数数码相机都采用可充电锂离子电池（简称锂电池），这种电池能量高、使用寿命长、质量小、高低温适应性强，而且没有记忆效应，可以随时充电。

每款数码相机所采用的锂电池型号都不一样，购买时要带上数码相机，并且现场测试，以保证所购买的锂电池能够正常使用。建议在专卖店购买原装锂电池，这样不会给数码相机造成损伤。

6. 闪光灯

闪光灯能产生短暂而强烈的光线，多用于光线不足且没有可借用的光源时给被摄物补光。闪光灯分为内置闪光灯、机顶闪光灯和影棚闪光灯三种。

7. 快门线

快门线相当于一个遥控器。摄影者在离开相机一定的距离内可以用快门线操控快门开关，从而有效防止在慢速曝光时因操作数码相机引起抖动而造成图像模糊。

8. 清洁工具

清洁工具一般包括镜头纸、镜头笔、镜头布、气吹球、脱脂棉、镜头刷和清洁液等，主要用来清洁数码相机镜头的灰尘和污渍。

1.3.3 数码相机的保养

正确保养数码相机可以延长数码相机寿命。保养数码相机的技巧具体如下。

1. 正确清洁

灰尘是数码相机及其镜头的最大干扰之一。镜头容易吸附很多灰尘，如果不定期清洁，设备很容易受到损伤。清洁数码相机和镜头时，要注意以下几点：使用吹风机和刷子将较大的灰尘颗粒从齿轮表面去除；对于更细小的顽固颗粒，使用镜头布轻轻擦拭可将其去除；清洁污点时使用清洁液；清除数码相机内部的灰尘时使用吹风机，将镜头方向朝下，更容易将灰尘吹落。如果使用吹风机后灰尘颗粒仍留在传感器上，可以将数码相机设置为清洁模式并使用凝胶棒或棉签慢慢清除。

2. 镜头更换

当从机身上取下镜头时，镜头和数码相机都会变得脆弱，水和灰尘等外部杂物很容易落在数码相机和镜头的内部，从而损坏它们。因此，更换镜头时应注意以下几点：不要在风雨中更换镜头，要到空气干燥的地方，如车内；更换镜头时，要确保没有风；学会快速更换镜头，通过缩短更换镜头的时间，降低灰尘颗粒进入镜头的可能性。

3. 使用优质的紫外线过滤器

使用优质的紫外线过滤器，可以保护镜头的前部元件免受碰撞和划伤。最好不要使用光学质量低的紫外线过滤器，因为它们会对图像质量产生不利影响。

4. 手带

手带可以成为急救工具，防止手抖动或乏力使数码相机掉落。

5. 镜头遮光罩

镜头遮光罩为镜头的前部元件提供阴影，防止重影和眩光。镜头遮光罩可以有效保护镜头，防止在随身携带数码相机时不小心碰到镜头。

6. 干燥袋

将数码相机放入自封袋密封时，可以使用干燥袋吸收水分来防止冷凝。如果需要将数码相机闲置一段时间，可以使用干燥袋存放数码相机。

7. 防尘罩

如果在尘土飞扬的环境中拍摄，可以使用防尘罩防尘。浴帽可作为防尘罩使用。

任务 1.4　数码相机主要性能指标

数码相机是集光学、机械、电子等技术于一体的产品。它集成了影像信息的转换、存储和传输等部件，具有采用数字化存取模式、与计算机交互处理和实时拍摄等特点。数码相机的许多性能指标参考了传统相机的概念，由于数码相机与传统相机的构造不同，所以一般厂家都使用"相当于传统相机"的概念对其进行描述。

1.4.1　分辨率和色彩位数

1. 数码相机的分辨率

数码相机的分辨率是指数码相机所能记录的像素数量。像素越多，图像的细节和清晰度就越高。一般来说，分辨率的大小与数码相机的价格成正比。对于普通用户而言，1 200 万像素以上的数码相机就能满足大部分需求。

2. 数码相机的色彩位数

色彩位数又称彩色深度，它反映了数码相机能正确记录色调的数量。色彩位数的值越大，就越能真实地还原亮部及暗部的细节。目前数码相机的色彩位数一般是 24 位，可以生成真彩色的图像。市场上一些所谓的 30 位或 36 位数码相机，实际也是 24 位的。目前商用级数码相机的色彩位数都是 24 位。这一指标并不是衡量数码相机的关键指标，在一般应用场合下可不必多加考虑。

1.4.2　光学镜头和镜头焦距

1. 数码相机的光学镜头

光学镜头是机器视觉系统中必不可少的部件，直接影响成像质量和算法的实现和效果。光学镜头根据焦距可分为短焦镜头、中焦镜头、长焦镜头；根据视场大小可分为广角镜头、标准镜头、远摄镜；根据结构可分为固定光圈定焦镜头、手动光圈定焦镜头、自动光圈定焦镜头、手动变焦镜头、自动变焦镜头、自动光圈电动变焦镜头、电动三可变（光圈、焦距、聚焦均可变）镜头等。

目前商用级的数码相机多使用与普通 35 mm 数码相机相同的普通广角镜头。由于广角镜头具有景深大、拍摄范围广等优点，所以在选择数码相机时，在同样的性能条件下，具有广角镜头和远摄镜头的数码相机更好一些。具有广角拍摄功能的数码相机有日本富士的 MX-600、美国柯达的 DC265、日本奥林巴斯的 1400XL 等。

2. 数码相机的镜头焦距

与人类的眼睛一样，数码相机通过镜头摄取世界万物。人类的眼睛如果出现焦距误差（远视或近视），则会出现无法正确分辨事物的现象。同样，数码相机的镜头，其最主要的性能指标也是焦距。镜头的焦距不同，能拍摄的景物广阔程度就不同，照片效果也迥然相异。如果拍摄者经常使用 35 mm 传统相机，则会对相机镜头的焦距有基本的认识，如一般使用 35 mm 左右的镜头拍摄风景、纪念照，而使用 80 mm 左右的镜头拍证件照所需要的"大头像"。与传统相机相比，数码相机使用 CCD，因此其镜头上标明的焦距通常是 5.0 mm、10 mm 等。在 35 mm 传统相机上使用超广角或鱼眼镜头，相当于在 35 毫米数码相机上使用小广角镜头。

1.4.3　光圈与快门速度

与传统相机一样，数码相机的光圈与快门速度在拍摄时相当重要。目前，普通的数码相机是全自动化的，因此人们只关心如何选择拍摄景物，而不太注意数码相机的光圈及快门速度。在购买数码相机时，最好对比各种数码相机的光圈及快门速度，因为光圈和快门速度控制数码相机光线摄入量的总体范围值，也就是说，它们将影响数码相机是否能够在各种光线情况下获得很好的效果。快门速度将直接影响拍摄动态图像的效果；光圈范围将影响拍摄图像的景深。

1. 数码相机的光圈

光圈是指镜头的光学口径大小，它决定了镜头能够采集的光线数量。光圈越大，进入数码相机的光线就越多，图像的亮度就越高。光圈的大小也会影响景深，光圈越大，景深就越小。在选择数码相机时，可以选择可调节光圈大小的镜头，以便根据不同的场景进行调整。

2. 数码相机的快门速度

快门速度是指数码相机快门开合一次所需的时间。它决定了数码相机能够拍摄的运动状态。一般来说，快门速度越高，数码相机能够拍摄到的运动越快，但是过高的快门速度会导致图像过度曝光。在一般应用场合中，1/125 s 的快门速度已经足够。

1.4.4　白平衡、感光度和曝光补偿

1. 白平衡

白平衡是指数码相机自动调整图像的色温，以使白色物体看起来是白色，而不是偏蓝或偏黄。如果白平衡设置不当，拍摄出的图像色彩会失真。不同的场景需要不同的白平衡设置，如室内、室外、日落等。一些高端数码相机甚至提供自定义白平衡调节功能。

使用没有白平衡功能的数码相机时，会发现在荧光灯下图像看起来是白色的，但用数码相机拍摄出来有点偏绿，而在白炽灯下图像的色彩会明显偏红。人类的眼睛之所以把它们看成白色的，是因为人眼进行了修正。由于 CCD 本身没有人眼这种功能，所以有必要对它输出的信号进行一定的修正，这种修正就叫作白平衡。白平衡控制就是通过调整图像，使在各种光线条件下拍摄的照片色彩和人眼所看到的景物色彩完全相同。

2. 感光度

感光度是指数码相机感光器件的灵敏度，也称为 ISO 值。感光度越高，相机所拍摄的图像就越亮，同时会伴随一定程度的噪点和色斑。在普通光线下，ISO 值为 100 ～ 400 是较为合适的选择。

感光度只是感光材料在一定的曝光、显影、测试条件下对于辐射能感应程度的定量标志。普通相机本身是没有感光度可言的。使用过传统相机的拍摄者都知道胶卷最重要的指标就是感光度，即衡量胶卷需要多少光线才能完成准确曝光。ISO 值增大，胶卷对光线的敏感程度也随之增加，这样就可以在不同的光线环境中进行拍摄。

3. 曝光补偿

曝光补偿是指在不改变快门速度和光圈的情况下，通过调节数码相机的曝光值来改变图像的明暗程度。如果在高光或低光环境中，就需要手动调整曝光补偿以达到合适的曝光效果。

光线对拍摄质量而言举足轻重，摄影就是对光线的"计算"。由于所拍摄物体处于不同的光线环境中，所以正确控制曝光至关重要。闪光灯、反光板等工具有曝光的作用，正确使用曝光补偿则是另一种有效途径。

1.4.5　其他性能指标

1. 防抖动

防抖动是指数码相机采用一定的技术手段来抵消数码相机本身或拍摄者的手部抖

动所造成的图像模糊。防抖动技术可以大大提高数码相机的拍摄成功率，尤其在光线较暗、长焦距或低快门速度的情况下更加重要。

2. 存储卡

存储卡是数码相机存储照片和视频的介质。常见的存储卡有 SD 卡、CF 卡等。在购买数码相机时，需要注意数码相机所支持的存储卡类型和最大存储容量，以便在拍摄时尽量不受存储空间限制。

任务 1.5   数码摄影的基本要求

1.5.1   光线的运用

照片是光与影的艺术产品，将光线称为摄影的灵魂一点也不为过。要拍摄出高质量的照片，就要掌握光线这个关键元素。

1. 光线的性质

（1）直射光。在晴朗的天气条件下，阳光没有经过任何遮挡直接射到被拍摄对象上，受光的一面就会产生明亮的影调，不直接受光的一面则会形成明显的阴影，这种光线称为直射光。在直射光下，受光面及不受光面会有非常明显的反差，容易产生立体感。

当太阳被薄云遮挡时，阳光仍会穿透白云扩散，这时产生的照明反差降低，适宜于人像摄影。

（2）散射光。在阴天的天气条件下，阳光被云层遮挡，不能直接射向被拍摄对象，只能透过中间介质或经反射照射到被拍摄对象上，产生散射作用，这类光线称为散射光。由于散射光形成的受光面及阴影面不明显，明暗反差较小，光影的变化也较柔和，所以产生的效果比较平淡柔和。

直射光产生反差较大的光线，致使阴影较浓厚，调子变化较少，所拍出的影像线条及影调较硬。散射光产生反差较小的光线，故阴影较淡，调子变化较丰富，会拍摄出较柔和的影像线条及影调。因此，摄影者应根据不同的情况选择合适的光线。

2. 光线投射的不同方向

拍摄同一个景物时，运用不同方向投射的光线会产生不同的效果。

（1）顺光。从照相机背后而来，正面投向被拍摄对象的光线叫作顺光。顺光照明的特点：被拍摄对象绝大部分直接受光，阴影面积不大，影调比较明朗。这种光线形成的明暗反差较小，被拍摄对象的立体感不能靠照明光线反映出来，而是由本身的起伏表现出来，因此立体感较弱。

（2）前侧光。从照相机的左后方或右后方投向被拍摄对象的光线叫作前侧光。被拍摄对象大部分受光，产生的亮面大，影调也较明亮，不受光而产生阴影的面积也不会太大，但可以表现出对象的明暗分布和立体形态。这类光线既可以保留比较明快的影调，又可以展现被拍摄对象的立体形态。

（3）侧光。来自照相机左侧或右侧的光线叫作侧光。它会使被拍摄对象的一半受光，另一半则处于阴影中，有利于表现对象的起伏状态。

由于侧光照明使被拍摄对象的阴影面积增大，画面的影调不亮也不暗，明暗参半，不及顺光和前侧光那样明快，但也不会太阴沉，立体形态表现较好。

（4）侧逆光。来自照相机的左前方或右前方的光线叫作侧逆光。它使被拍摄对象产生小部分受光面和大部分阴影面，影调较阴沉。这种照明方法在被拍摄对象上产生的立体感会比顺光强一些，但仍然偏弱。

（5）逆光。逆光是由被拍摄对象背后射来，正面射向照相机的光线。被拍摄对象绝大部分处在阴影之中，光线的对比较弱，立体感也较弱，影调比较阴沉。但是，逆光可以用来勾画物体的侧影和轮廓，还可以凸显物体的质感和形状，清楚地展示被拍摄对象的线条。在明朗的天气条件下使用逆光能创造出一种强烈的反差。

（6）顶光。由被拍摄对象上方而来的光线叫作顶光，如正午的太阳光。顶光常在被拍摄对象上造成强大的阴影，若用于人像摄影，则人脸部的鼻下、眼眶、颚下等处会形成浓黑的阴影。

（7）底光。底光的光源位于被拍摄对象的下方。这种光线在日常生活中较少见，会产生怪异和戏剧性的效果，在一般摄影场合应用较少。

3. 光线的反差

光线的反差是指被拍摄对象上最亮与最暗的色调间的关系。所谓反差强，是指光线在被拍摄对象上呈现的最亮部位与最暗部位的差别大，由最亮到最暗的转换过程变化剧烈，对比度强烈。相对地，反差弱表示最亮部位与最暗部位的差别不太大，由最亮到最暗的转换过程变化柔和，色调丰富。

1.5.2　构图的技巧

构图是指在照片有限的空间中处理人、景、物的关系，并将三者安排在画面中的最佳位置以形成画面特定结构的过程。构图最主要的目的是强调及突出主体景物，同时把烦琐的、次要的部分恰当地安排为陪衬。好的构图令照片看起来均匀、稳定、舒服、有规律，而且可以将视线引导到主体上。构图不当，会出现杂乱、左右不平衡、头重脚轻及因主体过多反而没有视觉焦点等问题。

1. 构图注意事项

（1）照片不应太过单调，否则照片会显得呆板，但也不应太复杂，否则会令人觉得混乱。

（2）要选择适合的背景。合适的背景不但有助于衬托主体及突出主角，也会丰富照片的内容，增添画面的色彩。

（3）要了解人、景、物三者在照片中的关系，并适当地安排它们，以有效地表达主体，避免喧宾夺主。

（4）要考虑各个景、物色彩的对比。鲜明的对比有助于突出主体，但颜色混乱则会产生相反的效果。

（5）要掌握光线的照射角度及所产生的明暗阴影，它们都会影响照片的色彩和效果。

（6）要多利用照明、透视、重叠和影纹的层次变化，这有助于增强照片的立体感。

2. 以不同的拍摄角度制造不同的构图

大多数被拍摄对象都是立体的，它们呈现出正面、侧面、背面、顶面及底面。即使同一个对象，拍摄的方位、角度不同也会令画面展现出多种多样的构图效果。在拍摄之前，应选取不同的方位、角度观察及比较物体，从中找出最佳、最可表达主体、最生动的视点，以确定最合适的构图。

（1）正面拍摄。正面拍摄是一种常用的摄影角度。正面拍摄可以产生庄严、平稳的构图效果。但平稳的线条、对称的结构也会因缺乏透视感而显得呆板，很多时候会因被拍摄对象的受光情况相似而不能凸显其应有的立体感。

（2）侧面拍摄。侧面拍摄是指从斜侧的方向进行拍摄，它使画面中原来的平行线条变成斜线，具有纵深感，能将人的视线引向深处，增强立体感。随斜侧方位的角度变化，其透视效果也会出现有趣的改变。

（3）仰视拍摄。仰视拍摄是指从下方向斜上方的角度进行拍摄，多用于拍摄高大的景物。这种拍摄角度既可以拍到高大景物的全景，又可以形成垂直于地面的线条向上汇聚的透视感，还可以突出对象的高耸特性，增强压迫感。

（4）俯视拍摄。俯视拍摄就是从上方向下方进行拍摄。在高处俯视拍摄大范围的景物，经常应用在广角的风景摄影中。在人像摄影中使用俯视拍摄的方法，会产生被拍摄者更加纤秀的效果。

3. 构图的三分法

三分法是由希腊的数学家提出来的。摄影者将其运用到照片的构图上，可以拍摄出很多和谐悦目的照片。具体方法：用两条竖线和两条横线将画面平均分为 9 个同样大小的方格，即对称九宫格构图，拍摄时将主体放在竖线和横线的交叉点上。

三分法构图可以应用在任何人和景物的摄影中。

4. 背景与前景的选择

背景或前景与主体在色彩、形状、线条、质感、明暗上的不同会造成反差，形成对比，有突出主体的作用。

（1）简单柔和的背景。简单的背景不会抢夺主体的地位，有利于突出主体，但过于简单及单调的背景却会使照片过于呆板。

（2）避免杂乱的背景。杂乱的背景会使照片看起来非常混乱，甚至令人辨别不出主体。

（3）避免前景中有太多的人和物。如果前景中有太多的人和物，则难以突出主体，会严重破坏照片的整体效果。

5. 摄影构图的基本模式

（1）均衡式构图。均衡就是平衡，它区别于对称。用这种形式进行构图的画面，不是左右两边的景物形状、数量、大小、排列一一对应，而是相等或相近形状、数量、大小的不同排列，给人以视觉上的稳定，是一种异形、异量的呼应均衡，是利用近重远轻、近大远小、深重浅轻等透视规律和视觉习惯的艺术均衡。

均衡式构图给人以宁静和平稳感，又没有绝对对称的呆板，是拍摄者常用的构图形式。均衡是摄影构图的基本要求之一。

要形成均衡式构图，关键是选择好均衡点（均衡物）。这要通过艺术效果寻找，只要位置恰当，小的物体可以与大的物体均衡，远的物体可以与近的物体均衡，动的物体可以均衡静的物体，低的景物可以均衡高的景物。

（2）非均衡式构图。随着社会的发展和进步，一些新潮的拍摄者认为均衡构图刺激性不强，反映不出新时代的生活节奏和特点，他们主张打破均衡，拍摄一些不均衡的作品。这些作品的构图形式称为非均衡式构图。生活是多种多样的，现实生活中既有均衡也有不均衡。只要能满足内容的需要和创作意图的需求，形式可以任意选择。

非均衡式构图具有不稳定、不和谐、紧张、刺激、动荡不安等特点。非均衡式构图从景物形象上表现动势较为理想，从心理上表达烦躁不安的情绪、不协调的动作或不一致的注意力和不同的表情等具有优势，如展示残酷的战争、革命风暴、狼藉的现场等，可取得较好的视觉效果。

（3）框架式构图。框架式构图是用一些前景将主体框住。常用的前景有树枝、拱门、装饰漂亮的栏杆和厅门等。这种构图一方面可以使人们很自然地把注意力集中到主体上，有助于突出主体，另一方面，焦点清晰的边框虽然有吸引力，但可能与主体对抗。采用框架式构图多配合光圈和景深的调节，使主体周围的景物清晰或虚化，使人们自然地将视线放在主体上。

（4）直角三角形式构图。直角三角形式构图一般是以画面的一个竖边为三角形的一个直角边，底边为三角形的另一个直角边。这种构图大都注意被拍摄者的方向性。景物的运动方向或朝向应对着三角形的斜边，使运动物体的前面或景物的朝向前留有空间。

直角三角形式构图在横幅或竖幅画面中均可选用。其特点是竖边直线可显示景物的高耸，底边横线又具有稳实、安定感，并且富有运动感，具有正三角形式和倒三角形式构图的双重优势，同时左右直角边灵活多变。

直角三角形式构图的灵便性还表现在：底边长、竖边短或底边短、竖边长均可使用，只要三个角中有一个角可形成直角，便可用这种构图形式。

（5）圆形构图。圆形构图是把景物安排在画面的中央，圆心正是视觉中心。圆形构图看起来就像一个"团"字，用示意图表示，就是在画面的正中央形成一个圆圈。

有许多画面可用圆形构图表示其团结一致，既包括形式上的，也包括意愿上的。例如，许多人围着一个英雄模范要签名、不少儿童聚精会神地听老人讲故事、小朋友围着圆圈做游戏等画面均可选用圆形构图。

圆形构图给人团结一致的感觉，没有松散感，但活力不足、缺乏冲击力、缺少生气。

（6）S形构图。S形线实际上是曲线，这种曲线是有规律的定型曲线。S形线具有曲线的优点，优美而富有活力和韵味。同时，S形构图使观者的视线随着S形线纵深移动，可有力地表现其场景的空间感和深度感。

S形构图分竖式和横式两种，竖式可表现场景的深远，横式可表现场景的宽广。S形构图着重强调线条与色调紧密结合的整体形象，而不是景物的内在联系或彼此之间的呼应。

S形构图最适合表现自身富有曲线美的景物。在自然风光摄影中，可选择弯曲的河流、庭院中的曲径、山中的羊肠小道等；在大场面摄影中，可选择排队购物、游行表演等场景；在夜间拍摄时，可选择蜿蜒排列的路灯。

（7）"十"字形构图。"十"字形是一条竖线与一条水平横线的垂直交叉，给人以平稳、庄重、严肃的感觉，表现出成熟而神秘、健康而向上之感。

"十"字形构图不宜使横竖线等长，一般竖长横短为好；两线交叉点也不宜把两条线等分，特别是竖线，一般以上半截略短、下半截略长为好。两线长短一样，而且以交点等分，会给人以对称感，缺少变化和动势，会减弱其表现力。

"十"字形构图的场景并不都是简单的两条横竖线的交叉，类似于"十"字形的场景均可选用"十"字形构图。例如正面人像，其头与上身可视为垂直竖线，左右肩膀连起来可视为横线。凡是在视觉上能组成"十"字形形象的，均可选用"十"字形构图。

1.5.3 光圈、快门速度、对焦、景深

曝光的控制主要取决于光圈和快门速度。要学会手动拍摄就必须学会光圈与快门速度的设定配合。

1. 曝光量与光圈的关系

光圈的数值通常用 f-stop 值表示，通常以字母 f 加上一个数值表示。f-stop 值越大，光圈开得反而越小，如 f/16 的光圈就比 f/8 的光圈小。

在快门速度不变时，光圈的大小决定了照片的明暗：光圈太大，会曝光过度，照片就会白茫茫一片；光圈太小，会曝光不足，照片就会黑漆漆的。

2. 曝光量与快门速度的关系

快门是控制光线能否进入机内的"闸门"。在其他因素不变的情况下，快门速度越高，通过镜头进入的光量就越小，反之亦然。

光圈与快门速度都可以控制曝光量，它们的组合是控制曝光量的主要因素，并互相影响。如果将光圈收小一级（如由 f/4 收小至 f/5.6），将快门速度调高一倍（如由 1/60 增至 1/30），它们的曝光量是一样的。

3. 对焦的重要性

对焦是指将镜头对准被拍摄对象后调整镜头的焦距，使图像变得清晰的过程。只有对焦正确图像才可能清晰，否则图像就是模糊的。

4. 景深与光圈、距离、焦距的关系

"景深"中的"景"是指被拍摄的景物，"深"是指清晰度的纵深范围。当镜头对焦于被拍摄对象时，这一点对应在 CCD 上能清晰成像。它前后一定范围内的景物也能被记录得较为清晰，这个范围就是景深。景深越大，纵深景物的清晰范围就越大；景深越小，纵深景物的清晰范围就越小。

影响景深的三大要素如下。

（1）光圈：在镜头焦距及距离不变的情况下，光圈越小，景深越大，反之亦然。

（2）距离：在镜头焦距及光圈不变的情况下，越接近被拍摄对象，景深越小；越远离被拍摄对象，景深越大。

（3）焦距：在距离及光圈不变的情况下，镜头焦距越小，景深越大，即短焦镜头的景深大，长焦镜头的景深小。

任务 1.6　数码相机的持机方法

在数码摄像的相关基本知识中，最重要的就是数码相机的持机方法。无论其他的摄影要素和技术掌握得多好，只要拍摄的一瞬间有振动，照片的质量一定会因影像模糊而大大降低。

虽然可以用三脚架来降低振动的可能性，但更多的时候摄影者是手持数码相机拍摄，而且在"决定性的瞬间"，往往不允许摄影者花时间放置三脚架并固定数码相机。

相较于传统相机，数码相机对拍摄稳定性的要求更高，这是因为电子元件存储信息需要一段额外的时间，通常称为"时滞"。

1.6.1　横向持机

横向持机是数码摄影中常用的持机方法。横向持机时，右手紧握数码相机手柄，食指轻触快门键，以备随时拍摄；左手从数码相机下方托稳数码相机，用拇指和食指握住数码相机以稳定镜头；眼睛贴紧眼罩，通过眼睛和双手来支撑数码相机，防止数码相机抖动。在这个过程中，双臂和双肘一定要尽力紧贴身体，按动快门时，动作尽量要轻，并且尽量屏住呼吸，减小对数码相机的影响，保持数码相机稳定，如图 1-4 所示。

1.6.2　纵向持机

纵向持机时，右手要向上翻，一般左手在下、右手在上。其他要求与横向持机相同。如果使用的是长焦距镜头，因其一般比较重且视角狭窄，对抖动也特别敏感，所以建议使用三脚架拍摄。在没有三脚架的情况下，可以使用图 1-5 所示的持机方法，这会大大提高数码相机的稳定性。

初学者容易出现的不良持机方法有：习惯捏着数码相机边缘，不方便镜头焦距的调节；手肘有时会张开，容易造成数码相机抖动。

图 1-4　横向持机　　　　　　　　　　　　　　　图 1-5　纵向持机

1.6.3　低机位拍摄

　　在拍摄位置较低的被拍摄对象时，往往会用到低机位拍摄，可采用单膝跪地的拍摄方式或坐下，甚至趴下的拍摄方式。单膝跪地拍摄时（图 1-6），左膝支撑握持数码相机手柄的左臂肘部，也就是支撑托住数码相机底部的那条胳膊，以防数码相机抖动。在一般情况下，跪姿拍摄较难稳定身体，最好借助固定物体作依靠，如树、墙等。

　　如果采用坐姿拍摄，应将双臂肘部稳稳地放在双腿的膝部，以获得稳定的支撑，如图 1-7 所示，不建议采用把双腿放平的拍摄姿势。

图 1-6　单膝跪地拍摄　　　　　　图 1-7　采用坐姿拍摄

1.6.4　实时取景拍摄

　　使用数码相机背面的液晶屏取景拍摄时，身体与数码相机有一定的距离，双手也会悬于空中，容易引起手臂抖动。这时，应该尽最大的可能将双臂收紧，以获得身体的支撑，操作液晶屏时要托稳数码相机底部。在一般情况下，使用单反时，不建议采用实时取景的拍摄方式。

1.6.5　数码相机使用注意事项

　　小型数码相机的拍摄方法与单反基本相同，双手拿稳数码相机，手臂不要伸得太直。双臂紧贴身体，以防数码相机晃动，持机不要过分用力，放松胳膊。在光线较暗的情况下，建议使用三脚架拍摄。要是没有三脚架，可以就地取材，尽量为数码相机找一个支撑点，如可以将身体靠在墙壁、柱子上；更好的方法是把数码相机放在桌子、凳子等稳定的物体上，或直接将数码相机紧紧贴在墙壁或柱子上。这些拍摄姿势会提高数码相机的稳定性。在拿稳数码相机的同时，不能忽视数码相机背带的重要性，手持小型数码相机时可以将数码相机背带套在手腕上，手持单反时一定要将背带挂在脖子上，或紧紧套在手腕上，使数码相机和手合二为一，这样能够防止数码相机因意外掉到地上损坏。

1. 持机的正确姿势

无论采用站姿、坐姿还是跪姿拍摄，持机的正确姿势都一样，具体如下。

（1）右手紧握数码相机一侧的握手位，右手食指轻触快门键，随时准备拍摄。

（2）以左手手掌托住机身底部，用左手拇指和食指握住数码相机以稳定镜头。

（3）两个上臂紧贴身体，尽量保持自然下垂的状态并向身体靠拢，不要耸肩，因为长时间用耸肩的姿势拍摄，双肩关节会疲劳，难以稳定数码相机。

（4）垂直握持数码相机拍摄时，一般左手在下，右手在上，要注意左臂紧贴身体。

2. 以站姿或坐姿摄影时的注意事项

（1）以站姿摄影时，双脚宜微张，或以前后步方式站立，以便将整个身体的质量平均地集中到双脚上。如果能借助一些固定的物体作为依靠，如背靠树干或墙壁等，则效果更佳。

（2）虽然以坐姿摄影的稳定性较高，但仍可借助外物进一步稳定身体。以椅子的靠背或桌子作为依靠是不错的选择。

3. 数码相机背带的重要作用

将数码相机的背带套在手腕上，握在虎口中绕两圈再拉紧，以拇指穿过带圈后再握紧数码相机，使数码相机和右手合二为一，这样可以减轻手的颤动。

掌握了正确的持机方法后，可以尝试拍摄一张照片。在拍摄以前，先了解要用到的数码相机部件和一些命令操作按钮。在拍摄前一定要做好各项准备工作，如检查电池、存储卡是否安装在数码相机上。

在拍摄前，先旋转模式转盘，将模式转盘对准数码相机上的"A+"模式，"A+"模式在有些数码相机上显示为一个绿色的方框，有些显示为"auto"。这个模式是全自动拍摄模式，即所有功能由数码相机自动设置，是非常方便易用的拍摄模式。取下镜头盖，将数码相机对准被拍摄对象，用右眼观察取景器，对准被拍摄对象。观察取景器时，不应远离取景器，应使眼睛贴紧取景器进行观察，半按快门键，启动自动对焦功能进行自动对焦，对焦清晰以后，完全按下快门键，至此拍摄就完成了。完成拍摄以后，可以通过数码相机的"查看"和"删除"功能查看或删除照片。在数码相机的背面有一个小三角形按键，按该按键可以查看照片。通过数码相机上的操作按键或触屏功能进行翻页。查找到需要的照片后，可以通过数码相机上的放大与缩小按键，对照片进行放大与缩小操作，观看照片的细节，或按下删除按键删除照片。这里要特别提醒，删除的照片是无法恢复的，请仔细确认照片后谨慎操作。

任务 1.7　数码照片的传导和处理

1.7.1　数码照片的输入

用数码相机拍摄的照片需要传输到计算机中进行保存、浏览、挑选及后期处理。数码相机中的照片传到计算机中的方法有多种，常用的有三种：一是用数码相机数据线与计算机相连进行数码照片传输；二是用读卡器传输数码照片；三是用笔记本电脑直接读取存储卡中的数码照片。

1. 数码相机数据线与计算机连接进行数码照片传输

大多数数码相机都会配置一根通用串行总线（Universal Serial Bus，USB）数据线，有的数码相机需要先在计算机上安装相应的 USB 驱动程序，然后将数据线与计算机连接，接通后打开数码相机的开关，就可以从计算机中找到保存数码照片的文件夹，将数码照片复制、粘贴到计算机硬盘中即可。

2. 用读卡器传输数码照片

使用读卡器传输数码照片时，首先在数码相机关闭的状态下取出存储卡，将其插入读卡器；再将读卡器的 USB 接口插入计算机，可以从计算机中读取数码相机存储卡中的数码照片，并复制、粘贴到计算机硬盘中。读卡器如图 1-8 所示。

图 1-8　读卡器

3. 用笔记本电脑直接读取存储卡中的数码照片

在使用笔记本电脑时，可以将数码相机存储卡直接插入笔记本电脑的存储卡读卡插口，然后将存储卡中的数码照片复制、粘贴到笔记本电脑硬盘中。

1.7.2　数码照片的处理

若要获得完美的数码照片，除拥有高超的摄影技术，还需要通过图像处理软件对数码照片进行后期处理。较常用的图像处理软件有 Photoshop、美图秀秀、光影魔术手等。这些软件都能调整数码照片的大小、矫正曝光过度或不足、提高色彩鲜艳度、校正对比度、修补加工和艺术处理等。其中，Photoshop 处理数码照片比较专业。

1. 数码照片灰度调整

随着数码相机的普及，越来越多的人开始使用数码相机进行拍摄，而后期处理则成为一个重要环节。其中，灰度调整是数码照片后期处理的一个重要步骤。灰度调整可以改变图像的明暗、对比度和色彩饱和度等参数，从而改善图像的质量和效果。

2. 切换数码照片背景

数码照片的背景是数码照片的重要元素之一。其不仅能够衬托主体，还能增加图像的艺术效果和表现力。通过切换数码照片的背景，可以改善数码照片的效果，增强图像的表现力和艺术感染力。不同的背景产生不同的视觉效果，可以用于强调主体、突出重点、增加数码照片的趣味性和吸引力等。

3. 数码照片锐化和滤镜处理

随着数码摄影技术的发展，越来越多的人开始拍摄用于各种场合的数码照片，如纪念、展示、宣传等。由于各种因素的影响，有些数码照片可能存在模糊、色彩失真、细节不清晰等问题，这就需要通过后期处理技术进行修正和优化。

锐化是摄影后期的重要手段，即通过增强物体边缘对比度使数码照片更加锐利、清晰。在摄影后期，锐化主要是通过增强物体边缘的对比度来实现的。当边缘的对比度增加时，物体的轮廓会变得更加分明，细节也会更加突出。这种处理能够有效地提升数码照片的质感和层次感，使观众在欣赏时能够感受到更加丰富的视觉体验。

滤镜处理是指使用一些特殊的滤镜来改变图像的颜色、光度和色彩饱和度等属性，从而达到特殊的效果。在数码照片中，滤镜处理可以使图像更具艺术感、表现力和吸引力。

1.7.3 数码照片的输出格式

1. JPEG 图像格式

JPEG（Joint Photographic Experts Group）是一种可以提供优质图像质量的文件有损压缩格式。其优点是能够将图像压缩在很小的存储空间内，但图像中重复或不重要的资料会丢失，因此容易造成图像数据的损伤。尤其是使用过高的压缩比例，将使最终压缩后恢复的图像质量明显降低，如果追求高品质图像，不宜采用过高的压缩比例。

对于大多数人和普通家庭来说，低压缩率（高质量）的 JPEG 文件是一个不错的选择。

2. TIFF 图像格式

TIFF（Tag Image File Format）是一种灵活、非失真的位图格式，主要用来存储包括照片和艺术图在内的图像格式。其优点是图像质量好、兼容性比 RAW 格式高，但其文件占用空间大。

TIFF 图像格式广泛地应用于对图像质量要求较高的图像的存储与转换。由于结构灵活和包容性大，它已成为图像文件格式的一种标准，绝大多数图像系统都支持这种格式。

3. RAW 图像格式

RAW 是未经处理、压缩的图像格式，或称为"数码底片"。它是一种"无损失"数据格式，JPEG、TIFF 等文件是数码相机在 RAW 格式的基础上，调整白平衡和饱和度等参数所生成的。

4. GIF 图像格式

图形交换格式（Graphics Interchange Format，GIF）在压缩过程中，图像的像素资料不会丢失，丢失的是图像的色彩。GIF 图像格式最多能存储 256 色，通常用来显示简单的图形及字体。有一些数码相机会有一种名为 Text Mode 的拍摄模式，可以将数码照片存储为 GIF 格式。

GIF 图像格式有 87a 和 89a 两种。其中，87a 表示的是单帧（静止）图像；89a 表示的是多帧（动态）图像。

5. FPX 图像格式

FPX 又称为 Flashpix，其文件扩展名是 fpx。它是一种拥有多重解像度的图像格式，即图像被存储成一系列高低不同的解像度。这种图像格式的好处是当图像被放大时仍可保持图像的质量。

修改 FPX 图像时只会处理被修改的部分，而不会处理整个图像，从而减小处理器的负担，缩短图像处理时间。

复习思考题

1. 简述数码摄影技术的发展历程。
2. 简述数码相机的基本结构和工作原理。
3. 如何选择合适的数码相机？
4. 简述数码相机的主要性能参数及其运用。
5. 简述数码相机摄影中的构图技巧。
6. 简述数码相机持机方法及其应用。
7. 简述数码照片的传输和处理流程。
8. 简述数码相机摄影作品的输出格式和设备要求。

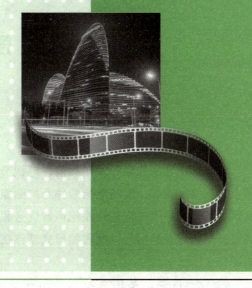

项目 2
数码摄像技术

项目介绍

　　本项目主要介绍数码摄像技术的发展，摄像机的主要类型，数码摄像机的结构、工作原理、选购、保养，摄像机的基本操作，固定画面和运动画面拍摄，以及拍摄中的同期声处理等知识。

学习目标

　　1. 知识目标

　　（1）掌握摄像技术的基础概念和发展历程；

　　（2）了解不同类型的摄像机和网络摄像机的特点；

　　（3）掌握数码摄像机的结构、工作原理和保养方法；

　　（4）掌握摄像机的基本操作和拍摄技巧；

　　（5）掌握运动画面的定义、拍摄方式和重要性；

　　（6）了解同期声的意义、制作流程和视频编辑的方式。

PPT：数码摄像
技术

　　2. 技能目标

　　（1）能够选购和保养数码摄像机；

　　（2）能够进行摄像机的基本操作并掌握拍摄技巧；

　　（3）能够拍摄运动画面并理解其重要性；

　　（4）能够进行同期声的处理和视频编辑工作。

　　3. 素养目标

　　（1）培养对摄影的热爱和对技术的尊重；

　　（2）培养团队协作能力和实践操作能力；

　　（3）培养编辑视频能力。

任务 2.1 摄像技术概述

2.1.1 摄像技术发展简史

在摄像机和摄像磁带发明以前，电视节目要分为两个部分制作：先把声音记录在磁带上，剪接编辑后，再与电影胶片上的图像同步。磁带摄像机的工作原理与磁带录音机大致相同，都是通过电磁转换把声音信号和图像信号记录到磁带上，并利用磁头去磁化磁带，把所记录的信号以剩磁的形式储存在磁带上，这样声音和图像就能同时出现了，如图 2-1 所示。

1951 年 11 月，美国克罗斯公司在马林的带领下，研制出第一台实用的磁带摄像机。它是依据磁带录音的原理制作的，磁带以每秒 254 mm 的速度通过多磁迹磁头。尽管这台摄像机的性能很差，但仍然被视为一项出色的技术成就。

美国无线电公司于 1953 年 11 月展示了彩色电视摄像机，它采用宽为 1.27 cm 的磁带，每秒的速度可达 900 cm。这种摄像机被称为纵向扫描磁带摄像机。1956 年 4 月，该公司展示了

图 2-1　磁带摄像机的使用

他们的新型摄像机，其安装有 4 个摄像磁头，每秒仅使用 38 cm 磁带，磁带与磁头的接触速度达到每秒 3 962 cm，磁头沿横向旋转越过磁带的宽度。

1953 年，日本的东芝公司开始研制一种带旋转磁头的摄像机。这种摄像机称为螺旋扫描磁带摄像机，磁带以螺旋线形状围绕磁鼓旋转，磁鼓上安装有水平旋转的磁头。

日本的东芝公司在 1960 年开始供应螺旋扫描磁带摄像机，采用宽度为 5.04 cm 的磁带，磁带输送速率为每秒 38 cm。螺旋扫描磁带摄像机尺寸小，耗用磁带少，而且能达到广播质量要求。随着摄像机的不断改进，磁带带宽由 5.04 cm 改为 1.27 cm，磁带输送速率也从每秒 38 厘米降为每秒 25.4 cm。

1956 年 4 月 14 日，美国的安培公司（Ampex Corporation）率先研制出了世界上第一台实用的商用磁带摄像机，并将它命名为"安培 VRX-1000"。这种摄像机采用了旋转磁头和宽度为 50 mm 的摄像磁带，磁带输送速率为每秒 380 mm，共有三个轨道录制节目，其中两个轨道用于录制图像信号，一个轨道用于录制声音信号。1958 年年初，该系统在美国最大的电视演播室投入使用，从此改变了电视节目只能来源于电影式现场直播的被动局面。各国电视台纷纷采用这种方法，安培公司因此而闻名于世。

　　1976 年，日本胜利公司（英文简称 JVC），推出了第一台家用型摄像机，它使用的是 JVC 独立开发的 VHS 格式（高密度视频格式）。后来几经改进，缩减了存储摄像带的体积，演变成可在电视上播放的"大摄像带"。

　　20 世纪 80 年代，V8 摄像机和 Hi8 摄像机相继出现，它们采用带宽为 8 mm 的摄像带。1995 年 7 月，日本索尼公司和松下公司同时推出了首台数码（mini 磁带）摄像机。

　　家用数码摄像机的出现是家用摄像机记录格式更新换代、真正实现数字化的标志。

2.1.2　不同类型的摄像机

　　摄影技术产生于 19 世纪，而电影作为基于摄影技术产生和发展、连续快速播放很多张照片的一种艺术形式，产生于 19 世纪末期的法国，距今已有 100 多年的历史。摄影和电影是相伴相生的，前者的技术变革必然会影响后者，这是电影摄像机发展的基础。

1. 胶片摄像机

　　摄影技术刚产生时，底片用的是金属，后来用的是玻璃，一次只能拍摄一张照片，无法拍摄连续运动的图像。1888 年，美国柯达公司发明了以明胶为基底的胶卷后，拍摄连续运动的图像才成为可能。电影随之被发明并成为一种伟大的艺术形式。当代电影的标准帧率是每秒 24 帧，即每秒播放 24 张照片。电影的标准帧率一开始并不是每秒 24 帧，受制于早期摄像机和感光胶片的技术限制，最开始的电影帧率只有每秒 12 帧，因此画面看起来非常卡顿，但这反而成为早期电影的标志效果，如卓别林的各种电影，这种卡顿成了喜剧效果的一部分。随着摄影技术的不断发展，胶片能更快地感光、曝光，以电动卷轴代替人工卷轴，使影片的拍摄和播放速度不断提升，最终达到人眼观看运动画面而不觉得卡顿的下限——每秒 24 帧，并成为电影的播放标准被固定下来。至今，世界上仍有一大半电影播放设备按照这个标准运转。图 2-2 所示为老式胶片摄像机。

　　照片的底片大小有多种规格，也同样影响了摄像机的底片规格。后来，35 mm 胶片成为一种标准，大部分电影摄像机也以此为标准，即 35 mm 电影摄像机。一盘标准的 35 mm 电影摄像机胶卷盒包含 122 m 或 305 m 长的胶卷，最长可以拍摄 10 min 左右。这种电影摄像机非常沉重，只能放在支架上进行拍摄。为了摄像机的轻便化和小型化，胶卷的规格又发明了 16 mm 和 8 mm 两种。电影摄像机变小了，手持摄影开始被引入电影拍摄，并影响了电影镜头语言的表达。

　　随着观众对更大银幕和更精细影像的要求，在 35 mm 电影摄像机朝小型化发展后，又开始向大型

图 2-2　老式胶片摄像机

化发展，形成 65 mm 甚至 70 mm 的底片。IMAX 播放和拍摄方式应运而生，相应的，IMAX 摄像机也更大更沉重，但其优点是画面被投射到超大屏幕上依然保持细节处的高分辨率。目前，IMAX 摄像机在全世界数量极少，是顶级的电影摄像机。

胶片摄像机的优点显而易见：画面细腻、色彩自然、适合大银幕，能拍摄出真正具有电影味道的画面。柯达公司提出过一个广告语"shot the film with film"，意为用电影胶片拍摄出来的才是真正的电影。但胶片摄像机的缺点也非常令人头疼：一是成本很高，胶片是一次性产品，不能反复使用，而且较易损毁；二是拍摄工序复杂，胶片曝光必须相对精准，前期的对焦和测光工序影响拍片的效率，拉长了制作周期，增加了电影制作的成本；三是一盒胶卷的长度有限，拍摄完成后必须停机换胶卷，限制了电影超长镜头的拍摄；四是限制了放映场景和设备，要播放用胶片拍摄的电影，只能在胶片放映机上进行。

目前，胶片摄像机仍活跃在世界主流影坛中，德国阿莱（ARRI）公司和美国潘那维申（Panavision）公司的胶片摄像机占据较大的市场份额，许多美国大片如《复仇者联盟》仍大量使用胶片摄像机拍摄，而部分顶级导演，如英国的克里斯托弗·诺兰，仍是胶片摄像机的坚定拥趸，只采用胶片摄像机拍摄电影。

2. 模拟信号磁带摄像机

第一台磁带摄像机于 20 世纪 50 年代末问世。其与胶片摄像机类似，也是记录模拟信号，将信号录制在特殊的介质基带上，拍摄时间长短也受制于盘带的物理长度（只是磁带盒比胶片盒容量更大，单面时长达一小时），也存在不易保存及随时间增长和使用增多信号衰减的问题。

模拟信号磁带摄像机一经问世，就因其信号记录、传播和调试解调方式与电视信号的无线电传输完美匹配，而迅速进入电视领域成为制作电视节目的标准设备。模拟信号磁带摄像机在电影领域应用非常少，而后又迅速被数码摄像机代替。

3. 数码摄像机

模拟信号磁带摄像机问世后 20 多年，数码相机横空出世，逐步取代了胶片相机。同样地，作为单张照片相机的扩展，数码摄像机也很快被发明出来，和数码相机几乎步调一致地取代了胶片摄像机而成为主流的电影摄像机。相比胶片摄像机，数码摄像机的优势在于存储方便，成本低，一盒磁带、一张光盘或一张闪存卡就能存储大量影像数据，非常轻便，而且可以反复写入，便于复制，信号也不会衰减。此外，数码摄像机操作简便，质量较小，相对来说，购买和使用成本更低，迅速为电影的制作降低了门槛，影视剧的数量因此获得极大增长，电影产业以更快的速度发展繁荣，不再是高不可攀的艺术形式。数码摄像机能做到这一点，美国 RED 公司功不可没。自 RED 公司的首款产品 RED ONE 问世后，就以模块化的设计彻底颠覆了长期被高端胶片摄像机和日本摄像机统治的电影世界。它以感光元件为核心模块，通过搭配不同的组件满足不同的功能需要，灵活方便，降低了电影摄像的成本，再加上与其配套的一系列计算机软件，共同组成了从拍摄到成片的全流程工作解决方案，提高了电影制作的效率，这些都是以往的胶片摄像机不具备的。因此，RED 公司的系列产品迅速占领了全球主流的电影拍摄市场，并在后期不断更新迭代。

数码和电子技术发展日新月异，画面分辨率不断提高，从 2K 到 4K 再到 6K、8K，已经能达到最好的胶片分辨率；随着数码摄像机运算速度的提高，帧率也在不断提升，从标准的 24 帧 /s 再到 48 帧 /s、60 帧 /s、120 帧 /s，运动场面过渡越来越平滑，电影也越来越有真实感和现场感。现在的高速数码摄像机已经可以拍摄每秒上万帧的画面，这些都是胶片摄像机无法企及的。

4. 民用数码摄像机

尽管 RED 公司极大地降低了电影的拍摄成本，让一些小的独立制片公司可以打破大公司的垄断，制作和发行更具个性化的作品。但对于普通人来说，RED 公司产品的整机价格为几十万元，制片成本动辄上百万元，仍然是难以承受的。摄影是电影的基础，电影是连续不断播放的摄影作品，因此从理论上讲，设备只要能进行单张拍摄，就能具备摄像功能，就有用于电影制作的可能性，如风靡一时的佳能 5D MarkII 单反相机、索尼的微单相机等。大量囊中羞涩的电影爱好者把目光瞄向了具备摄像功能的民用数码摄像机，利用这些数码摄像机制作出了不少超低成本电影佳作。

5. 智能手机

智能手机的出现和崛起打击了许多行业，如个人计算机、信用卡支付、数码相机等。其建立在通用计算平台的基础上，通过搭载各种软件能实现数以万计的功能，其中包括摄像功能。现在越来越多的人抛开笨重的数码相机，用智能手机代替数码相机进行照片拍摄和分享。可以预见，基于静态照片拍摄的电影行业也会越来越多地受到智能手机的冲击。

相对于专业的数码摄像机，智能手机的摄像功能有以下优点。

（1）更加轻便。数码摄像机与胶片摄像机相比已经非常轻便了，而智能手机在数码摄像机的基础上更提升了一大步，就算女生也能单手持握操作，且方便携带。

（2）软件升级带来的功能进化。以往的数码摄像机要想更换更新更好的产品，必须购买新一代的产品，而现在智能手机是在通用计算平台搭配不同的软件，只要软件升级，智能手机就能享受更新的功能，无须重新购买硬件设备，极大地节约了成本。

（3）智能化。以往的数码摄像机操作相对来说较复杂，必须进行专门的摄像知识学习才能操作，而智能手机采用智能化操作，参数调节基本上由软件自动完成。拍摄者只要专注于构图和用光即可，简化了操作流程，提升了操作效率，缩短了拍摄周期。

受限于感官原件的大小，体积很小的智能手机上的摄像头的光学性能目前还完全无法与专业电影摄像机相比，但智能手机的发展和迭代相当快，比之前的数码摄像机的发展还要快，而且发展空间巨大，优点突出。

2.1.3　网络摄像机

1. 网络摄像机的概念与组成

网络摄像机（IP Camera，IPC）是结合传统摄像机与网络技术所产生的新一代摄像机，它可以将视频影像通过网络传至远端，且远端的浏览者不需要使用任何专业软件，只需要有标准的网络浏览器（如 Internet Explorer 或 Netscape）即可观看其视频影像。网络摄像机一般由镜头、图像传感器、声音传感器、信号处理器、A/D 转换器、编码芯片、主控芯片、网络及控制接口等部分组成。

网络摄像机由网络编码模块和模拟摄像机组合而成。网络编码模块将模拟摄像机采集到的模拟视频信号编码压缩成数字信号，从而可以直接接入网络交换及路由设备。网络摄像机内置一个嵌入式芯片，采用嵌入式实时操作系统。网络摄像机传送的视频信号数字化后由高效压缩芯片压缩，通过网络总线传送到 Web 服务器。网络上的用户可以直接使用浏览器观看 Web 服务器上的摄像机图像，被授权的用户还可以控制摄像机云台镜头的动作或对系统配置进行操作。网络摄像机能更简单地实现监控，特别是远程监控、施工和维护，更好地支持音频、报警联动、更灵活的录像存储、更丰富的产品选择、更高清的视频效果和更完善的监控管理。另外，网络摄像机支持 Wi-Fi（无线网络通信技术）接入、3G（第三代移动通信技术）接入、POE 供电（网络供电）和光纤接入。

2. 网络摄像机的特点

（1）对图像进行 MJPEG 或 H.264 编码压缩，通过网络利用传输控制协议 / 互联协议（Transmission Ctrl Protocol/Internet Protocol，TCP/IP）进行传输。

（2）通过网络摄像机或镜头、云台和其他外部设备进行操作控制。

（3）内置一个 10M/100M 以太网 RJ45 接口，可通过网络实现远程接口。

（4）采用一个并行输入 / 输出（Input/Output，I/O）口，可以连接外部传感器进行自动报警，也可以对外部设备进行控制或联动报警。

（5）采用一个 RS485 串口，可以对镜头、云台进行控制，或连接其他外部设备。

（6）内嵌 Web 服务器，允许用户在个人计算机中使用标准的浏览器进行各种接口操作。

（7）具有单独的安全机制，可以对操作网络摄像机的用户进行分级别的权限验证。

（8）具有中心集中式管理与控制的监控网络及无中心的分布式监控网络。

（9）内置实时操作系统，支持软件下载和配置设置，方便升级和操作管理。

任务 2.2　关于数码摄像机

2.2.1　数码摄像机的结构

数码摄像机主要由五个部分组成，即取景系统、控制系统、成像系统、存储系统和电源系统，如图 2-3 所示。

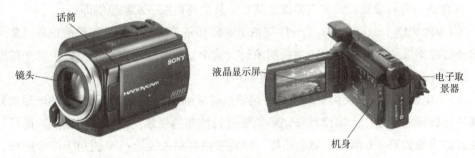

图 2-3　数码摄像机的结构

1. 取景系统

取景系统是由数码摄像机获取图像的相关部件构成的。其作用是使拍摄者看到所拍摄的影像。数码摄像机可以通过镜头和电子取景器取景，还可以使用液晶显示屏取景。

（1）镜头。数码摄像机可以用镜头来摄取美丽的景物。客观存在的场景实际上是一种光学信息，它包含不同亮度的光谱（即颜色）信息。无论是数码摄像机还是传统摄像机，首先接收的是景物的光学信息，这些信息必须经过光学镜头才能成像到感光器件上。

（2）电子取景器。电子取景器就是一块微型液晶显示屏（放在取景器内部），由于有机身和眼罩的遮挡，外界光线照射不到这块微型液晶显示屏，也就不会对其显示造成不利影响。它的优点是可以避免因开启液晶显示屏而过渡消耗电量，从而延长拍摄时间和电池的使用寿命。在室外拍摄时，它还可以避免液晶显示屏反光导致的取景误差，使用起来非常方便。

（3）液晶显示屏。液晶显示屏是取景系统的另一种形式，通常位于数码摄像机的旁边，从 CCD 图像传感器或 CMOS 中直接提取图像信息。所拍摄的图像通过液晶显示屏直接显示是数码摄像机的一个突出优点。液晶显示屏不仅能用于取景，还能用于查看所拍摄的图像，用于显示菜单。它的缺点是耗电量很大，且易受环境光的影响，这在电源电量不足的时候尤为明显。

2. 控制系统

控制系统是由数码摄像机可操作控制的部件构成的。其作用是通过对数码摄像机的操控使图像聚焦更清晰、曝光更准确、色彩更真实，并将其完整保存下来。

（1）聚焦环和聚焦键。聚焦环和聚焦键是调整数码摄像机聚焦的控件，在需要手动聚焦时使用。使用时，在"Camera"模式下轻按"Focus"键，在"手动调焦"指示出现后，转动聚焦环使聚焦清晰即可。

（2）逆光键（Back Light）。当被拍摄对象背后有光源时，使用逆光键能够解决背光带来的曝光问题。

（3）菜单键（Menu）。按菜单键后，取景器中出现菜单设置画面，转动 Sel/Push Exec 拨盘进行各种设置。如果需要退出菜单，只需要再按一次菜单键即可。

（4）曝光键（Exposure）。一般被拍摄对象都是自动曝光的，如果被拍摄对象逆光或背景暗或需要如实地拍摄黑暗中的图像时，这个功能就非常有用了。使用时先按曝光键，然后转动拨盘调整亮度到需要的程度即可。

（5）电动变焦杆。使用电动变焦杆能够快速准确地调整聚焦，稍微移动电动变焦杆能够进行较慢的变焦，大幅度地移动则能够进行快速的变焦，适当使用变焦功能可以获得更好的摄像效果。T 侧用于望远拍摄，即将被拍摄对象拉近；W 侧用于广角拍摄，即将被拍摄对象推远。

（6）电源开关。电源开关是控制数码摄像机开启的"总管"，一般数码摄像机采用限位式操作。数码摄像机的电源开关有 VCR（录像查看状态）、Off（数码摄像机关机）、Camera（数码摄像机拍摄）及 Memory（静态图像拍摄）四种状态，如果需要转换状态，只需要按住电源开关上的小绿键，转换开关到相应的位置即可。

（7）播放键。播放键主要有播放、快进、停止、暂停、快速前进、快速倒带等按钮。

3. 成像系统

成像系统由数码摄像机的接收、浏览和保存图像部件组成。它担负着为数码摄像机捕捉影像的任务，是数码摄像机的重要部件之一，也是数码摄像机与传统摄像机最本质的区别。它的质量水平（像素多少和面积大小）不仅决定了数码摄像机的成像品质，也能反映出数码摄像机的档次和性能。

4. 存储系统

存储系统可分为录像带和存储卡两部分。

（1）录像带即视频磁带，是高密度的信息存储与转换媒体。目前，数码摄像机一般使用 8 毫米规格的录像带，录像带对磁性记录与重放过程中的记录和重放信号的优劣有直接影响。在摄像记录媒体中，录像带一直是主流产品，目前也有部分数码摄像机采用 DVD-RAM、硬盘等记录媒体。

（2）存储卡是数码摄像机用来拍摄静物的，与数码相机的存储卡一样，需要时可以用数码摄像机附带的 USB 电缆与计算机等其他装置交换图像数据。

5. 电源系统

数码摄像机所用的直流电源均为封闭型蓄电池。这种完全封闭的蓄电池避免了漏液及气体逸出等问题，使用起来十分安全；同时，由于可以反复充电 300 次以上，所以使用寿命较长；使用起来灵活、方便，可免除使用交流电源时电源连接线的限制，使拍摄更加随意自由。特别在外携拍摄时，充电电池更是必备的电源。

一般数码摄像机还提供直接连接交流电源的插口，在室内使用数码摄像机时，可以使用交流电源供应电力。

2.2.2 数码摄像机的工作原理

1. 摄像头的工作原理

要想了解摄像头，首先就要了解它的工作原理。为了方便理解，以人眼为例，当光线照射在物体上时，物体上的光线反射通过人眼睛的晶状体聚焦，在视网膜上就可以形成图像，然后视网膜上的神经感知到图像，并将信息传送到大脑，人就可以看到物体了，如图 2-4 所示。

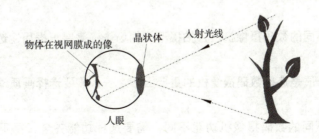

图 2-4　人眼的工作原理

将同样的原理运用到摄像头上，当被拍摄对象被阳光照射时，被拍摄对象上的反射光线就会通过镜头聚焦到 CCD 芯片上。

2. CCD 图像传感器

CCD 是一种用电荷量表示信号大小、用耦合方式传输信号的探测元件。CCD 是 20 世纪 70 年代初发展起来的一种半导体器件。CCD 图像传感器可直接将光学信号转换为模拟电流信号，模拟电流信号经过放大和模数转换，实现图像的获取、存储、传输、处理和复现。其显著的特点如下。

（1）体积小，质量小。

（2）功耗小，工作电压低，抗冲击与振动，性能稳定，寿命长。

（3）灵敏度高，噪声小，动态范围大。

（4）响应速度高，有自扫描功能，图像畸变小，无残像。

（5）应用超大规模集成电路工艺技术生产，像素集成度高，尺寸精确，商品化生产成本低。

2.2.3　数码摄像机的选购

随着科技的发展，数码摄像机已经成为人们生活中不可或缺的一部分。无论是拍摄旅游照片、记录家庭生活还是拍摄专业影片，数码摄像机都是必不可少的工具。市面上的数码摄像机种类繁多，价格也相差甚远。选择一款合适的数码摄像机需要综合考虑预算、用途、画质、功能和品牌等因素。通过了解数码摄像机的规格、试用数码摄像机、查看数码摄像机的评价、比较不同品牌的数码摄像机及注意保修和售后服务等，可以帮助人们选择合适的数码摄像机。

1. 选择数码摄像机的注意事项

（1）预算：数码摄像机的价格从几百元到几万元不等，需要根据预算选择合适的数码摄像机。

（2）用途：不同的数码摄像机适合拍摄不同的场景，需要根据用途选择合适的数码摄像机。

（3）画质：画质是选择数码摄像机的重要因素之一，需要选择画质清晰、色彩饱和的数码摄像机。

（4）功能：不同的数码摄像机功能不同，需要选择功能齐全、易于操作的数码摄像机。

（5）品牌：品牌是选择数码摄像机的重要因素之一，需要选择知名品牌的数码摄像机，其质量更有保障。

2. 选择数码摄像机的技巧

（1）了解数码摄像机的规格。了解数码摄像机的规格包括分辨率、光圈、快门速度等，可以帮助人们选择适合的摄像机。

（2）试用数码摄像机。试用数码摄像机可以帮助人们了解其的操作方式和画质，从而选择适合的数码摄像机。

（3）查看数码摄像机的评价。查看数码摄像机的评价可以帮助人们了解其优点、缺点，从而选择合适的摄像机。

（4）比较不同品牌的数码摄像机。比较不同品牌的数码摄像机可以帮助人们选择性价比更高的摄像机。

（5）购买时应注意保修和售后服务。购买数码摄像机时需要注意保修和售后服务，选择有保障的品牌和商家。

2.2.4　数码摄像机的保养

数码摄像机是既昂贵又娇贵的数码产品。事实上，适当的维护和保养能够使数码摄像机和镜头拥有更长的使用寿命。为了延长数码摄像机的使用寿命，需要注意以下保养和维修方面的事项。

（1）使用数码摄像机背带：数码摄像机背带是有效的保护措施之一，能够防止因脱手而造成数码摄像机损坏，尤其是那些体积较大的数码摄像机。

（2）随时盖上镜头盖：镜头十分娇贵，尤其是表面的那一层镀膜。如果想有效避免划伤、灰尘、液体污染等，最好养成随时盖上镜头盖的好习惯。

（3）不要过度暴露数码摄像机传感器：传感器就像一块"磁铁"，非常容易沾染灰尘，因此更换镜头的动作要迅速，避免数码摄像机传感器长时间暴露在外。

（4）避免在灰尘较大的环境下使用数码摄像机，停用时可以将其存放在通风干燥的地方。

（5）触摸屏在使用过程中需要不断清洁，最好使用专业的触摸屏清洁剂进行清洁。

（6）使用原装充电器充电，充电时不要将数码摄像机放在床上或其他绝缘性较强的物品上，以防止温度过高导致其损坏。

（7）电池是数码摄像机重要的组成部分之一，尽量避免电池长时间处于放电状态，否则会缩短电池寿命。

（8）数码摄像机不使用时，建议将电池拆出保存，避免电池在数码摄像机中长时间放置，特别是电池电量过低的情况下放置。

（9）维修：数码摄像机出现故障时，建议到厂家授权的维修点进行检修，以免出现更大的问题。

任务 2.3　摄像机的基本操作

2.3.1　摄像机的握持方式

不正确的拍摄姿势容易造成摄像机抖动，既影响画面的清晰，也容易使拍摄者产生疲劳感。正确的拍摄姿势能保证摄像机稳定，画面清晰、平稳且操作合理、轻松。

1. 基本握持姿势

无论是肩扛或手持，握持摄像机都应该做到平稳、放松和匀速三点。

摄像机根据外在体积的差异，大致可分为大型、中型、小型三种。每种类型摄像机的握持姿势又有所不同。同一种机型根据机位的高低，也有不同的握持姿势。因此，应先掌握基本的握持姿势。

一般可将摄像姿势分为站立和跪立两种。站立时双腿呈 45°夹角前后站立，无论摄像机是大还是小，这样的站立方式都有利于身体稳定；跪立的姿势一般是左腿屈膝垂直立于地面，右腿屈膝将膝盖抵于前方地面，后脚掌弯曲，同时，将左手的手肘抵在左膝盖上，左手掌握住摄像机，这样，摄像机的重量通过手掌、手臂、膝盖、小腿直接传递到地面，保证了握持的稳定性。

2. 小型家用摄像机的握持姿势

小型家用摄像机（掌中宝）体积小巧，握持方式比较灵活，通常以右手握持为主进行拍摄。站立时右手持机，左手握住液晶屏或托住镜头稳定摄像机。高角度拍摄时可以单手举高摄像机，向下翻转液晶屏拍摄；也可以将摄像机放在腰部低角度向上，右手翻转液晶屏取景，左手托住摄像机拍摄。

3. 大中型摄像机的握持姿势

大型摄像机体积大且比较沉重，这时稳定操作就是第一位。大型摄像机底部都有弧形的缓冲高密度海绵，在肩扛时可以缓冲与人体的共振，增加摄像者的操作舒适性。前方镜头的控制把手是按照人体工程学设计的，这样左手控制寻像器，右手把控机身和镜头，双手各司其职，配合操作，增加稳定性。也可以将大型摄像机放到腰部角度或以更低角度拍摄，这时持机的稳定性非常重要，最好找到相对固定的依托来帮助摄像机稳定。

中型摄像机的体积不大，在握持时要注意兼顾镜头调整，可以采用多种操作姿势，既可以像小型摄像机那样以高低角度拍摄，也可以像大型摄像机那样以站立姿势用肩扛着拍摄。

　　从使用结果上看，为了尽可能保证画面的稳定性，在条件允许时，最好将摄像机放置在三脚架上拍摄。大型摄像机的底部往往统一安装 V 形快装卡槽，以方便摄像者能够快捷地使用。

2.3.2　保持摄像机稳定的基本技巧

1. 摄像头镜头抖动分类

　　（1）手持拍摄造成的镜头抖动：这种情况是最常见的，当手持摄像机进行拍摄时，手部的微小振颤或不规则移动会使镜头随之晃动，造成画面不清晰或失焦。

　　（2）外力作用造成的镜头抖动：这种情况通常发生在使用三脚架或稳定器等辅助设备进行拍摄时，外界的风荷载、地震、碰撞等因素使摄像机发生振动或移位，从而影响镜头的稳定性。

　　（3）镜头内部造成的镜头抖动：这种情况比较少见，但也不可忽视，其主要是由于镜头内部的结构或元件出现故障或损坏，导致镜头无法正常工作，如对焦机制失效、光学防抖失效、光学元件松动等。

　　（4）光线反射造成的镜头抖动：这种情况也称为眩光或"鬼影"，是指在拍摄过程中，光线在镜片、滤镜、传感器等表面发生反射或折射，产生一些多余的光斑或虚影，影响画面的清晰度和真实度。

2. 摄像头镜头抖动的常见原因和影响

　　摄像头镜头抖动的原因很多，可能与拍摄环境、拍摄设备、拍摄技巧等多方面因素有关。下面列举一些常见的原因，并分析它们对画面质量的影响。

　　（1）光线不足：当拍摄环境中的光线不足时，为了获得足够的曝光量，通常会降低快门速度或提高感光度。但是，这样做也会增加画面模糊或出现噪点的风险，因为快门速度越低，就越容易受到手持振颤或外力振动的影响；感光度越高，就越容易产生数字噪点或色彩失真。

　　（2）光源强烈：当拍摄环境中存在强烈的光源时，如太阳、路灯、车灯等，它们会在镜头中形成明亮的光斑，或在画面中产生眩光或"鬼影"。这些现象会降低画面的对比度和色彩还原度，甚至会遮挡或扭曲主体物体的形状和细节。

　　（3）镜头质量差：镜头质量直接决定了画面的清晰度和真实度，如果镜头的设计或制造存在缺陷或瑕疵，如镜片不平整、不透明、有划痕、有灰尘等，就会影响光线的传输和成像，造成画面模糊、失真、变形等问题。

　　（4）镜头设置不当：镜头设置也会影响画面的效果，如焦距、光圈、滤镜等。如果焦距过大或过小，就会导致画面变形或失真；如果光圈过大或过小，就会导致景深过浅或过深，影响主体物体的突出或使背景模糊；如果滤镜使用不当，就会改变画面的色调或对比度，影响画面的氛围和情感。

3. 寻找摄像机的稳定支撑点

三脚架虽然可以很好地稳定摄像机，但有些笨重。以下几种方法在不使用三脚架时也能在一定程度上防止因摄像机抖动造成画面模糊。

（1）支撑法。找支点的方法很多，如围栏、路障等固定的平台，均可作为支撑点使用。如果需要调节拍摄角度，则可以用背带、钱包等物体垫高摄像机一端。

（2）挂靠法。挂靠法就是找个地方将摄像机挂起来，挂稳即可，如挂在篱笆、树干、路灯等处。如果使用有 Wi-Fi 无线遥控的摄像机就更好了，取景可以更灵活。

（3）落地法。落地法是最简单的方法，只要找个能够稳定摆放摄像机的地方就行了，如直接放地上，或者放在平台上。第一，要保证摄像机安全；第二，要调整好拍摄的视角，可以在镜头下面适当增加一些支撑物，以改变取景的视角。另外，可以直接放大广角，扩大取景范围，然后通过后期处理得到理想的效果。

2.3.3　摄像机摄像操作要领

摄像是拍摄连续的动态画面，好的拍摄效果要使画面从头到尾都流畅平稳，运动变化快慢也要有节奏。为了做到这些，摄像师除了要掌握正确的持机方式，还要掌握操作要领，必须做到稳、平、匀、准、清。

1. 稳

稳是摄像最基本的要求，在整个拍摄过程中都要保持画面稳定。影像经常摇摆晃动，不但容易使人产生视觉疲劳，还会给人失控的感觉，但有意追求特殊效果的晃动除外。影响画面稳定的主要原因来自摄像机的持机稳定。拍摄时应尽量固定摄像机，多使用三脚架，如果没有三脚架也可以就地取材寻找依靠物，如借助树木、墙壁、桌子等固定物稳定身体和摄像机。拍摄时焦距尽量使用广角端，这种方式对画面晃动的敏感性小，有利于保持画面稳定。

2. 平

简单来说，平就是画面要横平竖直。画面中的水平线要与取景器画框的横边平行，垂直线要与取景器画框的竖边平行。如果画面中的这些线条倾斜，就会给人摇摇欲坠、大厦将倾的错觉。目前的摄像机取景器中大多带有电子水平仪，摄像者可以方便地找到水平位置。如果摄像机取景器没有自带电子水平仪，则可以使用三脚架拍摄。三脚架的云台上都有水平仪，可以通过调整各支架的高度找到水平位置。另外，还可以手持或肩扛摄像机进行拍摄，利用有明显水平或垂直的景观、建筑作为参考，使之分别与取景器画框的横边和竖边平行，这样画面就能基本保持水平。

3. 匀

镜头运动不能忽快忽慢，要保持均匀的速度，否则会使画面变得混乱。即使现在摄像机都有电动变焦功能，也要控制好变焦杆的操作力度和节奏。如果手动变焦，就更要控制好变焦杆，使变焦速度均匀。无论是摇摄、移摄或跟摄，在条件允许的情况下，都要尽量借助辅助设备，如可以利用三脚架云台的阻尼特性或轨道移动工具的滑轨，使镜头的运动保持匀速。

4. 准

拍摄时，画面的构图要准确、合适，无论是静态拍摄还是动态拍摄，都要跟准画面，使画面更好地表现内容，符合拍摄意图。另外，还应准确地还原被拍摄主体的真实色彩，可以在拍摄前根据现场光线选择与之匹配的滤色片，然后利用校色板（或白纸）进行黑、白平衡的调整，就可以还原出比较准确的色彩。这样不会使画面失真，在后期编辑时也不会产生色彩上的偏差。

5. 清

拍摄时，图像要力求清晰。无论是静态画面还是运动画面，都要准确对焦，一步到位，起、承、转、合和合焦都要干净利落。现在小型家用摄像机已经高度智能自动化，摄像者只要控制好变换焦距的速度，基本都能自动跟焦、合焦。中高端摄像机除了可以自动调焦，还可以手动调焦，使用这类摄像机时，很强的手动调焦能力是应对更多拍摄环境所必不可少的。要想画面清晰，拍摄现场的光线也要合适，过暗的光线会迫使光圈开大，引起景深变小，并很容易使影像变虚。

2.3.4　固定画面拍摄

1. 固定画面拍摄的定义

固定画面拍摄是指在拍摄过程中摄像机机位、镜头水平和垂直方向视角、镜头焦距都固定不变的拍摄方式。当采用固定画面的方式拍摄时，无论被拍摄主体是静止不动还是处于运动状态，其核心都是画面构图、拍摄背景、活动空间固定不变。固定画面拍摄比较简单，只需要做好构图，摆好机位，对准场景，调好焦距就可以拍摄。其视觉感受与生活中人们观察事物时的视觉感受比较吻合。

2. 固定画面拍摄的作用

固定画面拍摄适用于表现静态场景。静止的构图框架和稳定的视角有利于客观记录并展现被拍摄主体的动作行为。这种拍摄方式特别适合使用远景和全景镜头来全面展示城市、乡村等地理环境，以此交代剧情视频的故事背景、环境和地点。

3. 固定画面拍摄的要求

固定画面视点单一，在一个镜头中构图没有变化，容易显得呆板，难以很好地表现运动范围较大的被拍摄主体。因此，在拍摄时要注意以下几点。

（1）注意捕捉动感因素。在固定画面拍摄中，如果场景中没有动态的活动，则整个画面很容易使人产生在看一张照片的感觉，显得呆板和缺乏生气，观众很快就会产生视觉疲劳。因此，在固定画面拍摄时，应尽可能捕捉拍摄场景中的动态因素，依靠这些因素自身的运动变化，活跃气氛，使画面生动起来。

（2）注意空间层次的表现。在固定画面拍摄中，因为受拍摄方式的限制，如果构图框架内前、后景别区分不明显，就会出现被拍摄对象主次关系模糊、没有纵深调度、画面缺少三维空间感的效果，这就需要拍摄者通过巧妙构思，经过对布景和拍摄角度的精心调整，以被拍摄主体为依据，有意识地捕捉光线与阴影。利用交替和间隔所产生的光影层次，尽量提炼场景中具有纵深感的线条、形状等造型元素，让画面向纵深方向延伸，呈现空间层次感。

（3）注意镜头内在的连贯性。在拍摄时要充分考虑到不同景别镜头组之间的衔接问题。对于以人物为主体的拍摄，如果两个要衔接的镜头组之间景别变化很小，而人物动作变化，观察时就会感觉视频中的人物在突兀地"跳动"，因此，应注意让不同镜头组的景别关系拉开，如全景衔接近景、中景衔接特写等，这样视觉感受会流畅很多。另外，还可以通过不同角度和机位的不同景别拍摄几组固定画面，这样在后期编辑时就更容易使镜头组的承上启下符合人们的视觉习惯。

（4）注意画面构图的艺术效果。固定画面拍摄对构图的要求很高，既要有艺术性，又要有可视性。固定画面拍摄需要拍摄者具备艺术审美、视觉形象塑造、捕捉光影等多方面的能力，只有这样才能拍摄出构图精美、画面主体突出、画面信息集中紧凑的优秀固定画面。

（5）注意画面的稳定性。拍摄固定画面时，稳定是第一要素，应尽量使用三脚架。在拍摄时首先要将三脚架放稳固，再将机器安装稳固，并避开振动源。如果因为客观环境和条件所限，不能使用三脚架，则可以根据实际情况因地制宜，在所处环境中找到稳定的支撑物帮助拍摄。

任务 2.4　运动画面拍摄

2.4.1　运动画面拍摄的定义

运动画面拍摄是指在摄像机不断改变机位、镜头水平和垂直方向视角、镜头焦距的情况下拍摄视频画面。运动画面拍摄所获得的画面，突破了固定画面拍摄的视觉限制，扩展了画面的构图空间，其显著特征是画面框架是运动的。

2.4.2　运动画面拍摄的作用

运动画面拍摄因具备景别角度、活动空间和画面背景多变等特点，是拍摄视频最常用和最主要的方式。它可以充分交代事物发生的地点和环境，以及事物之间的关系；突破固定画面拍摄描述景物的局限性；表现出主体的运动轨迹和状态；引导观众视线从而体现拍摄者的主观意图；营造戏剧效果。

2.4.3　运动画面拍摄的方式

根据摄像机运动的方式，运动画面拍摄可分为推摄、拉摄、摇摄、移摄、跟摄、升降拍摄和综合运动拍摄等方式。

1. 推摄

推摄是指被拍摄主体位置不变，摄像机向被拍摄主体方向推近或改变镜头焦距使画面由远而近不断接近被拍摄主体的拍摄方式。推镜头形成视觉前移的效果，使取景范围由大变小，被拍摄主体由小变大，如图 2-5 所示。

（1）作用。推摄有利于强调和突出主体人物、重点形象、重要细节和重要情节，在一个镜头中可以连贯地交代整体与局部、环境与主体的关系。推摄速度的高低可以调整画面节奏进而影响观众情绪，可以加强或减弱运动主体的动感。通过将整体形象推进到某个重要细节可以引导观众的注意力进而启发思考；从整体到细节的一个镜头连续递进，可以增加事件发生的真实性和可信度。

（2）拍摄技巧。推摄应有明确的目标，在起幅、推近、落幅三个部分中，落幅是表现的重点，应该根据视频的情节需要停留在恰当的景别

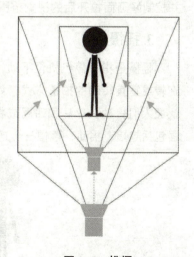

图 2-5　推摄

上。推摄的起幅和落幅是静态结构，因此，从起幅到落幅的画面构图要严谨统一、规范完整。在推镜头的过程中，不能仓促处理目标，要注意控制落幅的视觉范围和景别并保持被拍摄主体始终处于画面结构的中心位置。镜头的运动节奏要与画面内的气氛和情绪匹配。画面内气氛安宁、情绪镇静时推镜头的速度要低一些；气氛紧张、情绪激动时推镜头的速度要高一些。在推近镜头过程中，虽然摄像机与被拍摄主体距离靠近，但是要保证被拍摄主体一直在合焦景深范围内且始终清晰。

2. 拉摄

拉摄是指被拍摄主体位置不变，摄像机逐渐远离被拍摄主体或改变镜头焦距使画面由近而远，与被拍摄主体拉开距离的拍摄方式。拉摄会形成视觉后退的效果，取景范围由小变大，被拍摄主体由大变小，如图 2-6 所示。

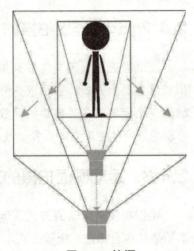

（1）作用。拉摄有利于表现物体局部与整体的关系、主体与环境的关系。拉摄使局部形象逐渐完整，能有效调动观众对画面内容的猜测和联想，增加悬念。与推摄相比，拉摄给人一种余音未了的感觉。拉摄常被用于结束性镜头或转场镜头的拍摄。

（2）拍摄技巧。拉摄的操作要求与推摄基本相同，如在镜头拉开的过程中要注意保持被拍摄主体处于画面的中心位置；整个起幅、拉开、落幅的过程要平稳，保证画面清晰。拉开镜头时要控制好速度和节奏，并控制好画面拉开后的视觉范围和景别。

图 2-6　拉摄

3. 摇摄

摇摄是指摄像机机位不动，借助三脚架上的云台或以摄像者人体为中心，进行水平旋转或垂直转动的拍摄方式，如图 2-7 所示。采用摇摄拍摄出的画面所产生的视觉感受就像人们转动头部环顾四周或将视线由一点移向另一点的视觉感受。一个完整的摇摄过程包括起幅、摇动、落幅三个连续的部分。

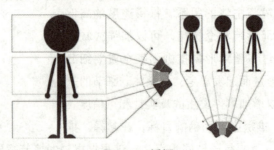

图 2-7　摇摄

　　摇摄必须有明确的目的，根据拍摄内容和画面效果的需要使用。摇摄是起幅、转动、落幅的运动过程，因此，摇摄过程要有计划，落幅要有依据，起幅与落幅要有内在联系，两者的画面构图要完整充实，被拍摄主体要突出鲜明。

　　摇摄的速度需要精心设计与控制。摇摄的速度要均匀，画面要稳定。摇摄速度时高时低或镜头晃动都容易让观众视觉疲劳而产生厌恶。还要注意摇摄的速度要与画面内容的情绪协调，画面内容使人情绪紧张时，摇摄速度可相对高些，画面内容情绪平静时，摇摄速度可相对低些。摇摄的速度还要根据所拍摄对象的辨识度来调整，对不容易辨识的事物和复杂的景物，摇摄速度应低些，反之则高些。摇摄速度如果很高，就要提高快门速度，否则容易产生丢帧、频闪现象。

4. 移摄

　　移摄是指一边摄像，一边将摄像机沿着一定方向做直线运动或旋转移动的拍摄方式，如图 2-8 所示。移摄可分为前后移动、左右移动、上下升降移动和旋转移动四种。旋转移动是以被拍摄主体为圆心，摄像机做圆形或弧形运动。

　　移摄与推 / 拉摄、摇摄不同：推 / 拉摄和摇摄是摄像机位置不变，只是摄像机的焦距或角度在变动；移摄变动的不仅是摄像机的焦距和角度，摄像机的位置也处于连续不断的运动中。

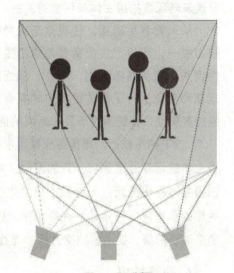

图 2-8　移摄

　　（1）作用。移摄可以使画面中的人物通过不同角度呈现各种形象变化；可以表现不同人物和不同景观的多层次空间变化，通过多方向移动镜头，使观众产生身临其境的感觉。移摄适合将多景物、多层次、复杂的大场景拍摄出气势宏大的效果。

　　（2）拍摄技巧。移摄是在摄像机运动中拍摄，其稳定性比较难把握。因此，拍摄前要先设计好移动的路线，拍摄时最好把摄像机架在带有轮子的支撑物上。在无法借助移动工具移动拍摄时，只能将摄像机扛在肩上，摄像者随着拍摄步伐，协调配合身体各部分的动作来维持摄像机的稳定。此时摄像者需要双腿屈膝，身体重心下移，腰部以上要正直，脚步平稳交替轻移，尽量减少行进中身体的起伏，使摄像机在移动时达到滑行的效果。安排一些划过画面的前景物体或使移摄方向与被拍摄主体运动方向相反，可以营造出动感更强烈的运动视觉效果。

5. 跟摄

　　跟摄是指摄像机始终对准运动的被拍摄主体进行移动拍摄的方式。摄像机的运动方向、运动速度与运动的主体基本一致，画面景别和被拍摄主体在画面中的位置基本不变，而周围环境背景却有明显变化，使观众的视线紧紧跟随运动的被拍摄主体，如图 2-9 所示。

（1）作用。跟摄是摄像机跟随被拍摄主体边走边拍，直接将观众带入剧情的拍摄方式。这种拍摄方式可以突出运动中的被拍摄主体，以及详尽表现其运动方向、速度、体态，并能交代被拍摄主体与环境的关系。在跟摄过程中，摄像机跟随被拍摄主体一起运动，利用被拍摄主体位置的稳定和不断变化的环境背景来表现被拍摄主体与环境的关系。

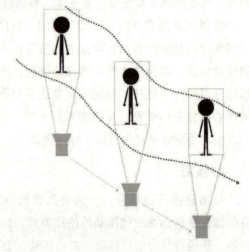

图 2-9　跟摄

从人物背后跟摄，使观众与人物的视点统一，可以产生极富参与感的主观性镜头。镜头跟随人物、事件、场面的运动和变化进行记录的跟摄方式具有极强的客观性，在纪实性节目和新闻拍摄中起到真实记录的作用。

（2）拍摄技巧。跟摄首先要跟准被拍摄主体，在摄像机跟随的运动速度始终与被拍摄主体的运动速度保持一致的同时，将被拍摄主体稳定在画面的合适位置，绝不能让被拍摄主体移出画面。无论被拍摄主体在运动中的姿态如何变化，跟摄的画面都应该保持平稳的垂直或平行运动。在跟摄中，镜头起伏晃动过大很容易使观众产生视觉疲劳。跟摄是运动拍摄，要考虑拍摄过程中光线、角度和焦点的变化。

6. 升降拍摄

升降拍摄是指摄像者使用升降装置进行升降运动的拍摄。升降拍摄可以在摄像机运动的过程中形成多视点的表现特点，其具体运动方式可分为垂直升降、斜向升降、不规则升降等。这种拍摄方式通常需要使用专用的升降摇臂、升降车来完成。

（1）作用。升降拍摄能够展现大场面的规模与气势；可以通过固定景别将纵向高大物体的局部细节准确再现；可以使画面视野扩大或收缩，交代被拍摄主体与整体空间的关系；可以将高低处或远近处的景物、人物逐次呈现，从而表现更多的空间层次；可以在从高到低或从低到高的拍摄过程中，实现一个镜头中有不同被拍摄主体的转换或不同环境的调度；可以通过升降拍摄的视角变化强调画面内容中的感情状态。

（2）拍摄技巧。进行升降拍摄时要提前规划空间，升降的幅度够大才能体现出效果，但也要保证摄像机在升降过程中平稳匀速运动。当升降过程中被拍摄主体不变时，要始终保证将画面的表现重心放在主体上。升降拍摄的视点与观众的视点不同，带有摄像师较强的主观意图，因此拍摄新闻、纪实类节目时要慎重使用升降拍摄。

7. 综合运动拍摄

综合运动拍摄是指在一个镜头中不同程度地将推摄、拉摄、摇摄、移摄、跟摄、升降拍摄等各种拍摄方式有机地结合起来进行拍摄。

（1）作用。综合运动拍摄的镜头运动复杂多变，可以在一个镜头中多景别、多角度地交代被拍摄主体和空间的关系；可以立体化地表现被拍摄主体和空间环境；可以通过不同的人物、形态、动作、环境、事件等，形成多结构的画面和多视点效果，丰富画面内涵；可以通过连续动态的拍摄，保证情节结构的完整，体现画面的真实性；可以让画面的节奏变化、运动旋律与背景音乐旋律同步，使画面形象与背景音乐呈现整体的节奏感。

（2）拍摄技巧。在进行综合运动拍摄前，要先设计好运动路线，有目的、有计划地进行拍摄。因为机位、角度、景别、环境等在运动拍摄中都要发生变化，所以要充分考虑到这些因素的变化对画面的影响。例如，焦点如果变化镜头就会模糊，因此要将被拍摄主体始终放在景深范围内；环境光线的变化可能让被拍摄主体忽明忽暗，因此要采取相应的措施加以调整和控制。拍摄时镜头的运动过程要平稳，运动方式的转换要流畅。镜头的运动要尽量与被拍摄主体的运动协调，还要与画面中情节、情绪的转换结合。拍摄现场的指挥要统一，摄录人员应做到步调一致。

任务 2.5　拍摄中的同期声处理

2.5.1　同期声的意义、作用、录制与运用

1. 同期声的意义

电影、电视节目是通过图像和声音的结合来传递信息的，它们之间互为依托，缺一不可。同期声就是在影视拍摄过程中，同时采集和录制现场的各种声音。同期声对增强影视节目的现场真实感和增加信息量，以及对真实表达人物的性格、思想和情感，都具有重要的意义。

2. 同期声的作用

（1）增强真实性。在强调客观性、可信度的新闻报道和纪录片中，同期声可以让观众在观看画面的同时，听到采访人物叙述自己的亲身经历，表达自己的感受，让观众觉得真实可信、有说服力和感染力，它所产生的效果是文字和解说不能比拟的。

（2）渲染现场气氛。由于同期声与画面是在同一现场同时录制的，所以可以更好地渲染现场气氛，带给人身临其境的参与感，同时可以使画面的表现力得以拓展。

（3）弥补画面表现手法的不足。拍摄过程会受到各种因素的影响，有些画面不易于表现。例如，在某些情况下由于特殊原因会用马赛克对人物进行遮挡等。另外，当已经发生过的新闻事实无法用镜头来表现时，一般会采用当事人或知情者绘声绘色地进行讲述的方式来弥补画面的不足。此时，同期声就占据了主导地位，达到独立传播信息进而吸引观众的效果。

3. 同期声的录制

（1）提前熟悉拍摄场地。在实际拍摄中影响声音质量的因素很多，在采录同期声之前要了解拍摄场地的环境声音情况，并做到心中有数。

（2）选择合适的话筒。根据影视创作需要和场地环境情况选择合适的话筒，如图 2-10 所示。在喧闹嘈杂环境中的随机采访，要选用指向性话筒。在摄录人员没有办法跟着主持人靠近采访对象的情况下，可以选择使用无线话筒。采录乐器声音时，应使用宽频带的电容式话筒。

（3）掌握话筒的使用技巧。根据拍摄环境和摄像机的机位及声源的位置，确定合适的话筒位置。话筒应该摆设在摄像机拍不到又距离声源很近的地方，并对准声源。话筒位置不当会影响声音的采录，这种缺失在后期制作时也很难弥补。

（a）　　　　　　　　　　（b）　　　　　　　　　　（c）

图 2-10　根据环境情况选择合适的话筒

（a）指向性话筒；（b）无线话筒；（c）电容式话筒

通常对于室内专访性的录音，将话筒置于人物头部前方偏上的位置，是比较简单而有效的获得自然声音的一种方式。

遇到声源移动，需要使用话筒吊杆跟随采录的情况时，应保持话筒方向不变，并与声源尽量靠近，只有这样才能采录到理想的同期声而避开不需要的环境音。如果声源是人物，则同期对白录音就是最重要的，人物对白不但要清晰，还要有与镜头调度匹配的声音距离感，要达到这样的效果，现场录音人员一定要与拍摄者默契配合。在同期声采录时，为了确保拾音质量，还需要头戴耳机进行监听。

（4）正确连接话筒与设备。摄像机的外接话筒通常有两种接口，一是普通的 3.5 音频接口，二是比较高级的卡侬口。虽然目前高端的摄像机都自带录音和控制声道参数的功能，但无论是影视制作爱好者、小型工作室还是专业的影视拍摄者，都会用外接的录音和调音设备。因此，录制同期声前要保证各种设备连接正确和调试到位，最好先试录一段，以保证设备在拍摄时正常工作。

（5）调整好录音系统。首先，将前级调音设备和后级录音设备使用千周信号对好电平表，都放到中间刻度，模拟表是 0 dB，数字表是 −18 dB，使前、后级设备的电平量程一致；然后，根据拍摄对象调试录音电平。例如，制作电视采访节目时应事先将设备电平在中间刻度的基础上都调低 5 dB 左右，因为通常人物采访时对话的声音都要比平时高一些，这时电平也就相对合适。录制现场音乐会时，因为带有强弱不等的声音信号，所以电平要控制在中间刻度上。

（6）注意风速对话筒的影响。外拍同期声采录时，话筒需要加防风罩，因为即使是环境微风，也会带来严重的低频噪声。

4. 同期声的运用

（1）避免人为控制。在新闻类节目中，人为控制同期声会使新闻类、纪实类节目失去真实面目，缺乏亲和力和真实感。

（2）要有目的性。同期声要针对具体情况，从整个影视作品的内容需要出发，尽量将真实性与艺术性结合在一起。例如，人物专题片附加环境同期声会使内容更丰富翔实，人物形象也会更加生动鲜活。但如果严肃的新闻节目附加环境背景声，就很容易喧宾夺主，分散观众的注意力，这不仅会削弱新闻的表现力，还容易使观众对新闻的理解产生偏差。

（3）要与画面匹配。同期声要与画面相互衬托、相互补充才能充分表现事物的特点和人物的情感，不能为用而用，徒有形式。

（4）要富有有效的信息量。同期声包含的信息量越大，价值量越高，就越有表现力。

（5）要简明扼要。在运用同期声时要把握节奏，简明扼要，减少没必要的声音，准确、精练地表达拍摄主题，避免华而不实。

2.5.2 电影声音制作的基本流程

电影制作是一个系统化的工程。众所周知，后期制作是电影制作步骤中极为重要的一环，它包括镜头剪辑、画面调色、特效制作、音乐制作、声音合成、画面声音混录等。

1. 影视同期声

影视同期声是指在拍摄电影电视剧时，录音工作与演员的表演同时进行，而不是后期于录音棚内完成配音，可以简单理解为"同期录音"。它是电影录音的一种工艺，目的是保留现场声音的真实感，相比于后期配音，它更自然、逼真。

影视同期声一般在拍摄写实类、动作类的影片时使用较多。但事实上，在影片后期制作的过程中也会对同期录音的效果进行修改、完善和剔除不必要的杂音等，因此，同期声并不见得完全真实，只是相对真实而已。其实，同期录音只是电影声音制作的一小部分，声音制作的大量工作都是在"杀青"之后才开始。

2. 对白录音

对白录音也称为对白补录，是指影片在拍摄期间没有采取同步录音，而是在影片剪辑好后于录音室完成对白的录制。某些场景的环境音是不可预见且无法控制的，例如大场面调度中混杂着工作人员的调度声音，其中，对参演角色的对白就需要做补录处理。对白录音要求基本符合同期声的听感，并确保口型正确且景别描述清晰。

3. 环境剪辑

环境剪辑是指利用同期素材和补录素材按照镜头场景的要求编剪声音，需要至少 5.0 或 7.0 环绕立体声轨，并要求剪辑室最低为 5.0 声道工作环境。

在环境剪辑的过程中，会将符合要求的素材按照分类编辑在会话中，并记录剪辑单，将环境素材混录和混缩轨道，按终混要求输出若干 5.0 声道素材，并保证其声音关系的正确性。例如，风声、雨声等环境产生的声音都是在这个步骤完成的。

4. 动效剪辑

动效剪辑是指利用动效录音棚中的器材录制影片中由人物所发出的非对白声音，如衣服摩擦的沙沙作响声、汤匙碰盘子的声音、木制楼梯上的脚步声等。这是电影声音在制作过程中相对有趣的一个环节。

因为电影创作的特殊性，有时对动效声音需要制作出夸张的、细节丰富的音响效果，所以一名经验丰富的动效剪辑师对电影声音的制作十分重要。

5. 特殊效果剪辑

特殊效果剪辑广泛应用于商业片，主要描述非真实的声音。例如，打斗、战斗场景、枪声、飞机等都是通过特殊效果剪辑制作完成的。

特殊效果剪辑是电影声音制作中相对困难的部分，既要有丰富的表现力，又不能脱离画面，还要与各部分声音融合。特殊效果剪辑是电影声音对动态范围要求最严格的步骤。

6. 音乐剪辑

音乐剪辑是将作曲创作并录制出来的音乐按照导演要求重新剪辑对点，并利用音乐工程中分轨部分再次创作符合画面表述、时长和镜头衔接的音乐的过程。

此步骤需要预混，将立体声的音乐混录为 5.1、7.1 声道或全景声的素材，并使用不同的效果器使之听感清晰、层次分明。

7. 终混

终混是指将上述预混完成的声音合并的工程。终混通过建立分轨、独立编组总线、输入/输出及效果器通道，混合各部分声音的比例和层次，按照杜比声压标准保证声音动态，混音成人们听到的电影声音。

任务 2.6 后期视频编辑

2.6.1 视频编辑的方式

视频编辑通常采用两种方式，一种是线性编辑，另一种是非线性编辑。

1. 线性编辑

线性编辑就是按照时间线从头到尾进行编辑的方式。早期制作影视作品使用的电影胶片和磁带录像机都是采取这种方式进行后期编辑的。这种视频编辑方式的缺点很多，在此不一一表述。目前几乎所有的视频和影视节目都不再使用这种编辑方式。

2. 非线性编辑

随着影音素材、摄录器材的全面数字化和计算机软/硬件技术的飞跃发展，目前影音后期编辑都采用非线性编辑方式，只要上传一次素材到计算机，就可以随时随地、反复多次地任意编辑和处理，复制、剪切、调动画面顺序等都不会影响影音质量，还可以通过集成自带插件、调用插件或与其他专用软件协作，合成多声道、字幕、滤镜和特效，在节省了人力、物力的同时，效率也得到大幅提高。

2.6.2 视频编辑软件

视频编辑软件有很多，可以满足各种制作要求，有简单入门的，还有应用广泛、较专业的，更有仅供专业领域使用的。每个等级又有很多同类软件，下面主要介绍日常应用最多的几种视频编辑软件。

1. Adobe Premiere Pro

Adobe Premiere Pro 是一款非常流行的视频编辑软件，它支持 Windows 系统和 Mac 系统，无论对于业余视频编辑爱好者还是专业的视频制作人员，它都是一款非常值得使用的工具。利用 Adobe Premiere Pro 可以进行视频剪辑、字幕添加、画面调色、音频美化等专业的视频编辑，它能够出色地完成大部分视频剪辑任务。由于 Adobe Premiere Pro 是 Adobe 公司的产品，故其与 Photoshop、After Effects 软件都能灵活地配合。

2. 会声会影（Video Studio Ultimate）

会声会影提供了一个非常简洁的界面，即使没有接触过影视剪辑的人也能轻松上手，非常适合新手或业余爱好使用。它在基本的视频功能上添加了很多增强性功能，包括多镜头校正、4K 视频、360° 视频、分割画面等效果。动态追踪技术可以准确追踪荧幕上移动物体的动作，并连接文字与图形等各种元素，甚至可以模糊所追踪的物件。

3. 剪映

剪映是一款带有全面剪辑功能的视频剪辑软件。剪映使用简单，并没有提供对普通人来说过于专业的功能，只需要拖动视频素材到窗口就可以直接剪辑，支持视频参数调节和多轨道。如果想为视频添加特效，可以使用剪映提供的内置素材库，其中包括视频、音频、文字、贴纸、特效、转场、滤镜等多种类型的素材，可以一键添加到视频中，无须再到视频素材网站中寻找，即便是新手也能在几分钟内做出漂亮的视频。剪映支持在手机移动端、平板电脑端，以及 Mac 系统和 Windows 系统计算机终端使用。

复习思考题

1. 简述数码摄像机的选购过程，并解释数码摄像机需要保养的原因。

2. 简述保持摄像机稳定的基本技巧，并解释原因。

3. 简述摄像机摄像操作要领的主要内容。

4. 简述固定画面拍摄方式，并解释原因。

5. 简述运动画面拍摄方式及其作用。

6. 简述同期声处理的意义与流程。

7. 简述视频编辑的方式及选择视频编辑软件的方法。

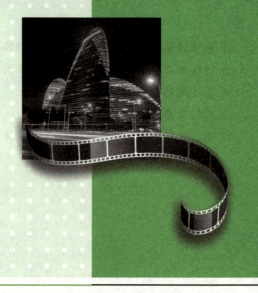

项目 3
视听语言基础

项目介绍

　　视听语言在新媒体和传媒行业中具有重要的作用。本项目主要介绍视听语言基础知识，包括构图、色彩、镜头语言、剪辑和蒙太奇、影视作品中的声音艺术等相关内容，培养读者系统掌握分析影视作品视听元素的理论与技术方法、应用相关概念分析影视作品并进行创作的能力。

学习目标

　　1. 知识目标
　　（1）理解构图的原则和摄影构图技巧；
　　（2）了解色彩理论及其在摄影中的作用；
　　（3）熟悉镜头语言及其在电影制作中的应用；
　　（4）掌握剪辑和电影蒙太奇的技巧。
　　2. 技能目标
　　（1）能够运用构图原则进行摄影创作；
　　（2）能够运用色彩理论进行摄影创作；
　　（3）能够运用镜头语言进行电影制作；
　　（4）能够运用剪辑技术进行电影制作。
　　3. 素养目标
　　（1）提升艺术审美能力；
　　（2）提升艺术创作能力；
　　（3）提升艺术理论素养；
　　（4）提升艺术实践能力。

PPT：视听语言
基础

任务 3.1 构　图

3.1.1 关于构图

构图是摄影前期重要的内容之一，起到突出主体、吸引视线、简化杂乱、创造均衡和谐画面的作用，好的构图会凸显画面的中心，使画面更富故事性，并能反映作者对事物的认识和感情。

在摄影中，根据拍摄题材和主题思想的要求，对眼前现有的景物进行适当的规划、组织和排列，并利用相机的成像技术特点进行渲染，使之形成协调、完整、具有一定艺术形式的画面，称为构图。

3.1.2 构图的基本原则

构图是摄影中非常重要的一个环节，直接关系到照片的美感和质量。构图的基本原则是指将画面划分成不同的区域，使画面中的元素有机地组合在一起，形成视觉上的平衡和谐，从而使观众能够更好地理解照片的主题和意图。

具体来说，构图的基本原则包括以下几个方面。

1. 对称性原则

在构图中，对称性原则是非常重要的原则，它可以使画面更加稳定和平衡，如图 3-1 所示。对称包括左右对称、上下对称、中心对称等方式。例如，在拍摄景物时，可以将画面分为左右对称的两部分，使画面更加平衡。

图 3-1 对称性构图

2. 黄金分割原则

黄金分割是一种比例关系，通常是指对画面中主要元素与画面边缘的距离按照一定比例进行分割。黄金分割的比例为 1 : 1.618，该比例可以使画面更加和谐美观。例如，在拍摄人像时，可以将人物的头部和眼睛放置在黄金分割线上，从而使画面更加自然和美观，如图 3-2 所示。

3. 空间构图原则

空间构图是指在拍摄中，为了表达画面中元素的位置关系，给予元素足够的空间。例如，在拍摄奔跑的动物时，通过在画面前方留出足够的空间，表现出动物奔跑的速度和力量感，如图 3-3 所示。

图 3-2　黄金分割构图　　　　　　　　图 3-3　空间构图

4. 色彩构图原则

色彩是摄影中非常重要的构成元素之一，不同的色彩可以表现不同的情感和氛围。在色彩构图中，通过配色、色彩搭配等方式使画面更加丰富多彩，表现不同的情感和氛围，如图 3-4 所示。

5. 立体构图原则

立体构图是指在画面中将物体分为前景、中景和背景三个部分，使画面具有层次感和空间感。例如，在拍摄风景时，通过将前景、中景和背景分别置于画面中的不同部位，表现景色的广阔和深远，如图 3-5 所示。

图 3-4　色彩构图　　　　　　　　　图 3-5　立体构图

总之，构图是摄影中非常重要的一个环节，它直接影响照片的质量和美感。了解和掌握构图的基本原则，可以使拍摄者在拍摄时更得心应手，拍摄出高质量的照片。

3.1.3　摄影构图

摄影源自绘画，早期的构图法则来源于传统绘画的美学要求。时至今日，摄影已发展成为一种更复杂的传播形式和艺术形式，而影像的题材和内容也比传统绘画更加丰富和多样化，因此，根据不同的题材、不同的应用，摄影也发展出自己的构图方法和要求。

无论摄影构图的见解如何不同，总有一点相同：好的构图作品要比差的构图作品更具有影响力，更能产生强烈的印象。摄影的终极目标就是增强照片的主题效果，但一张毫无主题的照片，即使构图再完美，它也是空洞而失败的。

构图是确定并组织元素产生和谐照片的过程。照片中的每个对象就是构图中的元素。学习构图就像学习一门语言，一旦学会就会形成下意识的行为。摄影师和摄影爱好者努力的方向应该是流畅地运用构图这门语言表达自己的想法。

与其他艺术不同的是，摄影在本质上是挑选的艺术。必须从现实世界中挑选一处予以框定，并在框定的区域中对主体材料进行组织和布局。挑选就是有意识地对画面进行编辑而不是被动地把一切囊括其中，考虑可以去除的主体，以简化材料和增强主体表达的信息。

3.1.4　摄影中常用的构图手法

无论是拍摄人像还是拍摄风光，构图都是画面美感的重要考量因素。构图的好坏直接影响画面的视觉享受。下面介绍几种摄影中常用的构图手法。

1. 三分法构图

三分法构图也称为九宫格构图，是一种比较常见和应用十分广泛的构图方法。

三分法构图一般用两横两竖将画面均分，使用时将主体放置在线条的四个交点上，或放置在线条上。该方法操作简单，表现鲜明，画面简练。很多相机都配备构图辅助线。三分法构图应用广泛，多应用于风景、人像等，如图 3-6 所示。

2. 对称式构图

对称式构图有上下对称、左右对称等，具有稳定平衡的特点，如图 3-7 所示。对称式构图在建筑摄影中可以表现建筑的设计平衡、稳定性。对称式构图广泛应用于镜面倒影中，表现唯美意境、画面平衡的特点。

3. 框架式构图

框架式构图是选择一个框架作为画面的前景，将观众的视线引导到拍摄主体上，以突出主体，如图 3-8 所示。

框架式构图会形成纵深感，使画面更加立体、直观，更有视觉冲击，也使主体与环境呼应。该构图方法经常利用门窗、树叶间隙、网状物等作为框架。

图 3-6　三分法构图

图 3-7　对称式构图

4. 中心构图

中心构图十分简单，就是将主体放在画面中心，如图 3-9 所示。入门者可以从这个构图方法学起，然后慢慢学习其他构图方法。

中心构图在很多时候是很好用的手法，但很多题材如果使用中心构图可能缺乏新意，因此要学会使用多种构图手法。中心构图适用于拍摄建筑物或中心对称的物体等。

图 3-8　框架式构图

图 3-9　中心构图

5. 引导线构图

引导线构图就是通过线条引导观众视线，吸引观众关注画面主体。引导线不一定是具体线条，在现实生活中，道路、河流、整排树木，甚至人的目光等都可作为引导线使用，只要具有一定线性关系即可，如图 3-10 所示。

利用引导线构图可以拍摄很多题材，主要起到引导视线的作用，如道路、桥梁、河流、建筑等更应注重意境和视觉冲击力。

6. 对角线构图和三角形构图

对角线构图的图片有动态、张力，更加活泼。对角线构图多用于拍摄建筑、山峰、植物枝干、人物等，如图 3-11 所示。三角形构图会增添画面的稳定性。在人像摄影中常在画面中构建三角形构图元素。

图 3-10　引导线构图

图 3-11　对角线构图

7. 极简构图和留白

摄影是减法的艺术，极简构图即不断剔除与主体相关性不大的物体，使画面更加精简，可以更容易看出主体，突出主体，更能表现视觉冲击力，如图 3-12 所示。

在极简构图中经常在画面中留白，也就是去除杂物，创造一个负空间，使观众注意力集中在主体上；同时，极简的画面会使人感到更加舒适，使画面更加唯美。

8. 均衡式构图

中心构图注重主体，而均衡式构图则维持画面平衡，使主体与背景衬托物相互呼应，从而使画面更有平衡感，增加画面的纵深和立体感。均衡式构图给人以满足的感觉，画面结构更完美，安排巧妙，对应而平衡，常用于月夜、水面、夜景、新闻等题材，如图 3-13 所示。

图 3-12　极简构图

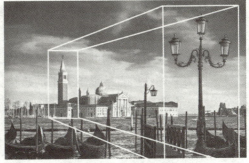

图 3-13　均衡式构图

9. 黄金三角形构图

黄金三角形构图与三分法构图相似，首先使直线从画面的四个角出发，在左右两边形成两个直角三角形，然后将画面的元素放在这些交叉的地方，如图 3-14 所示。

10. 黄金螺旋构图

将相机画面分为一定的比例，再将之不断细分，会得到一条曲线，这就是黄金螺旋构图（图 3-15），如名画《蒙娜丽莎》就采用了黄金螺旋构图。

图 3-14　黄金三角形构图　　　　　　　　图 3-15　黄金螺旋构图

任务 3.2　色　彩

3.2.1　关于色彩

色彩是指光线进入人的眼睛之后，人对此产生的一种视觉感受。在学习摄影的过程中，对于色彩的认识、理解及掌握是至关重要的一个环节。色彩是穿越时间约束、跨越空间国界而又深藏情感语言的一种艺术。

色彩也是能引起人们共同审美愉悦的、敏感的形式要素。色彩是具有表现力的要素之一，因为它的性质直接影响人们的感情。丰富多样的颜色可分为无彩色系和有彩色系两个大类。饱和度为 0 的颜色为无彩色系。

3.2.2　三原色

在以前对色彩知识的学习中，可以知道所有颜色都是由三原色混合而得到的。三原色是指色彩中不能再分解的三种基本颜色，通常所说的三原色，是指色彩三原色和光学三原色。

1. 色彩三原色

绘画色彩中最基本的颜色——红、黄、蓝，称为原色。这三种原色纯正、鲜明、强烈，而且这三种原色本身是调配不出来的，但是用它们可以调配出多种色相的色彩。

2. 光学三原色

光学三原色（Red、Green、Blue，RGB）指的是红、绿、蓝。光学三原色混合后，组成显示屏显示颜色。光学三原色同时相加为白色，白色属于无色系（黑、白、灰）中的一种。

3.2.3 色彩模式

色彩模式是数字世界中表示颜色的一种算法。在数字世界中，为了表示各种颜色，人们通常将颜色划分为若干分量。成色原理的不同，决定了显示器、投影仪、扫描仪这类靠色光直接合成颜色的颜色设备和打印机、印刷机这类使用颜料的印刷设备在生成颜色方式上的区别。三原色因形成色彩的方式不同，可分为加色方式和减色方式，这导致三原色有所差别，如图 3-16 所示。

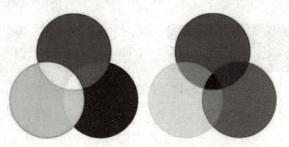

光的三原色：红 绿 蓝　颜料三原色：品红 黄 青

图 3-16　三原色的加色方式和减色方式

1. RGB 模式

光的色彩形成属于加色方式，简称 RGB 模式，运用于有色光线，如霓虹灯、摄影、计算机显示屏等，色彩叠加得越多就越亮，最终得到白光。

2. CMYK 模式

印刷、打印、服装染色、颜料绘画等色彩的形成属于减色方式，简称 CMYK 模式，色彩叠加得越多，得到的色彩就越暗，最终接近黑色。但在 CMYK 的比例混合中，实际上很难得到纯黑色，因此，把在特殊条件下混合成的黑色（K）加到三原色中，形成 CMYK 模式的四色印刷原色。

在 CMYK 模式中，青（Cyan）、品红（Magenta）、黄（Yellow）混合可以调出其他颜色，青加少量品红就得到蓝，加等量品红可得到紫，而蓝无论添加什么颜色都无法得到青，最多只是接近青，因此，青才是真正的三原色之一。

3.2.4 色彩三要素

人眼看到的任一彩色光都是色彩三要素特性的综合效果，色彩的三要素即色相（Hues）、饱和度（Saturation）和明度（Brightness），简称 HUB。其中，色相与光波的频率有直接关系，饱和度、明度与光波的幅度有关。

1. 色相

色彩是由于物体上的物理性的光反射到人眼视神经上所产生的感觉，如图 3-17 所示。色彩的不同是由光波频率的高低差别所决定的。色相指的是这些不同频率颜色的情况。频率最低的是红色，频率最高的是紫色。把红、橙、黄、绿、蓝、紫和处在它们各自之间的红橙、黄橙、黄绿、蓝绿、蓝紫、红紫这 6 种中间色——共计 12 种色作为色相环。在色相环上排列的色是纯度高的色，被称为纯色。这些色在环上的位置是根据视觉和感觉的相等间隔进行安排的。使用类似这样的方法还可以再分出差别细微的多种色来。在色相环上，与环中心对称，并在 180° 的位置两端的色被称为互补色。

图 3-17　不同颜色的色相

2. 饱和度

饱和度即纯度，也是色彩的鲜艳程度，原色的纯度最高，掺杂了其他颜色如黑色、白色时，颜色的纯度就会降低，如图 3-18 所示。用数值表示的色的鲜艳或鲜明程度称为彩度。有彩色的各种色都具有彩度值，无彩色的色的彩度值为 0，对于有彩色的色的彩度（纯度）的高低，区别方法是根据这种色中含灰色的程度进行计算。彩度由于色相的不同而不同，即使相同的色相，因为明度不同，彩度也会随之变化。

图 3-18　同一颜色的不同饱和度

值得注意的是，相同数值的 RGB 混合在一起是灰色，如（R254、G119、B119）颜色相当于 119 灰（119R+119B+119G）+135R，灰色不影响色相，但影响纯度，因此呈现一种粉红的色彩，如图 3-19 所示。

3. 明度

明度即色彩的明亮程度，表示色所具有的亮度和暗度。可以理解为往一个色中添加白色或加黑色，加入的白色越多，明度越高，加入的黑色越多，明度越低。计算明度的基准是灰度测试卡。黑色为 0，白色为 10，在 0 ～ 10 范围内等间隔地排列为 9 个阶段。色彩可分为有彩色和无彩色。后者仍然存在明度。作为有彩色，每种色各自的亮度、暗度在灰度测试卡上都有相应的位置值。彩度高的色对明度有很大的影响，不太容易

图 3-19　（R254、G119、B119）颜色

辨别。在明亮的地方鉴别色的明度是比较容易的，在暗的地方就难以鉴别色的明度。

其实不同色相间也存在明度差异，在七种纯正的光谱色中，黄色的明度最高，显得最亮，依次为橙色、绿色、红色、青色、蓝色，紫色的明度最低，也显得最暗。

有时候明度和饱和度会混淆，明度高的色，饱和度不一定高，如浅黄明度较高，但其饱和度比纯黄低。

饱和度也与距离有关，在户外由于空气介质对光线漫射的影响，较远的被拍摄对象比远处的同种物体色彩饱和度低一些。

3.2.5　色彩的分类

1. 按冷暖分类

色彩本身没有冷暖的温度差别，但是色彩在视觉上引发了人们对冷暖感觉的心理联想。根据色彩对心理所产生的影响，色彩可分为冷色、暖色和中性色。

（1）冷色。冷色是指青色、蓝色等，以及由它们构成的色调。这类色彩容易使人联想到冰雪、海洋等场景，产生寒冷的感觉。冷色适宜表现恬静、低沉、严肃、理智等情感。

冷色的关键词：阴影的、透明的、镇静的、稀薄的、淡的、远的、轻的、女性的、微弱的、湿的、理智的、圆滑、曲线型、缩小、流动、冷静、文雅、保守等。

冷色系给人的感觉与联想：水、天空、大海、冬天、清凉、冰爽、休闲、沉稳、冷静。

（2）暖色。暖色是指红色、橙色、黄色等，以及由它们构成的色调。这类色彩容易

使人联想到太阳、火焰、热血等物象，产生温暖、热烈等感觉。暖色适宜表现热情、欢快、奔放等内容。

暖色的关键词：阳光、不透明、刺激的、稠密、深的、男性的、强性的、干的、感情的、方角的、直线型、扩大、稳定、热烈、活泼、开放等。

暖色系给人的感觉与联想：火、太阳、夏天、炎热、温暖、活跃、运动、热情、冲动。

（3）中性色。中性色指绿色、紫色、黑色、白色、灰色，其给人的感觉是平和、冷静、知性、简洁、和谐、没有情绪色彩的暗示，很独立。中性色与其他色彩搭配起到谐和、缓解的作用，给人们轻松的感觉，可以避免视觉疲劳，产生沉稳、得体、大方的感觉。

中性色主要用于调和色彩搭配，突出其他色彩。

2. 按彩度分类

按彩度色彩分为有彩色和无彩色。

（1）有彩色。有彩色是指包括在可见光谱中的全部色彩。有彩色的物理色彩有六种基本色：红色、橙色、黄色、绿色、蓝色、紫色。基本色之间不同量的混合、基本色与无彩色之间不同量的混合所产生的色彩都属于有彩色系。有彩色是由光波的波长和振幅决定的，波长决定色相，振幅决定色调。在这六种基本色中，一般称红色、黄色、蓝色为三原色；橙色（红色加黄色）、绿色（黄色加蓝色）、紫色（蓝色加红色）为间色。从中可以看到，在这六种基本色的排列中，原色总是间隔一个间色，只需要记住基本色就可以区分原色和间色。

（2）无彩色。无彩色是指白色，黑色和由黑、白两色相互调和而形成的各种深浅不同的灰色，即反射白光的色彩。从物理学的角度看，它们不包括在可见光谱之中，故称为无彩色。无彩色按照一定的变化规律，可以排成一系列。由白色渐变到浅灰、中灰，再变到黑色，在色度学上称其为黑白系列。黑白系列中由白色到黑色的变化，可以用一条水平轴表示，一端为白色，另一端为黑色，中间有各种过渡的灰色。

无彩色系中的所有颜色只有一种基本性质，即明度。它们不具备色相和纯度的性质，也就是说，它们的色相和纯度从理论上来说都等于零。明度的变化能使无彩色系呈现梯度层次的中间过渡色：越接近白色，明度越高；越接近黑色，明度越低。

黑色与白色是时尚的永恒主题，强烈的对比和脱俗的气质，无论是极简，还是花样百出，都能营造出引人注目的设计风格。极简的黑色与白色还可以表现出新意层出不穷的设计。在极简的黑白主题色彩下加入精致的搭配，品质在细节中得到无限升华，使作品更加深入人心。

3. 按色环位置分类

按色环位置色彩可分为同类色、邻近色、类似色、中差色、对比色和互补色，如图 3-20 所示。

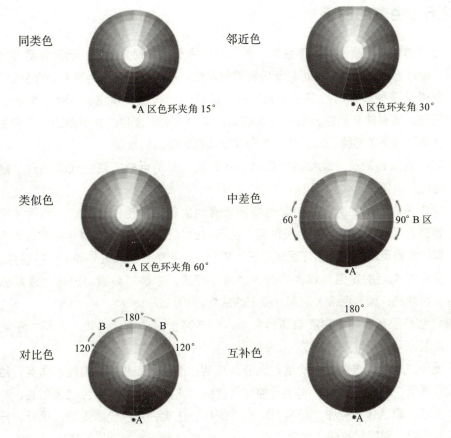

图 3-20   同类色、邻近色、类似色、中差色、对比色、互补色

（1）同类色。同类色的色相性质相同，但色度有深浅之分，是色相环中 15° 夹角内的色，如深红色与浅红色、深蓝色与浅蓝色。

（2）邻近色。邻近色就是在色带上相邻近的色，如红色和橙色。在色相环中，凡夹角在 60° 范围之内的色都属邻近色的范围。

（3）类似色。类似色是指在色相环中相邻的三个色。在色相环 90° 角内的色统称为类似色。例如，红色-红橙色-橙色、黄色-黄绿色-绿色、青色-青紫色-紫色等均为类似色。

（4）中差色。中差色是色相环中相距约为 90° 的配色。

（5）对比色/互补色。在色相环中每个色与其对面（180° 对角）的色都有非常强烈的对比，在颜色饱和度很高的情况下，可以创建很多令人震撼的视觉效果，如橙色和蓝色、红色和绿色、黄色和紫色。

3.2.6 色彩的情感

色彩的情感是指不同频率色彩的光信息作用于人的视觉器官，通过视觉神经传入大脑后，经过思维，与以往的记忆及经验产生联想，从而形成一系列色彩心理反应。

色彩是多种多样的。在可见光谱中，除红色、橙色、黄色、绿色、青色、蓝色、紫色光外，还有若干间色，能用肉眼辨别出来的有 180 余种。在长期的生产和生活实践中，色彩被赋予了感情，成为代表某种事物和思想情绪的象征。

红色的波长最长，是穿透力极强和感知度最高的色彩。红色代表热烈、喜庆、温暖、奋进、热情。

绿色在人们的视觉心理中是生命和青春的象征。绿色代表生机、和平、凉爽、平静、希望，同时绿色掺杂其他颜色会产生不同的视觉效果，如黄绿色能带给人春天的气息，深绿色或蓝绿色包含了深远和稳重的感觉，墨绿色带给人成熟和深沉的感觉。

蓝色是典型的冷色，代表广阔、清新、冷清、宁静、静寂。同时，浅蓝色代表明朗、青春朝气；深蓝色给人沉重、稳定的感觉。

黄色是所有色相中明度最高的色彩，代表高贵、庄重、温暖、光明，还能给人轻松、活泼、可爱和健康的感觉。

此外，青色代表圆顺、冷清、沉静、高洁；橙色代表热情、温暖、华美、甜蜜；紫色代表深沉、稳重、隐秘、寒冷、神秘、忧郁、高贵、优雅；白色代表明亮、神圣、素静、纯洁；黑色代表神秘、悲哀、阴郁、安静、庄重；灰色代表安静、质朴、抒情；褐色代表沉稳、醇厚、严密、深沉。

1. 色彩的轻重感

不同的色彩给人不同的视觉心理轻重感，通常明度较低、较暗的色彩给人较重的感觉，如图 3-21 所示。

2. 色彩的缩胀感

高明度（亮）、高纯度（鲜艳）的色彩具有放大的视觉印象。白色比黑色更有放大的错觉，距离远一点，效果会更明显，如图 3-22 所示。

图 3-21 色彩的轻重感　　　　　　图 3-22 色彩的缩胀感

3. 色彩的冷暖感

不同的色彩给人不同的温度联想。相对的暖色调给人温暖、炎热的心理感觉；相对的冷色给人清凉、安静的心理感觉，如图 3-23 所示。

4. 色彩的进退感

色彩的明度、纯度、虚实变化会形成不同进退感，人们常将其运用在绘画和摄影中，如图 3-24 所示。

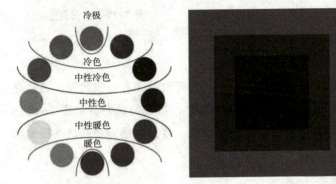

图 3-23　色彩的冷暖感　　　　　　　图 3-24　色彩的进退感

3.2.7　色彩搭配

对色彩进行搭配可以取得更好的视觉效果。将三原色混合可以得到三间色与六种复色，组合成十二色环（又称为 RYB 色环），如图 3-25 所示。

1. 单色搭配

单色搭配是指整张照片几乎只有一个色相，通过改变一个色相的饱和度和明度产生层次感。单色搭配运用到极致就是黑白照片，如图 3-26 所示。

2. 相似色搭配

在有的场景中，只有一个色相可能显得奇怪、单调，若想使画面的色彩保持和谐，可以使用相似色搭配，如图 3-27 所示。相似色搭配就是在色环中找到一组相邻的色相进行搭配，通常色相相邻或位置相隔 2 ～ 4 个色相，如红色与橙黄色、橙红色与黄绿色、黄绿色与绿色、绿色与青紫色等。

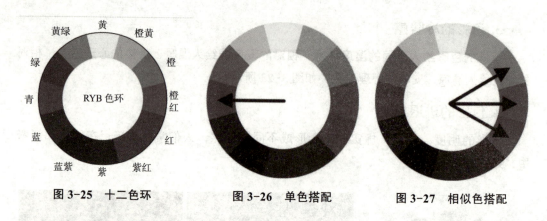

图 3-25　十二色环　　　　图 3-26　单色搭配　　　　图 3-27　相似色搭配

3. 互补色搭配

色环中相对位置上的两种色搭配在一起可以产生活力四射的强烈视觉效果，特别是在颜色饱和度最高的情况下，如黄色与紫色、橙色与蓝色、红色与绿色，如图 3-28 所示。互补色搭配也是风光摄影中最受欢迎的色彩搭配模式，其被大量应用在日落日出和城市夜景风光摄影中。

4. 分离互补色搭配

分离互补色是一种色相，与补色的左边或右边的色相进行组合。有时并不能把画面统一成完美的互补色，因此，可以在互补色的基础上进行一些变形，分离互补色就是其中之一，如图 3-29 所示。

5. 冷暖色搭配

在很多时候，拍摄照片并不一定调用色彩搭配模型，只要调整到画面中有一个冷色，搭配一个暖色，形成冷暖对比，效果就不错了，如图 3-30 所示。在色环中，黄色、橙黄色、橙色、橙红色、红色叫作暖色；绿色、青色、蓝色、蓝紫色、紫色叫作冷色；黄绿色和紫红色比较中性，是冷暖色的分界线。

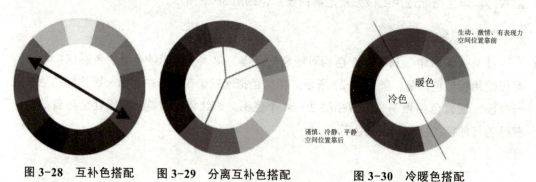

图 3-28　互补色搭配　　　图 3-29　分离互补色搭配　　　图 3-30　冷暖色搭配

6. 三角对立配色

利用等边三角形上三种色之中的两种进行搭配，可以在维持色彩协调的同时制造强烈的对比效果。这种搭配也可以营造出生气盎然的效果，如经典色黄色与蓝色、红色与蓝色、红色与黄色等，如图 3-31 所示。

7. 四元组配色

选定主色及其补色之后，第三种色可选择色环上与主色相隔一个位置的色，最后一个色选择第三种色的补色，在色环上正好形成一个矩形，如图 3-32 所示。

8. 正方形配色

利用色环上四等分位置上的色进行搭配。这种配色方案中的色调各不相同但又互补，可以营造出一种生动活泼的效果，如图 3-33 所示。

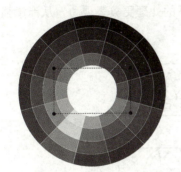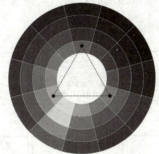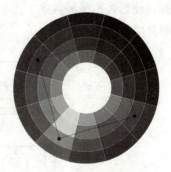

图 3-31　三角对立配色　　　　图 3-32　四元组配色　　　　图 3-33　正方形配色

除上述色彩搭配模型外，中性色如白色、黑色、灰色是百搭色，中性色与任何色搭配在一起都很和谐。

任务 3.3　镜头语言

镜头语言就是用镜头像语言一样表达拍摄者的意思。通常可经由摄像机所拍摄出来的画面看出拍摄者的意图，因为可从拍摄的主题及画面的变化中感受拍摄者透过镜头所要表达的内容。

镜头语言虽然和平常讲话的表达方式不同，但目的是相同的。镜头语言没有规律可言，只要能用镜头表达拍摄者的意思，无论使用何种镜头方式，都可称为镜头语言。

3.3.1　景别

　　一部作品往往是由若干镜头画面组接在一起完成的，而景别是对镜头画面描述的一种方法，通过画面景别的描述可以知道画面所要表现的内容特征。景别是摄影中的一种视觉艺术语言形式，人们看到照片总会辨别出拍摄者的景别形式，才会对内容产生认识和理解。对于一个专题组照，往往要求以很多不同的景别内容进行表现，每个景别都完成一个层面的叙事任务，从而使作品富有视觉节奏变化。

　　景别是指由于在焦距一定时，摄像机与被拍摄主体的距离不同，而造成被拍摄主体在摄像机录像器中所呈现出的范围大小的区别，如图 3-34 所示。对于景别的划分，由远至近一般可分为远景（被拍摄主体所处环境）、全景（人体的全部和周围部分环境）、中景（指人体膝部以上）、近景（指人体胸部以上）、特写（指人体肩部以上）等。在电影中，导演和摄影师利用复杂多变的场面调度与镜头调度，交替使用各种不同的景别，使影片剧情的叙述、人物思想感情的表达、人物关系的处理更具表现力，从而增强影片的艺术感染力。

大远景　　　　　　远景　　　　　　全景

中景　　　　　特写 / 近景　　　　大特写

图 3-34　景别

1. 远景

　　远景一般用来表现远离摄影机的环境全貌，展示人物及其周围广阔的空间环境、自然景色和群众活动大场面的镜头画面。它相当于从较远的距离观看景物和人物，视野宽广，能包容广大的空间，人物较小，背景占主要地位，画面给人以整体感，细部却不甚清晰。

　　远景通常用于介绍环境，抒发情感。在拍摄外景时使用远景，可以有效描绘雄伟的峡谷、豪华的庄园、荒野的丛林，也可以描绘现代化的工业区或阴沉的贫民区。

2. 全景

　　全景用来表现场景的全貌与人物的全身动作，在电视剧中用于表现人物之间、人与环境之间的关系。全景画面主要表现人物全身，活动范围较大，对人物的体型、衣着打扮、身份交代得比较清楚，环境、道具看得明白，通常在拍摄内景时，作为摄像的总角度的景别。在电视剧、电视专题、电视新闻中，全景画面不可缺少，大多数节目的开端、结尾部分会使用全景或远景画面。

远景、全景又称为交代镜头。全景画面比远景画面更能全面阐释人物与环境之间的密切关系，通过特定环境表现特定人物，因此，其在各类影视片中被广泛地应用。对比远景画面，全景画面更能展示出人物的行为动作、表情相貌，也可以在某种程度上表现人物的内心活动。

全景画面中包含整个人物形貌，既不像远景那样由于细节过少而不能很好地进行观察，又不像中近景画面那样不能展示人物全身的形态动作。全景画面在叙事、抒情和阐述人物与环境关系的功能上起到独特的作用。

3. 中景

中景包括人和物的大部分（人物膝盖以上的部分），适合表现人和物之间的关系与感情交流。表达人物动作、手势等富有表现力的动态适合使用中景。

与全景相比，中景包容景物的范围有所缩小，环境处于次要地位，重点在于表现人物的上身动作。中景画面为叙事性的景别，在影视作品中占的比重较大。处理中景画面要注意避免直线条式的死板构图、拍摄角度、演员调度，姿势要讲究，避免构图单一。人物中景要注意掌握分寸，不能卡在腿关节部位，可根据内容、构图灵活掌握。

中景是叙事功能最强的一种景别。在包含对话、动作和情绪交流的场景中，利用中景有利于兼顾表现人物之间、人物与周围环境之间的关系。中景的特点决定了它可以更好地表现人物的身份、动作及动作的目的；在人物众多时，其可以清晰地表现人物之间的相互关系。

4. 近景

拍摄到人物胸部以上或物体的局部称为近景。近景的屏幕形象是近距离观察人物的表现，能看清人物的细微动作。近景也是人物之间进行感情交流的景别。近景着重表现人物的面部表情，传达人物的内心世界。近景还是刻画人物性格最有力的景别。在电视节目中，节目主持人与观众进行情绪交流的画面也多用近景。这种景别具有适应电视屏幕小的特点，在电视摄像中用得较多，因此有人说电视是近景和特写的艺术。近景产生的接近感往往给观众留下较深刻的印象。

由于近景中人物面部看得十分清楚，所以人物面部缺陷在近景中得到突出表现。近景在造型上要求细致，无论是化妆、服装、道具都要十分逼真和生活化，不能被看出破绽。

近景中的环境退于次要地位，画面构图应尽量简练，避免杂乱的背景争夺视线，因此，常用长焦镜头拍摄，利用景深小的特点虚化背景。人物近景画面用人物局部背影或道具作前景可增加画面的深度、层次和线条结构。近景人物一般只有一个人物作为画面主体，其他人物往往作为陪体或前景处理。"结婚照"式的双主体画面在电视剧、电影中是很少见的。

由于近景画面视觉范围较小，观察距离相对更近，人物和景物的尺寸足够大，细节比较清晰，所以非常有利于表现人物的面部或其他部位的细微动作及景物的局部状态，这些是大景别画面所不具备的功能。相对于电影画面而言，电视画面的尺寸小，很多在电影画面中大景别能够表现出来的深远辽阔、气势宏大的场面，在电视画面中不能得到充分表现，因此在各类电视节目中近景使用较多，观众对近景画面的观察更为细致，这样有利于在较小的电视屏幕上对观众进行更好的表达。

在影视创作中，经常把介于中景和近景之间表现人物的画面称为中近景；大部分画面表现人物大约腰部以上部分的镜头，因此有时又把它称为半身镜头。这种景别不是常规意义上的中景和近景，一般情况下，在处理这样的景别时，以中景作为依据，还要充分考虑对人物神态的表现。正是由于它能够兼顾中景的叙事和近景的表现功能，所以在各类电视节目的制作中，这样的景别越来越多地被采用。

5. 特写

画面的下边框在成人肩部以上的图像或其他被拍摄主体的局部称为特写镜头。特写镜头被拍摄主体充满画面，比近景更加接近观众。特写镜头用于提示信息，营造悬念，能细微地表现人物面部表情，刻画人物，表现复杂的人物关系，产生生活中不常见的特殊视觉感受。特写主要用来描绘人物的内心活动，背景处于次要地位，甚至消失。

特写画面视角最小，视距最近，画面细节最突出，能够最好地表现被拍摄对象的线条、质感、色彩等特征。特写画面放大物体的局部，并且在画面中呈现单一的物体形态，使观众能够近距离仔细观察，有利于细致地对被拍摄对象进行表现，也更易于被观众重视和接受。

无论人物还是景物都存在于环境之中，但是在特写画面中，几乎可以忽略环境因素。由于特写画面视角小、景深小、景物成像尺寸大，所以其细节突出，画面的主体已经完全占据观众的视觉，环境完全处于次要的、可以忽略的地位。观众不易观察到特写画面中被拍摄对象所处的环境，因此可以利用这样的画面来转化场景和时空，避免不同场景直接连接在一起时产生的突兀感。

3.3.2 焦距

摄像机或放映机的金属筒容纳了一组两边或一边有弧度（凸或凹）的透镜，组成一个综合镜头。从物体不同部分射出的光线，通过镜头之后，聚焦在底片的一个点上，使影像具有清晰的轮廓与真实的质感，这个点称为焦点（Focus）。所谓焦距（Focal

Length），是指从镜头的镜片中间点到光线能清晰聚焦那一点之间的距离。

拍摄时，被拍摄对象与相机（镜头）的距离不总是相同的。例如，给别人照相，想照全身离得就远，照半身离得就近。也就是说，像距不总是固定的，要想拍摄清晰的像，就必须随着物距的不同而改变胶片到镜头光心的距离，这个改变的过程就是平常所说的"调焦"。

焦距是指光学系统中衡量光的聚集或发散的度量方式，指平行光入射时从透镜光心到光聚集焦点的距离。短焦距的光学系统比长焦距的光学系统有更佳的聚集光的能力。简单来说，焦距是焦点到面镜的中心点的距离。在相机中，f（焦距）< 像距 <$2f$ 才能成像。

相机的镜头是一组透镜，当平行于主光轴的光线穿过透镜时，光会聚到一点上，这个点称为焦点。焦点到透镜中心（即光心）的距离称为焦距。焦距固定的镜头是定焦镜头；焦距可以调节变化的镜头是变焦镜头。

较常见的镜头焦距有 8 mm、15 mm、24 mm、28 mm、35 mm、50 mm、85 mm、105 mm、135 mm、200 mm、400 mm、600 mm、1 200 mm 等，还有焦距达 2 500 mm 的超长焦望远镜头。

镜头根据其焦距的大小（即拍摄时的视角）可分为标准镜头、广角镜头和长焦距镜头等。

1. 焦距与视角的关系

焦距与视角成反比：焦距小，视角大；焦距大，视角小。视角大是指能近距离摄取范围较大的景物；视角小意味着能远距离摄取较大的影像，如图 3-35 所示。

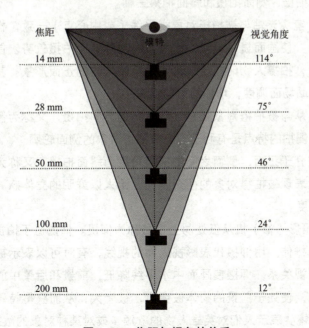

图 3-35 焦距与视角的关系

视野的大小取决于镜头的焦距和底片大小的比例。常用的镜头焦距规格是 35 mm，镜头的视野经常是根据这种规格标示的。标准镜头（50 mm）、广角镜头（24 mm）、望远镜头（500 mm）的视野都是不同的。数码相机也是相同的，其感光器比传统相机的 35 mm 底片还要小，只要很小的焦距，就可以得到相同的影像。

2. 焦距与景深的关系

焦距与景深成反比：焦距小，景深大；焦距大，景深小。景深大小涉及摄影画面中纵深景物的影像清晰度，是十分重要的摄影元素。

3.3.3　拍摄角度

拍摄角度包括拍摄高度、拍摄方向和拍摄距离。拍摄高度可分为平摄、仰摄、俯摄顶摄、倒摄和侧反拍摄六种；拍摄方向可分为正面角度、斜侧角度、侧面角度、背面角度等；拍摄距离是决定景别的元素之一。以上这些拍摄角度统称为几何角度。另外，还有心理角度、主观角度、客观角度和主客角度。在拍摄现场选择和确定拍摄角度是摄影师的重点工作，通过不同的拍摄角度可以得到不同的造型效果，不同的拍摄角度具有不同的表现功能。

1. 拍摄高度

（1）平摄。平摄是摄影（像）机与被拍摄对象处于同一水平线的一种拍摄角度。平摄一般可分为正面拍摄、侧面拍摄和斜面拍摄三种。

①正面拍摄：镜头光轴与被拍摄对象视平线（或中心点）一致，构成正面拍摄。正面拍摄的镜头优点：使画面显得端庄，构图具有对称美。拍摄气势宏伟的建筑物时给人以正面全貌的印象；拍摄人物时能比较真实地反映人物的正面形象。其缺点：画面立体感差，因此常常借助场面调度，增加画面的纵深感。

②侧面拍摄：从与被拍摄对象视平线成直角的方向拍摄，又称为侧拍。侧拍可分为左侧拍和右侧拍。侧拍的特点是有利于勾勒被拍摄对象的侧面轮廓。

③斜面拍摄：介于正面、侧面之间的拍摄角度为斜面拍摄，又称为斜拍。斜拍能够在一个画面内同时表现被拍摄对象的两个侧面，给人以鲜明的立体感。斜拍是影视教材中最常见的拍摄角度。

（2）仰摄。摄影（像）机从低处向上拍摄称为仰摄。仰摄适于拍摄高处的景物，使景物显得更加高大雄伟。用仰摄代表影视人物的视线，有时可以表示被拍摄对象之间的高低位置。由于透视关系，仰摄使画面中水平线降低，前景和后景中的物体在高度上的对比因此发生变化，使处于前景的物体被突出、被夸大，从而获得特殊的艺术效果。影视教材中常用仰摄镜头表示人们对英雄人物的歌颂，或对某种对象的敬畏。

仰摄的角度近似垂直时叫作大仰，一般表示人物的视点，以表现其晕眩、昏厥等精神状态。

（3）俯摄。俯摄与仰摄相反，摄影（像）机由高处向下拍摄，给人以低头俯视的感觉。俯摄镜头视野开阔，用来表现浩大的场景，有其独到之处。

从高角度拍摄，画面中的水平线升高，周围环境得到较充分的表现，而处于前景的物体投影在背景上，人感到它被压近地面，变得矮小而压抑。用俯摄镜头表现反面人物的可憎、渺小或展示人物的卑劣行径，在影视片中是极为常见的。

（4）顶摄。摄影（像）机拍摄方向与地面垂直称为顶摄。用顶摄方法拍摄某些杂技节目或歌舞演出，有其独到之处。它可以从通常人们无法达到的角度，把一些富有表现力的造型拍成构图精巧的画面。顶摄的作用还在于它改变了被拍摄对象的正常状态，把人与环境的空间位置变成线条清晰的平面图案，从而使画面具有某种情趣和美感。顶摄在影视作品中并不多见。

（5）倒摄。电影摄影机内胶片经过片门时，以反方向运转进行拍摄的方法称为倒摄。采用这种方法摄取物体运动过程，然后以正方向运转放映，可以获得与实际运动方向相反的效果。倒摄常用于拍摄惊险场面。在电视摄像中也常用倒摄方法。

（6）侧反拍摄。从被拍摄对象的侧后方拍摄称为侧反拍摄。在这种拍摄方法中，人物几乎成为背影，面部呈现较少，可以产生奇妙的感觉。

2. 拍摄方向

拍摄方向是指以被拍摄对象为中心，在同一水平面上围绕被拍摄对象四周选择摄影点。在拍摄距离和拍摄高度不变的条件下，不同的拍摄方向可以展现被拍摄对象不同的侧面形象，以及主体与陪体、主体与环境的不同组合关系变化。拍摄方向通常分为正面角度、斜侧角度、侧面角度、反侧角度、背面角度。

（1）正面角度。正面角度是指与被拍摄对象正面呈垂直角度的拍摄位置，主要表现被拍摄对象的正面具有典型性的形象。无论古今，在建筑设计上都注重正面的样式与装修，如北京的天安门及各展览馆、博物馆等。正面角度能够表现被拍摄对象的本色。人物相貌也是一个很好的例子，正面形象更具人物相貌的特点。在正面角度的构图中，被拍摄对象多处在画面的垂直中心分割线上，常采用对称的结构形式，一般来说，正面的构图形象比较端庄、稳重。

（2）斜侧角度。斜侧角度是指偏离正面角度，或左或右环绕被拍摄对象移动到侧面角度之间的拍摄位置。偏离正、侧面角度较小时，往往正侧面的形象变化不大，可在正、侧角度范围内选择适当的拍摄位置，使之既能表现被拍摄对象正面或侧面的形象特征，又有丰富多样的变化，往往得到形象生动的效果。

（3）侧面角度。侧面角度一般是指与被拍摄对象侧面呈垂直角度的拍摄位置，主要表现某些对象的侧面具有典型的形象。例如，在人像摄影中，通过侧面角度能看清人物相貌的外部轮廓特征，使人像形式产生多样变化。在客观对象中，有许多物体是只有从侧面才能看清楚其形貌，如人走动时的身影、各种车辆的外貌及某些用具都有这样的性质，在这种条件下侧面角度就能更好地表现被拍摄对象的特色。侧面角度较正面角度有较大的灵活性，在侧面垂直角度左右可有一些变化，以获得最能表现被拍摄对象侧面形象的拍摄位置。

（4）反侧角度。反侧角度是指由侧面角度环绕被拍摄对象向背面角度移动的拍摄位置。它有反常的意识，往往能将被拍摄对象的一种特有精神表现出来，在与常用的正面、侧面、斜侧面角度的对比下，有出其不意的效果，往往能获得生动的形象。当然对于某些被拍摄对象来说，反侧角度与斜侧的形象相似。因此，反侧角度对被拍摄对象是有要求的，或者只有适当的被拍摄对象才可选择反侧角度。

（5）背面角度。背面角度是指从被拍摄对象的背后进行拍摄的视角，是一种富有神秘色彩和引人遐想的拍摄方向。它通过隐藏被拍摄对象的正面特征，激发观察者的好奇心和想象力，使观察者在无形中参与到作品的解读之中。背面角度不仅能够营造一种不为人知的故事感，还能巧妙地将人物与背景融为一体，强调环境的氛围和场景的整体性。在电影叙事、时尚摄影及艺术创作等领域，背面角度因其独特的视觉效果和情感表达，成为摄影师和导演们探索人物内心世界与塑造作品风格的有力工具。

在选择拍摄方向时，不仅主要被拍摄对象的形象有变化、构图的形式有变化，更主要的是表现内容也可能有变化，因此应根据具体的被拍摄对象和主题表现的要求选择拍摄方向。正面角度、斜侧角度、侧面角度、反侧角度、背面角度没有优劣之分，只要运用得当，都会获得成功的构图。

3. 拍摄距离

拍摄距离是指相机与被拍摄对象之间的直线距离，可以是远景、中景、近景或特写。不同的拍摄距离可以控制画面中被摄对象的大小和背景的展示程度。

3.3.4 镜头运动方式

镜头是组成整部影片的基本单位。若干个镜头可以构成一个段落或场面，而若干个段落或场面可以构成一部影片。因此，镜头也是构成视觉语言的基本单位，它是叙事和表意的基础。在影视作品的前期拍摄中，镜头是指摄影（像）机从启动到静止期间不间断摄取一段画面的总和；在后期编辑时，镜头是两个剪辑点间的一组画面；在完成片中，一个镜头是指从前一个光学转换到后一个光学转换之间的完整片段。

相对于摄影艺术而言，电影最大的突破就是运动，即通过丰富多样的运动镜头呈现不同的场景，表达不同的情绪。镜头的一般表现手法有推镜头、拉镜头、摇镜头、移镜头、跟镜头、升降、升格、降格等。

（1）推镜头。推镜头是指人物位置不动，镜头从全景或其他景别由远及近向被拍摄对象推进拍摄，逐渐推成近景或特写的镜头。它的主要作用在于描写细节、突出主体、刻画人物、制造悬念等。

（2）拉镜头。拉镜头是向后移动的远离式拍摄，画面所展现的范围越来越大。与推镜头刚好相反，推镜头是进入，拉镜头是离开，通常出现在电影结尾。

（3）摇镜头。摇镜头是指在拍摄一个镜头的过程中，摄影（像）机位置不动，只有机身进行上下、左右、旋转等运动。它可以产生揭示动态人物的精神面貌和内心世界、活跃情绪和气氛等多种艺术效果。左右摇镜头一般适用于表现浩大的群众场面或壮阔的自然美景，上下摇镜头则适用于展示高大建筑的雄伟或悬崖峭壁的险峻。

（4）移镜头。移镜头是指摄影（像）机沿水平面做各个方向的移动，把行动的人物和景位交织在一起，可以产生强烈的动态感和节奏感。

（5）跟镜头。摄影（像）机跟随运动的被拍摄对象拍摄，叫作跟镜头，它既可以突出运动中的主体，又能交代被拍摄对象的运动方向、速度、体态及其与环境的关系。

（6）升降。升降是指摄影（像）机做上下运动拍摄画面，常用于展示时间的规模、气势。通过升降镜头，可以在拍摄过程中不断改变摄影（像）机的高度和仰俯角度，给观众提供丰富的视觉感受。

（7）升格。升格（高速摄影、慢动作）是提高摄影（像）机运转频率的一种拍摄方式。正常频率为每秒24格，高于24格即升格。画面运动速度低，造成一种特殊缓慢的效果，在故事片中能造成幻觉、迷离、抒情等艺术效果。

（8）降格。降格（低速摄影、快动作）是降低摄影机运转频率的一种拍摄方式。正常频率为每秒24格，每秒低于24格即降格。画面运动速度高，可以造成一种快速的效果。

任务 3.4 剪辑和蒙太奇

3.4.1 剪辑

剪辑（Film Editing），即将影片制作中所拍摄的大量素材，经过选择、取舍、分解与组接，最终完成一个连贯流畅、含义明确、主题鲜明并有艺术感染力的作品。首先采用分镜头拍摄的方法进行拍摄，然后将这些镜头组接起来，从而产生了剪辑艺术。剪辑既是影片制作工艺过程中一项必不可少的工作，也是影片艺术创作过程中所进行的最后一次创作。

电影剪辑是一种统一的创作手段。它的两个不同方面——剪与辑，是相辅相成、不可分割的。将拍摄的镜头、段落加以剪裁，并按照一定的结构把它们组接起来，才是剪辑工作完整的创作过程。

剪辑的本质就是通过主体动作的分解组合完成蒙太奇形象的塑造。镜头剪辑是为故事情节服务的，通过不同的剪辑方法完善故事情节、传达故事内容，让观众了解故事梗概。对于一个完整的故事来说，画面剪辑与声音剪辑都是至关重要的，而相应的剪辑技巧和剪辑心理又是剪辑工作者在剪辑过程中所必须具备的能力。

1. 视频剪辑

一部优秀的作品不仅故事情节好，还要剪辑得生动多彩。对影片进行剪辑时，要充分考虑编导的意图和影片的风格，遇到风格和内容相悖时，一定要尊重内容，不要出现跑题的现象。在剪辑的过程中会遇到舍不得剪掉一些镜头的情况，这是对创作者的考验，再好的剪辑风格也要符合剧情的发展，要理清故事的发展情节，取其精华，才能保证剪辑工作顺利进行。

2. 声音剪辑

剪辑声音效果也是剪辑创作的重要组成部分。影片中的声音效果是多种多样、错综复杂的，常见的声音有人物的语言、动作产生的声音及自然界中的各种声音等。声音不仅可以渲染环境气氛，增强画面的真实感，更重要的是能增强戏剧效果，衬托人物的情绪和性格。运用声音效果时必须有重点、有层次、有取舍，这样才能达到艺术效果，避免机械地配合画面，干扰语言和音乐。

3. 剪辑创作过程

（1）剪辑设想。剪辑设想就是对影片整体风格的确定和规划。剪辑银幕感，即进行剪辑创作时，对未来影片银幕效果的预感。剪辑时空感，即在剪辑创作中，对处理镜头组接时空关系的规律性把握。

（2）场次调整。场次调整是整场戏的调动和取舍，是剪辑创作工作的重要内容之一。

（3）镜头组接。镜头组接是电影艺术特有的表现手段，贯穿在影片的全部创作过程中，始于电影文学剧本和导演构思，最后落实在剪辑台上。

（4）剪辑点确定。剪辑点是剪辑影片时由一个镜头切换到下一个镜头的交接点。寻找和选择剪辑点是电影剪辑工作的主要内容之一。戏剧动作包括外部动作和内部动作两个方面。

（5）声画关系处理。声音和画面的关系是剪辑工作的重要组成部分，声音的加入丰富了影片的信息，提供了形成节奏的重要手段。

4. 剪辑工作流程

剪辑的工作流程一般可分为了解素材、素材分类、设计思路、粗剪、精剪、添加特效、合成输出七个步骤。

（1）了解素材。剪辑师在开始工作之前，可提前与摄影师、导演或编导沟通，分清不同素材的用途，知晓需要注意的素材。了解素材之后，建立相应素材的项目文件夹，这时可以回看一遍素材，并不是说每个素材都播放一遍，而是大致地对素材有基本的认识。

（2）素材分类。素材分类是正式剪辑前比较重要的一个步骤，一定要避免拿到素材就去剪，想用什么素材就临时翻找文件夹。应将不同场景的系列镜头分类整理到不同文件夹中，使其一目了然，这样对后续的剪辑有帮助。常用的素材分类方法如下：按照剧本或脚本的结构进行素材的分类、按照逻辑分类、按照时间分类、按照人物动作分类等。另外，不要轻易删除素材，有些废镜头很可能在素材不足的时候派上用场。

（3）设计思路。如果没有思路就直接剪辑，剪出来的东西会非常混乱，毫无层次、结构、体验可言。因此，需要结合素材和成品要求，理清视频基础的剪辑架构、主题风格、叙事形式、创意等，为粗剪做准备。

（4）粗剪。粗剪帮助剪辑师强化视频整体架构及对素材的认识，为精剪提供灵感。这时只需要将素材排好序，不需要转场、包装和完美的衔接点，也不需要剪辑出节奏。这一步结束就可以看出粗略的逻辑和剧情、人物对话等。

粗剪工作注意事项如下：筛选素材镜头，去掉重复或有拍摄问题的镜头；对拍摄素材进行掐头去尾剪辑；组接好所有镜头，让整个片子有架构和故事性。

（5）精剪。精剪就是在粗剪的基础上对影片的细节部分进行打磨，精剪后的片子最接近观众看到的成片，一般包括画面镜头精细的组接、音乐的组接、音效的使用等。

精剪工作注意事项如下：最后剪出来的片子要有节奏，就好像音乐一样，有开头、高潮、收尾，有一个曲线变化的过程；克服"拼接"的镜头感，这需要剪辑师有充分的镜头排序能力和组合逻辑；不要追求"炫技"，避免视频过于花里胡哨。

（6）添加特效。影片剪辑完成后需要添加一些特殊效果，使作品完整度更高，例如画中画、飞行、视觉误导、朋克风特效、字幕（标题文字、片头字幕等）、调色（视频的视觉效果会受到设备影响）等。

（7）合成输出。输出时应注意格式编码、像素和分辨率等，输出前最好多看几遍成片，如果有问题还需要返回修改。

3.4.2　蒙太奇

蒙太奇（Montage）在法语中是"剪接"的意思，但到了俄国它被发展成为一种电影中镜头组合的理论。不同镜头拼接在一起往往会产生各个镜头单独存在时所不具有的特定含义。蒙太奇一般包括画面剪辑和画面合成两个方面。画面合成即由许多画面或图样并列或叠化而成的一个统一图画作品；画面剪辑即制作这种艺术组合的方式或过程，其将一系列在不同地点、从不同距离和角度、以不同方法拍摄的镜头排列组合起来，用以叙述情节，刻画人物。

蒙太奇根据影片所要表达的内容和观众的心理顺序，将一部影片分别拍摄成许多镜头，再按照原定的构思组接起来。总体来说，蒙太奇就是将分切的镜头组接起来的手段。由此可知，蒙太奇就是将摄影（像）机拍摄的镜头，按照生活逻辑、推理顺序、作者的观点倾向及其美学原则连接起来的手段。它首先使用摄影（像）机的手段，然后使用剪辑的手段。电影的蒙太奇主要是通过导演、摄影师和剪辑师的再创造来实现的。电影编剧为未来的电影设计蓝图，电影导演在这个蓝图的基础上运用蒙太奇进行再创造，最后由摄影师运用影片的造型表现力具体体现出来。

蒙太奇本质上是一种"构成"，其原理是通过不同画面、画面与声音等要素的组合，制造联系与冲突，最终达到超出画面的表达效果。按照所追求的目标，蒙太奇被分为两大类，分别是叙事蒙太奇和表达蒙太奇。叙事蒙太奇可分为连续蒙太奇、平行蒙太奇和交叉蒙太奇；表达蒙太奇可分为隐喻蒙太奇、对比蒙太奇、重复蒙太奇及画面内蒙太奇。

1. 连续蒙太奇

连续蒙太奇是指通过多组镜头的组接，完成对单一事件的描述，这是最常见的一种蒙太奇。连续蒙太奇所用到的每个镜头之间要有一定的联系，如时间关系或因果关系。连续蒙太奇的优势在于可以剔除大量多余的信息，让故事更快地进入主题。

2. 平行蒙太奇

平行蒙太奇是指通过镜头组接，同时描述两个及以上的事件。这些事件可以相互呼应、相互冲突，也可以毫无关联、互不影响。

3. 交叉蒙太奇

交叉蒙太奇与平行蒙太奇类似，它同时描述两条及以上的故事线，但多条故事线之间要形成交叉点。交叉点可以在故事的中间多次出现，也可以放到故事的尾声。所谓的交叉可以是现实意义上的交叉，如让两条故事线的角色相见；也可以是非现实意义上的交叉，如剧情虽然没有交集，但某些概念达到了高度一致。

4. 隐喻蒙太奇

隐喻蒙太奇是指通过不同画面的剪辑，产生隐喻、象征、暗示的效果，来创造画面之外的表达效果的手法。通过镜头或场面的对列进行类比，含蓄而形象地表达创作者的某种寓意。这种手法往往将不同事物之间某种相似的特征凸显出来，以引起观众的联想，领会创作者的寓意和领略事件的情绪色彩。但是，运用这种手法时应当谨慎，隐喻与叙述应有机结合，避免生硬牵强。

5. 对比蒙太奇

对比蒙太奇是一种通过镜头、场面或段落之间在内容（如贫与富、苦与乐、生与死、高尚与卑下、胜利与失败）或形式（如景别大小、俯仰角度、光线明暗、色彩的冷暖和浓淡、声音的强弱、动与静等）上的强烈对比，来产生相互强调、相互冲突效果的手法，以表达创作者的某种寓意或强化所表现的内容、情绪和思想。对比蒙太奇在默片时代运用非常广泛，在有声片时期，它进一步增加了声画对比的可能性。

6. 重复蒙太奇

重复蒙太奇是一种结构，它类似文学中的复叙方式或重复手法。它通过让某个画面反复出现而起到强调作用。其特点是镜头在关键时刻反复出现，以达到刻画人物、深化主题的目的。

7. 画面内蒙太奇

画面内蒙太奇是一种特殊情况，它不是由镜头的组合构成的，而是由镜头中的不同要素组合而成的。其特点是两个镜头在时间、场景、内容上至少有一点是不同的，实际上，单个镜头也可以实现这样的效果。

蒙太奇是很常见、很基础的分镜手法，往往贯穿于作品的始终。运用蒙太奇的目的是向观众传递有效信息，因此，蒙太奇本身就是为了让人看懂而存在的。

任务 3.5　影视作品中的声音艺术

在影视艺术中，画面赋予声音形态、神韵，声音则回报画面以生命、现实感和生活气息。声音和画面如影随形、相得益彰。影视艺术的结构美、形式美、整体美主要通过画面和声音来体现，它们是影视艺术构架的两大支柱。

在声音设计方面，多数作品以故事剧情为主要导向，虽然比较传统，但是具有一定的参考和学习价值，而且有助于在此基础上建立符合创作者思维的创作模式。

3.5.1　影视声音的三要素

影视声音的三要素分别是人声、音响和音乐。

（1）人声：是指人的发声器官发出的所有声音，包括语言、笑声、抽泣声、咳嗽声、睡觉时的呼噜声等。在这些声音中，语言是最重要的，负责表达人的思想、感情和愿望。在故事片中，人声主要表现为对白、旁白、独白及内心独白。

（2）音响：是指除人声和音乐外，自然界中的一切声响（也包括人工音响），如风声、雨声、鸟鸣声、流水声、城市的嘈杂声等。即使在万籁寂静的自然界中也会存在隐约的混响声。生活环境中任何声音都可以在影视艺术作品中作为音响效果声。

（3）音乐：负责表达用语言无法表达的部分。

在观影时，可以对一部片子的声音进行较为细致的拆解及分析，提升耳朵对声音的敏感程度，同时建立自己的声音审美取向。

3.5.2　声音与画面的关系

在影视声音的三要素中，人声和音响主要是现实生活中人们交流、思考、体现客观环境的表达手段，它们的总体形式保持原样。音乐与画面的不同特性体现在以下几个方面。

（1）本体属性上的差异。画面具有强烈的"客观性"因素，因为创作者的思想感情、态度是通过影片中的故事情节、人物形象、生活场景、矛盾冲突等间接体现的。音乐具有强烈的个人主观性因素，表现的主要是艺术家个人在一定思想观念基础上产生的对客观现实世界的情感体验。

（2）感受方式上的差异。观众对影片画面的感受是认知行为，而对音乐的感受则是一种意识行为。

（3）自身结构的差异。影片画面遵循蒙太奇结构原则，而音乐作品遵循交响曲结构原则。在音乐作品中，尽管偶尔存在跳跃性转折，但其性质与影视画面的跳跃性完全不同。有了蒙太奇结构，观众能理解影片中的瞬间变化；但是，如果影视音乐作品中出现了类似影视画面蒙太奇的结构跳跃或变换则会有些奇怪，因为它有着属于自己的交响曲结构。

由于音乐"发生"的整个过程不可逆，故在绝大部分影片中，音乐的发挥受制于影片的蒙太奇结构。

3.5.3　音乐、音响的声源形式

声音一般可分为两种，类似镜头所描写的内容，有客观和主观的区分。

1. 客观声音

客观声音即影视中的人声、音乐、音响，它们是由画面内的声源提供的。客观声音包括人声（主要是人物对白）、音响（增强画面真实感，渲染画面情绪氛围）、音乐（包括影片里的角色自己的演唱声或演奏的乐曲声）。这些客观声音在深化影片主题、刻画人物性格、渲染环境氛围、表现时代感等方面发挥重要的作用。

2. 主观声音

主观声音是指画面外的声音、写意性声音，主要表达作者的创作思想、观点和风格，并且影视中出现的音乐、音响不是由画面提供的，而是创作者为了塑造人物性格、渲染环境氛围和表达创作思想而加配的。

主观声音包括人声（主要以旁白、内心独白的形式出现，表达剧中人物的主观感受，也表现为回忆或幻觉）、音响（为了刻画某个人物、突出某种特性，有时为了暗示或隐喻某种思想和观点）、音乐（几乎是影视中最常见的，作用是表达创作者的创作思想和态度）。例如，影视剧中的主题歌或主题音乐往往是传达影片主题思想、突出民俗特色的重要手段。

主观声音与客观声音可以相互转化。第一种情况是当画面中的写实声音不能达到预期的效果时，往往可以把它转化成另一种格调相似的写意声音；第二种情况是将主观写意性声者转化为客观写实性声音。

3.5.4　声音与画面的结合形式

声音与画面的结合形式一般可分为声画同步和声画对位两种。

1. 声画同步

声画同步是指声音的听觉形象与画面的视觉形象紧密结合，无论在情绪上还是在节奏上，都基本一致或完全吻合。

（1）语言与画面的同步。精心设计的语言具有很强的表现力，如能明确表现人物之间的身份关系、情感关系，更能直接表达人物本身的思想、观念或过去的经历及感受。

（2）音响与画面的同步。丰富的音响效果带给观众足够多的信息，如时间、地点、环境空间、距离、气氛等。

（3）音乐与画面的同步。音乐在情绪、氛围和内容上与画面统一，进一步烘托和渲染画面气氛，强化画面内容。

2. 声画对位

声画对位是指出于一种特定的艺术目的，有意识地造成声音和画面之间在情绪、气氛、节奏、格调等方面的对立及反差，从而产生新的含义或潜台词，以便更深刻地表达影片内容。

（1）声画并行。声画并行指声音的听觉形象与画面的视觉形象分离，声音不追随或解释画面内容，也不与画面处于对立状态，而是以自身独特的表现方式从整体上提示影片的思想内容和人物的情绪状态，在听觉上为观众提供更大的联想空间，从而扩大影片同一时间段的内容数量。

（2）声画对立。声画对立指影片中声音的听觉形象与画面的视觉形象内容完全相反。例如，画面表现的是欢天喜地的喜庆气氛，而声音表现的则是深沉悲哀的忧伤格调；画面上是残忍、暴烈的场面，声音却是优美动听的旋律。这种特殊的声画关系造成极大的视听反差，给观众以强烈的震撼，从而取得特殊的艺术效果。

3.5.5　配置声音的基本方式

首先，要能欣赏音乐、理解音乐。对一首乐曲要准确辨别出它的特点，体会到它所表达的情感，并且能基本把握乐曲的节奏变化和规律。其次，把选择出来的音乐素材反复比较，删繁取精，使音乐形象与画面情绪匹配，达到和谐统一，这样才能创作出比较好的影视作品。

要根据内容和配置音乐的目的确定音乐形象，包括音乐的旋律和节奏特征、时代与民族特征、地域或环境特色及音乐的配器等，并深入了解音乐素材的特点，如旋律、节奏、配器特点、情感特点等。

3.5.6　配乐素材的积累

音乐素材一般来源于音像部门制作的音乐原声带和电影制片厂根据不同情绪、气氛汇编的资料，这些素材带一般都具有良好的信噪比，音质优良。作为配乐用的音乐素材带的信噪比是 $42 \sim 45$ dB。音乐素材包括管弦乐、弦乐、管乐（铜管、木管）、电子音乐、民乐等，根据种类的不同建立相应的音乐资料目录本。音乐资料目录本可以按旋律的情绪、气氛分门别类，并标明时间、内容、乐器、速度、乐曲、歌曲及用途。

总之，音乐资料目录本要一目了然，多记、多用，熟悉音乐素材，这样便于在使用时迅速调用，得心应手。

复习思考题

1. 简述构图的原则。

2. 简述摄影构图中常用的构图手法。

3. 简述色彩模式及其特点。

4. 简述色彩三要素及其如何影响色彩搭配。

5. 如何理解和运用镜头语言？

6. 简述剪辑和蒙太奇的不同。

7. 如何理解影视作品中的声音艺术？

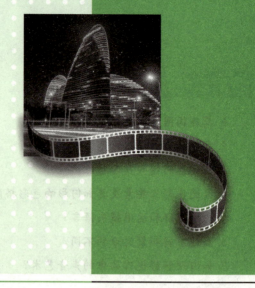

项目 4
音频编辑基础

项目介绍

音频在视音频编辑技术中占有极其重要的地位。其除了给视音频作品带来令人惊奇的效果外，还最大限度地影响展示效果。通过对本项目知识的学习，了解声音的基本特性、数字音频文件格式，掌握使用 Adobe Audition 音频处理软件进行音频编辑和合成的方法。

学习目标

1. 知识目标

（1）理解声音的物理特性和数字化过程；

（2）掌握常见的音频格式和获取方法；

（3）掌握 Adobe Audition 软件的基本操作和使用方法；

（4）学会音频的剪辑和混音；

（5）掌握基本的音频特效应用。

2. 技能目标

（1）能独立进行音频的剪辑、混音和特效处理；

（2）能熟练操作 Adobe Audition 软件。

3. 素养目标

（1）培养创新思维和解决问题的能力；

（2）培养团队协作能力；

（3）提升实践操作能力。

PPT：音频编辑基础

任务 4.1　音频基础知识

4.1.1　了解声音

1. 声音的概念

声音在物理学上称为声波，是一种通过一定的介质（如空气、水等）传播的连续振动波。它有频率和幅度两个基本的参数。声音的强弱体现在声波的振幅上，振幅越大则音量越大。音调的高低体现在声波的频率上，听起来尖锐、刺耳的声音频率较高，称为高音；听起来低沉的声音频率较低，称为低音。人耳能够听到的声音频率是有限的，对低于 20 Hz 和高于 20 kHz 的声音是听不到的，即人类的听力范围是 20 Hz ～ 20 kHz。其中人耳最为敏感的声音频率范围是 3 ～ 5 kHz。低于 20 Hz 的音频信号称为次音频信号或次声波；高于 20 kHz 的音频信号称为超音频信号或超声波。声音的频率范围称为频带，不同类型的声源频带也不同。一般来说，频带越宽，声音的表现力越好，层次越丰富，见表 4-1。

表 4-1　不同类型声源的频带

声音质量	频带 /Hz
电话质量	200 ～ 3 400
调幅广播	50 ～ 7 000
调频广播	20 ～ 15 000
数字激光唱盘	10 ～ 20 000

2. 声波

表示音频的可视化波形反映了空气压力波。波形中的零位线代表静止时的空气压力。当曲线向上摆动到波峰时，表示较高压力；当曲线向下摆动到波谷时，表示较低压力，如图 4-1 所示。

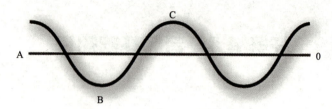

图 4-1　表现为可视化波形的声波

A—零位线；B—低压区域；C—高压区域

3. 波形的几个物理量

振幅、周期、频率、相位、波长这几个测量值描述了波形，如图 4-2 所示。

（1）振幅：反映波形从波峰到波谷的压力变化。大振幅波形的声音较强；小振幅波形的声音较弱。

（2）周期：描述单一、重复的压力变化序列，从零压力到高压，再到低压，最后恢复为零压力。

（3）频率：以赫兹（Hz）为单位，描述每秒周期数。例如，1 000 Hz 波形每秒有1 000 个周期。频率越高，音调越高。

（4）相位：以度（°）为单位，共 360°，表示周期中的波形位置。以 0° 为起点，随后 90° 为高压点，180° 为中间点，270° 为低压点，360° 为终点。

（5）波长：以英寸（in）或厘米（cm）等为单位，是具有相同相位的两个点之间的距离。波长随频率的升高而减小。

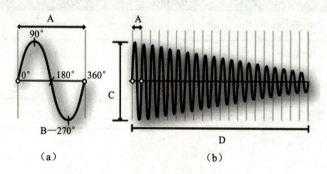

（a）　　　　　　　　　　　　（b）

图 4-2　波形

（a）单个周期；（b）完整的 20 Hz 波形

A—波长；B—相位；C—振幅；D—1 s

4. 声波的互相作用

当两个或更多个声波相遇时，它们会彼此叠加或抵消。如果它们的波峰和波谷完全同相，则互相加强，因此，产生的波形的振幅大于任何单个波形的振幅，如图 4-3 所示。

如果两个波形的波峰和波谷完全异相，则会相互抵消，导致完全没有波形，如图 4-4 所示。

在大多数情况下，各种声波会存在不同程度的异相，产生比单个波形更加复杂的组合波形。例如，表示音乐、语音、噪声和其他声音的复杂波形结合了各种声音的波形，如图 4-5 所示。

注：因为声波具有独特的物理结构，所以单个乐器可以产生极复杂的声波。这就是小提琴和小号即使演奏相同音符，但听起来不同的原因。

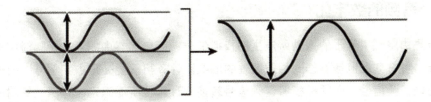

图 4-3　同相声波互相叠加

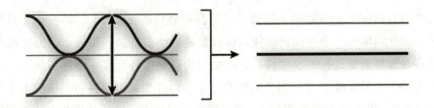

图 4-4　异相声波互相抵消

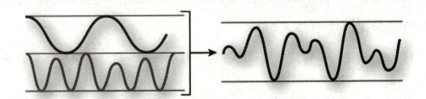

图 4-5　两个简单的声波组合成复杂的声波

5. 声音的心理学特征

从心理学角度来说，影响声音质量的要素有三个，即音调、音强和音色。它们分别与声波的频率、振幅和波形相关。

（1）音调。音调又称为音高，表示人耳对声调高低的主观感受。客观上，音高的大小主要取决于声波基频的高低，基频越低，声音给人的感觉越低沉，基频越高则音调就越高。基频升高 1 倍，在音乐上称为提高 1 个八度。

数码影像编辑技术

（2）音强。音强又称为响度，表示的是声音能量的强弱程度，是人耳对声音强弱的感觉程度，主要取决于声波振幅的大小，一般用声压来计量，单位是 dB。正常人的听觉强度范围是 0 ～ 140 dB。

（3）音色。音色又称为音品，是一种声音区别另一种声音的特有属性。声音的音调和音强以外的音质差异叫作音色。声音的音色取决于声音的频谱结构，高次谐波越丰富，音色就越有明亮感和穿透力。例如，使用各种不同的乐器演奏同样的音乐，虽然音调和音强都一样，但听起来，它们各自的音色却不同。

4.1.2　音频的数字化

声音是由空气中分子的振动所产生的模拟信号，而自然界中的声音是随时间变化的连续信号，可将其近似地看作一种周期性的函数。计算机只能处理数字信号，要使计算机能够处理音频信号，必须把模拟音频信号转换成计算机所能识别、存储、编辑的数字信号，这个过程就是音频的数字化。

1. 音频数字化原理

模拟声音在时间上是连续的。与其他信号的模数转换（A/D）一样，声音的数字化分为采样、量化和编码三个不同的阶段。采样就是对模拟音频的离散化，即在每个相同的时间间隔对波形音频进行一次抽样，这样抽样的音频信号就是一个序列脉冲。一般将整个声音的动态范围分成 2^n 个等级（均匀量化），对每个采样值进行等级归类（采样值离哪个等级最近，就归类为哪个等级），使无穷多个采样可能的值转换为有限个等级值，从而实现了量化。通常，量化过程会产生失真，但只要把量化等级数取得足够多，失真便足够小。编码就是把量化等级转变为二进制编码，从而把模拟音频转化为二进制数据。

2. 音频数字化的主要技术参数

对模拟音频信号进行采样量化编码后，得到数字音频。数字音频的质量取决于采样频率、量化位数和声道数三个因素。

（1）采样频率。采样频率是指音频信号数字化过程中单位时间内采样的次数，即采样时间间隔的倒数。一般来说，采样频率越高，采样点之间的间隔就越小，误差也就越小，数字化后得到的声音就越逼真，但采样频率的提高会直接引起数据量的增加，造成存储的困难。

在计算机多媒体音频处理中，采样频率通常采用 11.025 kHz（语音效果）、22.05 kHz（音乐效果）、44.1 kHz（高保真效果）三种。常见的 CD 唱盘的采样频率为 44.1 kHz。

（2）量化位数。量化位数也称为量化精度，是描述每个采样点样值的二进制位数。量化位数越多，量化失真越小。为了保证声音质量，应尽可能采用较多的量化位数。但量化位数的增加会导致每个量化位数所对应的二进制位数（即量化位数）的增加，从而

090

使转换成的数字音频的数据量增加。例如，8 位量化位数表示每个采样值可以用 2^8 即 256 个不同的量化值之一表示，而 16 位量化位数表示每个采样值可以用 2^{16} 即 65 536 个不同的量化值之一表示。常用的量化位数为 8 位、16 位。

（3）声道数。声音通道的个数称为声道数，是指一次采样所记录产生的声音波形个数。当记录声音时，如果每次生成一个声波数据，则称为单声道；如果每次生成两个声波数据，则称为双声道（立体声）。随着声道数的增加，所占用的存储容量也成倍增加。

3. 模拟音频和数字音频比较

在模拟音频和数字音频中，声音的传送和存储方式存在显著差异。

（1）模拟音频：麦克风将声音压力波转换成电线中的电压变化，其中，高压对应正电压，低压对应负电压。当这些电压变化通过麦克风电线传输时，可以在磁带上记录磁场强度的变化，或者在黑胶唱片上记录沟槽大小的变化。扬声器的工作原理与麦克风相反，即通过音频录音和振动中的电压信号重新产生压力波。

（2）数字音频：与磁带或黑胶唱片等模拟存储介质不同，计算机以数字方式将音频信息存储成一系列 0 和 1。在数字存储中，原始波形被分割成称为采样的快照序列。此过程通常称为数字化或采样，但有时称为模数转换。

4. 音频采样率

音频采样率表示音频信号每秒的数字快照数。音频采样率决定了音频文件能够捕捉到的频率范围。采样率越高，数字波形的形状越接近原始模拟波形。低采样率会限制可录制的频率范围，导致录音表现原始声音的效果不佳，如图 4-6 所示。

为了重现给定频率，采样率必须至少是该频率的 2 倍。例如，CD 的采样率为每秒 44 100 次采样，因此可重现最高为 22 050 Hz 的频率，此频率刚好超过人类的听力上限 20 000 Hz。

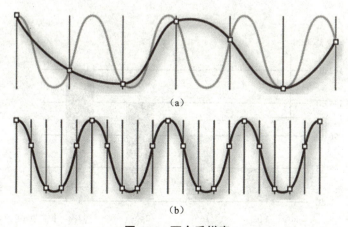

（a）

（b）

图 4-6　两个采样率

（a）使原始声波扭曲的低采样率；（b）完全重现原始声波的高采样率

数字音频最常用的采样率见表 4-2。

表 4-2　数字音频最常用的采样率

采样率 /Hz	品质级别	频率范围 /Hz
11 025	较差的 AM 电台（低端多媒体）	0 ～ 5 512
22 050	接近 FM 电台（高端多媒体）	0 ～ 11 025
32 000	好于 FM 电台（标准广播采样率）	0 ～ 16 000
44 100	CD	0 ～ 22 050
48 000	标准 DVD	0 ～ 24 000
96 000	蓝光 DVD	0 ～ 48 000

5. 音频位深度

位深度决定了音频的动态范围，具体数值见表 4-3。采样声波时，位深度为每个采样指定最接近原始声波振幅的振幅值。较高的位深度可提供更多可能的振幅值，产生更大的动态范围、更低的噪声基准和更高的保真度，如图 4-7 所示。

表 4-3　位深度及动态范围

位深度 / 位	品质级别	振幅值	动态范围 /dB
8	电话	256	48
16	音频 CD	65 536	96
24	音频 DVD	16 777 216	144
32	最佳	4 294 967 296	192

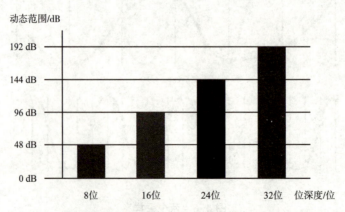

图 4-7　位深度越高，提供的动态范围越大

6. 音频文件的大小

硬盘中的音频文件（如 WAV 文件）包含一个表示采样率和位深度的小标头，然后是一长列数字，每个采样对应一个数字。这些文件可能非常大。例如，以每秒 44 100 次采样的采样率为例，每个采样点用 16 位表示，一个单声道文件每秒需要 86 kB，即每分钟大约为 5 MB；对于具有两个声道的立体声文件，该数字将翻倍到每分钟 10 MB。

音频文件的存储以字节为单位，模拟音频信号被数字化后音频文件的存储量（假定未经压缩）的计算公式为存储量 = 采样率 ×（量化位数 /8）× 声道数 × 时间。例如，用 44.1 kHz 的采样率进行采样，量化位数选用 16 位，则录制每秒的立体声节目，其波形文件所需的存储量为 44 100 ×（16/8）× 2 × 1=176 400（字节）。

4.1.3　常见的音频文件格式

要在计算机内播放或处理音频文件，需要对音频文件进行数模转换。音频文件格式采用线性脉冲编码调制（Pulse Code Modulation，PCM）。数字化音频文件格式主要有以下几种。

1. WAV 格式

标准数字音频文件（Wave form Audio File Format，WAV）格式是微软公司开发的一种音频文件格式，用于保存 Windows（微软视窗操作系统）平台的音频信息资源，被 Windows 平台及其应用程序广泛支持。WAV 格式支持自适应差分脉码调制（Adaptive Differential Pulse-Code Modulation，ADPCM）、A 律编码（A-law）等多种压缩算法，支持多种音频位数、采样率和声道，标准的 WAV 格式和 CD 格式一样，也是具有 44.1 kHz 的采样率，速率为 88 kHz/s，量化位数为 16 位。WAV 文件格式是个人计算机上最为流行的音频文件格式，但其文件尺寸较大，多用于存储简短的声音片段。WAV 文件数据量的计算方法如下。

（1）未压缩声音文件的数据传输率：

　　　数据传输率（bit/s）= 采样频率（Hz）× 采样位数（bit）× 声道数

（2）未压缩声音文件的存储量：

　　　存储量（KB）=[采样频率（kHz）× 采样位数（bit）× 声道数 × 时间（s）]/8

2. MP3 格式

MP3 格式是动态图像专家组（Moving Pictures Experts Group，MPEG）标准中的音频部分，也就是 MPEG 音频层。MPEG 文件的压缩是一种有损压缩，根据压缩质量和编码复杂程度的不同可分为三层（MPEG Audio Layer 1/2/3），分别对应 MP1、MP2、MP3 这三种格式。MPEG 音频编码具有很高的压缩率，MP1 和 MP2 格式的压缩率分别为 4：1 和 6：1 ～ 8：1，标准 MP3 格式的压缩率是 10：1。一个 3 min 长的音频文件压缩成 MP3 格式后大约是 4 MB，同时其音质基本保持不失真。由于文件尺寸小、音质好，所以 MP3 是目前网络上使用最多的音频文件格式。MP3 的普及导致了版权之争，在此情况下，文件更小、音质更佳，同时能有效保护版权的 MP4 格式应运而生。MP3 和 MP4 其实并没有必然的联系，因为 MP3 是一种音频压缩的国际技术标准，而 MP4 是一个商标的名称。

3. CD 格式

CD 格式是高品质的音频文件格式。标准 CD 格式具有 44.1 kHz 的采样率，速率为 88 kHz/s，量化位数为 16 位。CD 音轨近乎无损，因此，它的声音基本上是忠于原声的。CD 光盘可以在 CD 唱机中播放，也能用计算机中的各种播放软件重放。一个 CD 文件是一个 ".cda" 文件，这只是一个索引信息，并不包含实际的声音信息，因此，无论 CD 音频是长还是短，在计算机上看到的 ".cda 文件" 都是 44 字节长。

4. WMA 格式

WMA（Windows Media Audio）格式是继 MP3 格式后最受欢迎的音频文件格式，在压缩率和音质方面都超过了 MP3 格式，WMA 格式的压缩率一般都可以达到 18：1 左右，能在较低的采样率下产生好的音质。WMA 文件有微软播放器（Windows Media Player，WMP）做强大的后盾，还支持音频流（Stream）技术，适合在线播放，目前许多在线音乐也采用 WMA 格式。在版权方面，WMA 格式的版权可保护性极高，甚至可以限定播放设备、播放时间及播放次数，具有相当强的版权保护能力。

5. MIDI 格式

乐器数字接口（Musical Instrument Digital Interface，MIDI）格式允许数字合成器和其他设备交换数据。MID 格式继承自 MIDI 格式。MID 文件并不是一段录制好的声音，而是记录声音的信息，再由声卡再现音乐的一组指令。这样，一个 MIDI 文件每存储 1 min 的音频只占用 5 ～ 10 KB 空间。MID 文件主要用于原始乐器作品，重放的效果完全依赖声卡的档次。

4.1.4 音频数据的获取

声音是必不可少的媒体元素，有助于为音频编辑进行素材积累。音频数据包括背景音乐、歌曲、乐器演奏、电影对白等，也包括各种特殊音效。音频数据的获取途径很多，日常要进行这方面的积累，以下介绍几种获取音频数据的方法。

1. 从素材库获取或从网站下载

目前，有许多利用只读光盘（Compact Disc Read-only Memory，CD-ROM）的声音素材光盘收集了大量的 WAV、MID 或 MP3 等格式的文件，内容范围广泛，有各种各样的音乐及特效等，这些音频文件一般经过专业人员精心制作而成，具有较高的质量。

现在网络上的资源很丰富，许多网站都提供了专门的音乐检索服务，还有一些专业的音乐网站提供相关资源。

2. 自行录制声音

自行录制声音是借助录音机的录音功能，通过多媒体计算机的音频卡实现的。录音机是一种简单实用的音频数据获取工具，同时，可以对声音进行简单的编辑处理。录音机一次最多只能录制 1 min 的音频，若要长时间录制或进行较复杂的编辑，可选用专业音频软件如 Adobe Audition（由 Adobe 公司开发的一个专业音频编辑软件）等。

3. 从 CD、VCD 中获取

利用专门的软件抓取 CD 或 VCD 中的音乐，再利用音频编辑软件进行处理。从 CD 中获取音频数据，用 Adobe Audition 可以方便地将 CD 中的音频数据转换成 WAV、MP3 格式的文件。

4. 用 MIDI 电子乐器或 MIDI 键盘生成音频文件

可以从 MIDI 电子乐器或 MIDI 键盘中采集和创作音频数据并生成 MIDI 文件。

5. 用 Adobe Audition 数字化音频

用 Adobe Audition 录制音频时，声卡启动录制过程，并设定使用的采样率和位深度。通过"线路输入"或"麦克风"端口，声卡接收模拟音频信号并以设定的采样率进行数字采样。Adobe Audition 按顺序存储每个采样，直到录制停止。

在 Adobe Audition 中播放文件时，Adobe Audition 执行相反的过程。Adobe Audition 将一系列数字采样发送到声卡，声卡重建原始波形并以模拟信号的方式通过"线路输出"端口发送到扬声器。

总之，数字化音频的过程始于空气中的压力波。麦克风将压力变化转换为电压变化。声卡将电压变化转换为数字采样。在将模拟声音转变成数字音频之后，Adobe Audition 可以录制、编辑、处理和混合数字音频。

任务 4.2　Adobe Audition 基础操作

4.2.1　创建、打开和导入文件

1. 创建新的空白音频文件

新的空白音频文件最适合录制新音频或合并粘贴音频。创建新的空白音频文件的操作步骤如下。

（1）打开 Adobe Audition，选择"文件"→"新建"→"音频文件"选项。

（2）打开文件中的选定音频创建文件，选择"编辑"→"复制为新文件"选项。

（3）输入文件名，并设置以下选项。

①采样率：确定文件的频率范围。为了重现给定频率，采样率至少是该频率的2倍。

②声道：确定波形是单声道、立体声还是 5.1 环绕声。Adobe Audition 会保存近期使用过的五种自定义音频通道布局，以便快速访问。对于只有语音的录制内容，单声道选项是一个不错的选择，这样处理更快，生成的文件更小。

③位深度：确定文件的振幅范围。32 位色阶可在 Adobe Audition 中提供最大的处理灵活性。为了与常见的应用程序兼容，在编辑完成后将设置的位深度转换为较低的位深度。

2. 创建多轨会话

多轨会话文件（*.sesx）本身不包含任何音频数据。相反，它们是基于可扩展标记语言（Extensible Markup Language，XML）的小文件，指向硬盘中的其他音频和视频文件。多轨会话文件会跟踪以下内容：属于会话的文件、这些文件的位置、应用的包络和效果。创建多轨会话的操作步骤如下。

（1）选择"文件"→"新建"→"多轨会话"选项。

（2）输入文件名和位置，并设置以下选项。

①模板：指定默认模板或新建的模板。会话模板指定源文件和设置，如"采样率"和"位深度"。

②采样率：确定会话的频率范围。为了重现给定频率，采样率至少是该频率的2倍。

注：添加到会话的所有文件必须具有相同的采样率。如果尝试导入具有不同采样率的文件，Adobe Audition 将提醒重新采样，这可能降低音质。要更改重新采样的品质，需要在"数据"选项中调整"采样率转换"设置。

③位深度：确定会话的振幅范围，包括通过"多轨"→"缩混为新文件"选项创建

的录制内容和文件。

注：应小心选择位深度，因为在创建会话之后位深度无法更改。在理想情况下，应使用快速系统在 32 位深度下进行工作。如果系统执行速度较低，则应尝试较低的位深度。

④混合：确定是否将音轨缩混为单声道、立体声或 5.1 混合音轨。

3. 打开现有音频文件和多轨混音

以下文件类型可在多轨编辑器中打开：Adobe Audition 会话、Adobe Audition 3.0 XML、Adobe Premiere Pro 序列 XML、Final Cut Pro XML 交换格式和 OMF（Open Media Framework，公开媒体框架）。

所有其他支持的文件类型可在波形编辑器中打开，包括视频文件的音频部分，如图 4-8 所示。

注：Adobe Audition 3.0 和更早版本中的 SES 会话文件不再被支持。如果安装了 Adobe Audition 3.0，需要将会话保存为 XML 格式，以便在更高版本的软件中打开。

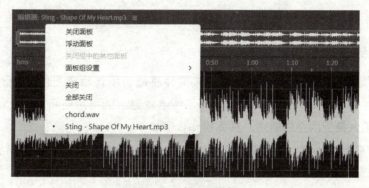

图 4-8　波形编辑器

在编辑器中，选择"文件"→"打开"选项，选择音频或视频文件。如果没有看到所需的文件，从对话框底部的菜单中选择"所有支持的媒体"选项，找到相应文件。

4. 将音频文件追加到另一个文件

（1）在波形编辑器中，执行以下任一操作。

①要添加到活动文件，选择"文件"→"追加打开"→"到当前文件"选项。

②要添加到新文件，选择"文件"→"追加打开"→"到新文件"选项。

（2）在"追加打开"对话框中，选择一个或多个文件，单击"打开"按钮，打开文件。

注：追加带有"CD 音轨"标记的文件，以快速组合音频并应用一致的处理。如果文件具有不同的采样率、位深度或通道类型，则 Adobe Audition 会转换选定的文件，以便与打开的文件匹配。为了获得最佳效果，追加与原始文件具有相同采样类型的文件。

5. 将文件导入为原始数据

对于缺少描述采样类型标头信息的文件，要手动指定此信息，将该文件导入为原始数据，具体操作步骤如下。

（1）选择"文件"→"导入"→"原始数据"选项，选择文件，单击"打开"按钮。

（2）设置以下选项。

①采样率：如果可能，匹配文件的已知采样率。Adobe Audition 可以导入原始数据，其频率范围为 1 ~ 10 000 000 Hz，但仅 6 000 ~ 192 000 Hz 的采样率支持回放和录制。

②声道：输入一个 1 ~ 32 范围内的数字。

③编码：指定文件的数据存储方案。如果不确定文件使用的编码，应咨询文件的提供者，或查阅创建该文件的应用程序文档。

④字节顺序：指定数据字节的数字顺序。WAV 文件通常使用小字节序（Little-Endian），而音频交换文件格式（Audio Interchange File Format，AIFF）文件通常使用大字节序（Big-Endian）。"默认字节顺序"会针对系统处理器自动应用默认值，其通常是最佳选项。

⑤开始字节偏移：在导入过程开始的文件中指定数据点。

6. 将音频文件插入多轨会话

在多轨编辑器中插入音频文件时，该文件将成为所选轨道上的音频剪辑。如果插入了多个文件，或者如果文件的长度超出了所选轨道上的可用空间，则会插入一个新剪辑，剪辑会插入最近的空白轨道。具体操作步骤如下。

（1）在多轨编辑器中，选择一个轨道，然后将播放指示器🛇放在所需的时间位置。

（2）选择"多轨"→"插入文件"选项，选择音频或视频文件。

7. 将广播波形文件点式插入会话

将广播波形格式（Broadcast Wave Format，BWF）文件插入多轨会话时，Adobe Audition 可以使用嵌入的时间戳在特定时间插入文件，此操作通常称为定点插入。具体操作步骤如下。

（1）选择"编辑"→"首选项"→"多轨"（Windows）或"Audition"→"首选项"→"多轨"选项。

（2）选择"将剪辑插入多轨时使用嵌入式时间码"选项，在多轨编辑器中，选择一条音轨。

（3）选择"多轨"→"插入文件"选项，选择一个或多个 BWF 文件。Adobe Audition 会在指定的开始时间插入音频剪辑。

注：要查看或编辑 BWF 剪辑的时间戳，需在波形编辑器中打开剪辑，选择"窗

口"→"元数据"选项，在"BWF"选项卡中，时间戳值显示为"时间引用"。

8. 从 Adobe Premiere Pro 导入序列

可以直接将 Adobe Premiere Pro 项目（.prproj）导入 Adobe Audition，此导入方法使用原始媒体，无须渲染。具体操作步骤如下。

（1）选择"文件"→"导入"→"文件"选项，然后选择要导入的 Adobe Premiere Pro 项目。

（2）弹出"导入 Premiere Pro 序列"对话框，并显示项目包含的序列列表，可以选择要打开的特定序列，通过引用原始媒体直接导入选定的序列，如图 4-9 所示。

图 4-9 导入 Adobe Premiere Pro 序列

（3）某些内容或剪辑路由配置需要音频渲染。例如，合成内容、嵌套序列和不兼容的通道路由配置需要渲染。如果选择不渲染这些序列，则显示为脱机状态。

（4）勾选或取消勾选"渲染不受支持的内容和剪辑通道路由"复选框，在"导入 Premiere Pro 序列"对话框的"导入选项"下拉菜单（图 4-10）中，使用"项目文件夹"和"自定义位置"单选按钮来选择用于保存渲染内容的位置，勾选"浏览"复选框选择自定义位置，单击"确定"按钮。

通过引用原始媒体将序列导入 Adobe Audition。从 Adobe Premiere Pro 导入的视频显示为单个拼合图层。

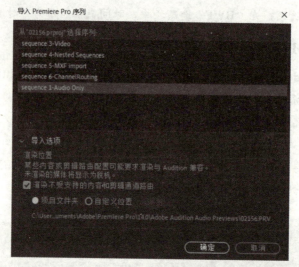

图 4-10　导入选项

4.2.2　通过"从 CD 中提取音频"选项提取 CD 音轨

1. "从 CD 中提取音频"选项

"从 CD 中提取音频"选项速度更高，并提供更多控制，包括优化驱动器速度和重命名音轨。具体操作步骤如下。

（1）将音频 CD 放入计算机的 CD-ROM 驱动器。

（2）选择"文件"→"从 CD 中提取音频"选项。

（3）在"驱动器"选项中，选择包含音频 CD 的驱动器。在"速度"选项中，从所选驱动器支持的所有提取速度中进行选择。"最大速度"选项通常可产生满意的结果，但是如果出现错误，应指定更低的速度。

（4）执行以下任一操作。

①预览音轨：单击"播放"按钮。

②包括或排除音轨：勾选音轨编号左侧的复选框，或单击"切换全部"按钮。

③重命名音轨：双击该音轨名称。

④仅限 Audition CC：启用"提取到单个文件"以创建包含所有选定音轨的单个文件。

2. 配置音轨信息和 CD 数据库

在"从 CD 中提取音频"对话框中，默认情况下会从指定的 CD 数据库提取"艺术家""专辑""流派"和"年份"信息。要调整这些条目，可执行以下任一操作。

（1）要自定义信息，则覆盖当前条目。

（2）要从数据库插入原始信息，则单击"检索标题"图标🔍。

（3）如果消息显示多个匹配记录，则单击箭头插入不同的数据库记录。

（4）要指定不同的数据库和文件命名约定，则单击"标题设置"图标🔧；要了解有关每个"标题设置"选项的详细信息，则将光标定位在该选项的上方，直到出现工具提示为止。

注：如果检测到多个"艺术家"条目，Adobe Audition 会自动选择"编译"选项。在"标题设置"对话框中，输入一个分隔符来表示"编译"字符，以分隔每个音轨的"艺术家"和"音轨标题"。

4.2.3　在 Adobe Audition 中导航时间并播放音频

1. 监控时间

在"编辑器"面板中，下列功能可监控时间。

（1）在面板顶部附近的时间轴中，利用当前时间指示器🔲可在特定点开始回放或录制。

（2）在面板的左下角，显示数字格式的当前时间。默认时间格式为"小数"。时间线使用相同格式。

（3）要在单独的面板中显示时间，则选择"窗口"→"时间"选项，如图 4-11 所示。

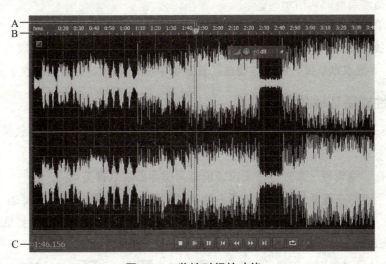

图 4-11　监控时间的功能

A—当前时间指示器；B—时间线；C—时间显示

2. 定位当前时间指示器

在"编辑器"面板中，执行以下任一操作。

（1）在时间轴中，拖动指示器 📍 或单击特定时间点。

（2）在左下角的时间显示中，在数字之间拖动或单击输入特定时间。

（3）在面板底部，单击以下按钮之一（要在单独的面板中显示这些按钮，可选择"窗口"→"传输"选项）。

①"暂停"按钮 ▐▐ ：暂时停止当前时间指示器。再次单击"暂停"按钮将恢复播放或录制。

②将当前时间指示器移至"上一个"按钮 ▐◀◀ ：将当前时间指示器放置在下一个标记的开头。如果没有标记，则当前时间指示器将移动到波形或会话的开头。

③"快退"按钮 ◀◀ ：使当前时间指示器在时间上向后穿梭。用鼠标右键单击"快退"按钮可设置光标的移动速率。

④"快进"按钮 ▶▶ ：使当前时间指示器在时间上向前穿梭。用鼠标右键单击"快进"按钮可设置光标的移动速率。

⑤将当前时间指示器移至"下一个"按钮 ▶▶▐ ：将当前时间指示器移动到下一个标记。如果没有标记，则当前时间指示器将移动到波形或会话的结尾。

3. 通过快速搜索预览音频

要快速搜索音频（在跨文件穿梭时生成可听见的预览），可执行以下任一操作。

（1）拖动当前时间指示器 📍 。

（2）单击"快退"按钮 ◀◀ 或"快进"按钮 ▶▶ 。

（3）使用 L、K、J 键分别向前穿梭、停止和向后穿梭。重复按 J 或 L 键逐渐提高穿梭速度（要更改默认值，则在"播放"首选项中设置 J、K、L 穿梭速度）。

4. 线性或循环播放音频

要快速开始和停止播放，则在键盘上按 SPace 键。线性循环播放音频具体操作步骤如下。

（1）在"编辑器"面板中，定位当前时间指示器或选择范围。

（2）（可选）在面板底部，用鼠标右键单击"播放"按钮 ▶ ，然后选择以下选项之一。

①停止时将当前时间指示器返回到开始位置：反映 Audition 3.0 和更低版本的行为（按快捷键 Shift+X 切换此选项）。

②仅播放频谱选区：仅播放使用框选 ▦ 、套索 ◯ 或笔刷 ✎ 工具的频率。

（3）（可选）要微调所选范围或试验不同的效果处理，则单击"循环播放"按钮 ↻ 。

（4）开始回放，单击"播放"按钮。

注：在默认情况下，当播放范围超过波形的可见部分时，"编辑器"面板将滚动。在"首选项"对话框的"播放"区域中可以禁用自动滚动。

5. 在文件或视图之间同步当前时间指示器

在波形编辑器中，切换文件时可以保持当前时间指示器的位置，这在编辑同一波形的不同版本时是很有用的方法。在多轨编辑器中，当切换到波形编辑器时可以保持当前时间指示器的位置，这在两个视图中应用编辑和效果时是很有用的方法。

（1）在波形编辑器中，在文件之间同步当前时间指示器，具体操作步骤如下：选择"编辑"→"首选项"→"常规"，或者在"首选项"对话框中选择"常规"选项。在波形编辑器中选择文件间的同步选区、缩放级别和 CTI。

（2）在多轨编辑器和波形编辑器之间同步当前时间指示器，具体操作步骤如下：选择"编辑"→"首选项"→"多轨"，或者在"首选项"对话框中选择"多轨"选项。选择"与波形编辑器同步素材"选项。

6. 更改时间显示格式

在默认情况下，所有音频文件和多轨会话均使用相同的时间显示格式。要自定义当前打开的文件或会话的格式，可选择"窗口"→"属性"选项，展开"高级"设置，然后取消勾选"与时间显示首选项同步"复选框；或者选择"视图"→"显示时间格式"选项，设置如下所需选项。

（1）小数（mm：ss.ddd）：以分、秒和 1/1 000 秒为单位显示时间。

（2）光盘 75 fps：以音频光盘使用的相同格式显示时间，即每秒 75 帧。

（3）SMPTE 30 fps：以 SMPTE 格式显示时间，即每秒 30 帧。

（4）SMPTE 丢帧（29.97 fps）：以 SMPTE 丢帧格式显示时间，即每秒 29.97 帧。

（5）SMPTE（29.97 fps）：以 SMPTE 无丢帧格式显示时间，即每秒 29.97 帧。

（6）SMPTE 25 fps（EBU）：以欧洲 PAL 电视帧速率显示时间，即每秒 25 帧。

（7）SMPTE 24 fps（电影）：以适用于电影的每秒 24 帧的格式显示时间。

（8）采样：用数字显示时间，使用自编辑文件开始以来经过的实际采样数作为参考。

（9）小节与节拍：以"小节：节拍：细分"的音乐测量格式显示时间。自定义设置选择"编辑节奏"选项，然后在"属性"面板中设置以下选项。

①节奏：指定每分钟节拍数。

②自定义（每秒 x 帧）：以自定义格式显示时间。修改自定义格式，选择"编辑自定义帧速率"选项，然后输入每秒帧数（有效值为 2 ～ 1 000 的整数）。

7. 跳到时间

使用"跳到时间"快捷键将焦点设置到时间码显示。这允许手动输入时间码定位播放指示器。输入时间码的具体步骤如下。

（1）在左下角的时间显示中，在数字之间拖动或单击以输入特定时间。

（2）当时间码已突出显示时，输入播放指示器跳转的目标时间。

（3）按 Enter 键，时间码移动到指定的时间。

4.2.4　录制音频

1. 在波形编辑器中录制音频

可以录制连接到声卡"线路输入"端口的麦克风或其他设备的音频。在录制之前，需要调整输入信号以优化信噪比。设置音频输入并执行以下任一操作步骤。

（1）创建文件。

（2）打开现有文件以覆盖或添加新音频，并将当前时间指示器 🔲 置于要开始录制的位置。

（3）在"编辑器"面板的底部单击"录制"按钮 🔲，可以开始或停止录制。

2. 校正 DC 偏移

一些声卡进行录音时会有轻微的偏因径系数（Deflection Coefficient，DC）偏移，将直流电引入信号，导致波形中心与零点（波形显示中的中心线）偏移。DC 偏移可在文件的开头和结尾产生咔嗒声或爆音。

校正 DC 偏移的具体操作方法是在波形编辑器中选择"收藏夹"→"修复 DC 偏移"选项。

3. 在多轨编辑器中直接将音频录制为文件

在多轨编辑器中，Adobe Audition 自动将每个录制的音频剪辑直接保存为 WAV 文件。直接将音频录制为文件的方式可快速录制和保存多个音频剪辑，从而提供极大的灵活性。

在会话文件夹内可找到每个录制的音频剪辑。音频剪辑文件名称以音轨名称开头，后面是场次编号（如 Track1_003.wav）。

在录制后，可以编辑文件以制成最终混音。例如，如果创建了吉他独奏的多个剪辑，则可以将每个独奏的最佳部分组合在一起，也可以将一个版本的独奏用于视频音轨，将另一个版本用于音频 CD。

4. 在多轨编辑器中录制音频

在多轨编辑器中，可以通过加录将音频录制到多条音轨上。加录音轨时，先听之前录制的音轨，然后创建复杂、分层的合成音轨。每个所录制的音频都成为音轨上的新音频剪辑，具体操作步骤如下。

（1）在"编辑器"面板的"输入/输出"区域中，从音轨的"输入"菜单中选择音频源。要更改可用输入，则选择"音频硬件"选项，然后单击"设置"按钮。

（2）单击"录制准备"按钮 🔲 获得音轨。音轨电平表显示输入，帮助优化电平（要禁用此默认行为并仅在录制时显示电平，则在"多轨"→"首选项"选项中取消勾选"在准备录制时激活输入表"复选框）。

（3）要听到通过任何音轨效果和发送所传送的硬件输入，可单击"监视输入"按钮 ▮。通过音轨效果和发送来传送输入需要做大量处理工作，要减少会破坏演员时间安排的延时（可听到的延迟）。

（4）要在多条音轨上同时录制音频，请重复步骤（1）～（3）。

（5）在"编辑器"面板中，将当前时间指示器 ▮ 定位在所需起始点，或为新剪辑选择范围。

（6）在面板的底部，单击"录制"按钮 ▮，可以开始和停止录制。

5. 插入选定时间范围

如果对所录制音频剪辑的时间范围不满意，可以选中该时间范围，然后插入新录音，保持原始音频剪辑不变。尽管不插入录音也可以录制到特定范围，但通过插入录音可以在时间范围的开始之前和结束之后立即听到音频。该音频提供了重要的背景，有助于创建自然过渡。

对于重要或有挑战的部分，可以插入多个场次，选择或编辑场次以创建最佳效果，如图 4-12 所示。

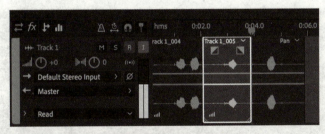

图 4-12　通过插入的方式创建的场次

具体操作步骤如下。

（1）在"编辑器"面板中，在合适的音轨内拖动"时间选择"工具 ▮，为剪辑选择时间范围并选择正确的音轨输入。

（2）单击"录制准备"按钮 ▮ 获得音轨。

（3）将当前时间指示器 ▮ 定位在所选时范围几秒前。

（4）在"编辑器"面板的底部，单击"录制"按钮 ▮。Adobe Audition 会先播放所选时间范围之前的音频，在所选时间范围内进行录制，然后继续进行回放。

6. 在播放期间插入常规区域

如果不想插入特定时间范围，则可在播放期间快速插入常规区域。具体操作步骤如下。

（1）启用一条或多条音轨进行录制。

（2）在"编辑器"面板底部单击"播放"按钮 ▮。

（3）当到达想要开始录制的区域时，单击"录制"按钮■，在完成录制时再次单击该按钮。

7. 插入开拍模式

通过插入开拍模式，可将"插入开拍"技术用于"预滚动""视觉倒计时"和"重新插入"功能。在此模式录制结束时，要先回放指定的预滚动持续时间，再将录制插入所需的点。预滚动持续时间可在"回放与录制首选项"页面中进行配置。

要进行录制，可执行以下操作。

（1）用鼠标右键单击"录制"按钮并选择"插入开拍模式"选项，以切换到插入开拍录制模式。也可使用快捷键Shift+Alt+Space打开下拉菜单，如图4-13所示。

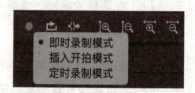

（2）将播放指示器置于要插入的位置，单击"录制"按钮开始录制。

图4-13 录制模式下拉菜单

（3）要调整预滚动持续时间，在"首选项"面板中选择"回放与录制"选项，如图4-14所示。在默认情况下，预滚动持续时间被设置为5 s。

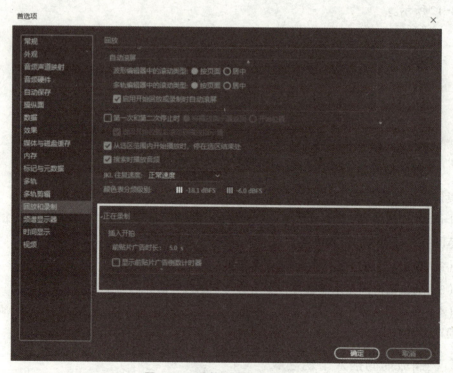

图4-14 调整预滚动持续时间

使用"重新插入"命令，可停止当前回放或录制，并从上一个插入点开始以插入开拍模式录制，可使用键盘快捷键配置此命令，如图4-15所示。

图 4-15　"重新插入"键盘快捷键

（4）对于视频文件，当开始录制时，"视频"面板中会叠加显示一个闪烁的倒计时方框。

8. 选择插入场次

如果插入了多个场次，Adobe Audition 会在"编辑器"面板将各个场次叠加在一起。要在结果之间切换，可执行以下操作。

（1）使用"时间选择"工具 ，选择对齐到插入声音结果起点和终点的范围。

（2）在音轨中，先将光标放置到剪辑标头上方（标头显示音轨名称，之后是结果编号），然后拖动到其他位置（通常是会话结尾，以避免不必要的播放）。

（3）播放会话。如果要切换到之前移动的结果，则将其拖回到所选时间范围。要使原始剪辑在插入声音的持续时间范围内静音，则调整音量包络。

9. 定时录制模式

如果无法手动开始或结束录制流程，则可以使用"定时录制模式"安排后面的录制。要使用此模式进行录制，可执行以下操作。

（1）用鼠标右键单击"录制"按钮，选择"定时录制模式"选项，如图 4-16 所示。

（2）将播放指示器放置在要开始录制的位置，单击"录制"按钮以显示"定时录制"对话框，并进行设置，如图 4-17 所示。

①起始时间：可以修改开始录制的时间和日期。在默认情况下，"起始时间"设置为自其调用时间起 15min 后，也可以单击"即时"单选按钮立即开始录制。

②录制时间：利用此区域可设置录制时间长度。单击"无时间限制"单选按钮可一直录制到手动停止录制为止。

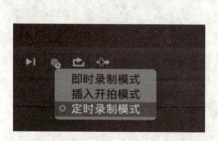

图 4-16　"定时录制模式"选项

图 4-17　"定时录制"对话框

（3）当 Adobe Audition 准备好并等待录制时，"录制"按钮会以蓝色突出显示并闪烁▇。在此期间，建议不要执行其他编辑工作。尝试打开或切换到其他文件时，系统会提示定时录制的警告，如图 4-18 所示。Adobe Audition 将在"编辑器"面板中的任何一个文件处于活动状态时开始录制，为了避免覆盖数据，建议在等待录制时让 Adobe Audition 保持空闲。

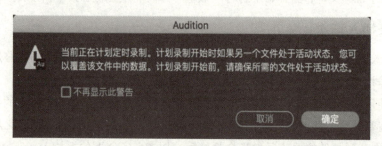

图 4-18　定时录制时的警告消息

（4）当达到录制的时间限制时，Adobe Audition 将停止录制。该文件不会自动保存到磁盘，可以在导出或保存之前预览内容。

10. 波形编辑器中的覆盖和插入模式

（1）覆盖：选择此模式并将播放指示器放置在覆盖音频和开始录制的位置。

（2）插入：此模式允许在不覆盖剪辑的情况下，在指定点插入音频。将播放指示器放置在要开始录制的位置，然后单击"录制"按钮。

11. 输入监控

利用输入监控，可预览从录制设备传入的信号。必须在开始实际录制之前，通过观察电平表或听取其内容，完成此操作。

单击音轨标题控件或混音器上的"I"按钮，启用输入监控。"R"按钮用于为录音准备轨道，此按钮会根据首选项影响音频路由，如图 4-19 所示。

轨道电平表反映来自输入设备并被路由到轨道输出的音频。在为录音准备轨道时，Adobe Audition 提供两种已激活的输入监控模式，如图 4-20 所示。

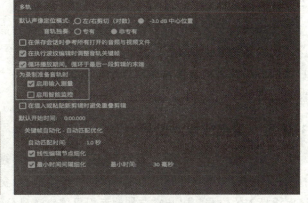

图 4-19 为录音准备轨道　　　　　　　图 4-20 输入测量

（1）输入测量：勾选"启用输入测量"复选框，可查看传输停止或正在录制时轨道电平表上的输入电平。要启用输入测量，选择"首选项"→"多轨"选项，在"多轨"面板中勾选"启用输入测量"复选框。

（2）智能监控：智能监控会在录制期间和播放器停止时自动启用输入监控，以便更好地监听。当传输停止时，可以听到音频输入。例如，通过扬声器进行通信。开始播放之后，会忽视输入并且仅能听到轨道内容的播放。这有助于找到完美的插入点。要启用输入监控，则在"多轨"面板中勾选"启用智能监控"复选框。

任务 4.3　操作工作区和编辑器

4.3.1　Adobe Audition 的工作区

1. 关于工作区

Adobe Audition 提供了一个统一且可自定义的工作区。虽然每个应用程序各有自己的一套面板（如项目、元数据和时间轴），但仍可以同样的方式跨产品移动及分组面板。

Adobe Audition 的主窗口是应用程序窗口。在此窗口中，面板被组合成为工作区的布局。默认工作区包含面板组和独立面板。

可自定义工作空间，将面板布置为最适合的布局。当重新排列面板时，其他面板会自动调整大小以适应窗口。可以为不同的任务创建并保存多个自定义工作区。

可以使用浮动窗口创建类似 Adobe 应用程序早期版本的工作区，或者将面板置于多个监视器之上。

2. 选择工作区

应用程序均包含若干个针对特定任务优化了面板布局的预定义工作区。选择上述工作区之一或任何已保存的自定义工作区时，当前工作区会进行相应的调整。

具体操作步骤如下：打开要操作的项目，首先选择"窗口"→"工作区"选项，然后选择所需的工作区。

3. 停靠、编组或浮动面板

可以将面板停靠在一起移入或移出组，或者取消停靠使其浮动在应用程序窗口的上方。拖动面板时，放置区（可将面板移动至该区域）会变为高光状态。所选择的放置区决定了面板插入的位置，以及它与其他面板是停靠还是分组在一起。

（1）停靠区。停靠区位于面板、组或窗口的边缘。停靠某个面板会将该面板置于邻近存在的组中，同时，调整所有组的大小以容纳新面板，如图 4-21 所示。

（2）分组区。分组区位于面板或组的中心，沿面板选项卡区域延伸。将面板放置到分组区上，会将其与其他面板堆叠，如图 4-22 所示。

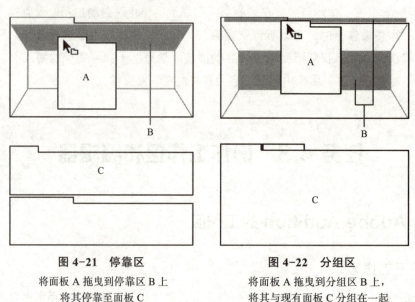

图 4-21　停靠区　　　　　　　　图 4-22　分组区
将面板 A 拖曳到停靠区 B 上　　　将面板 A 拖曳到分组区 B 上，
　将其停靠至面板 C　　　　　　　将其与现有面板 C 分组在一起

（3）停靠或分组面板。如果需要停靠或分组的面板不可见，则从"窗口"菜单中选择该面板。执行以下任一操作。

①要移动单个面板，则按住该面板选项卡左上角的控制手柄区，将其拖动到所需的放置区上，如图 4-23 所示。

②要移动整个组，则按住其右上角的控制手柄，将其拖动到所需的放置区上，如图 4-24 所示。应用程序会根据放置区的类型停靠或分组面板。

（4）脱离浮动窗口中的面板。将某个面板从浮动窗口脱离时，可将面板添加到该窗口，并将其修改为与应用程序窗口相似的形式。可通过浮动窗口使用辅助监视器，或者创建一个类似 Adobe 应用程序早期版本的工作区。

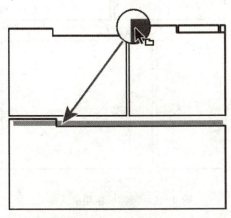 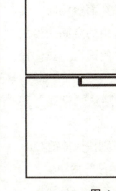

图 4-23 移动单个面板　　　　　　　　图 4-24 移动整个组

选择要脱离的面板（如果不可见，则在"窗口"菜单将其选中），然后执行以下任一步骤。

①从面板菜单中选择"脱离面板"或"脱离框架"选项，使用"脱离框架"功能可脱离面板组。

②按住 Ctrl 键（Windows 系统）或 Command 键（macOS），并将面板或组从其当前位置拖离。松开鼠标后，该面板或组会显示在新的浮动窗口中。

将面板或组拖放到应用程序窗口以外（如果应用程序窗口已最大化，则将面板拖动到任务栏）。

4. 调整面板组的大小

将光标放在面板组之间的分隔条上时，会显示调整大小图标。拖动这些图标时，与该分隔条相邻的所有组都会调整大小。例如，假定工作区包含垂直叠放的三个面板组。如果拖动底部两个组之间的分隔条，则会调整这两个组的大小，但顶部的面板组不会受到影响。

（1）要快速最大化光标下的面板，可按重音键。再次按重音键，可将面板恢复为其原始大小。执行以下任一操作。

①要水平或竖直调整大小，可将光标置于两个面板组之间。此时，光标变成双箭头形状↔。

②要同时在两个方向调整大小，可将光标置于三个或更多面板组之间的交叉点处。此时，光标变成四箭头形状 ✛。

（2）按住鼠标左键并拖动以调整面板组的大小，如图 4-25 所示。

5. 打开、关闭和滚动面板

在应用程序窗口中关闭某个面板组时，其他组会调整大小以使用最新可用的空间。当关闭浮动窗口时，也将关闭其中的面板。具体操作步骤如下。

（1）要打开某个面板，则从"窗口"菜单中选择该面板。

（2）要选择面板或窗口，则按快捷键 Ctrl+W 或 Command+W，或单击"关闭"按钮 ✖。

（3）要在一个窄面板组中查看所有面板，可水平拖动滚动条。

（4）要将某个面板置于面板组的最上方，可执行以下任一操作。

①单击要显示在最上方的面板的选项卡。

②将光标停留在选项卡区域上方，并滚动鼠标滚轮。滚轮的滚动可让各个面板相继显示在最上方。

③水平拖动选项卡可更改其顺序。

（5）要显示窄面板组中隐藏的面板，可拖动面板组上方的滚动条，如图 4-26 所示。

6. 保存、重置或删除工作区

（1）保存自定义工作区：在自定义工作区时，应用程序会跟踪变更，并存储最近的布局。要将特定布局保存以便长时间使用，需要保存自定义工作区。保存的自定义工作区会显示在"工作区"菜单中，在此可返回和重置自定义工作区。

根据需要安排框架和面板，选择"窗口"→"工作区"→"新建工作区"选项，输入工作区的名称，单击"确定"按钮。

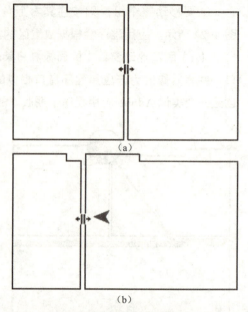

图 4-25　调整面板组的大小

（a）带有调整大小图标的原组；（b）已调整大小的组

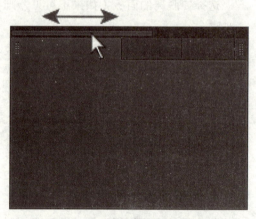

图 4-26　拖动滚动条查看面板

如果在其他系统上已打开自定义工作区的情况下保存项目，则应用程序会查找具有匹配名称的工作区。如果找不到匹配项（或监视器配置不匹配），则可使用当前的本地空间。

（2）重置工作区：重置当前的工作区，使其恢复为已保存的原始面板布局。具体操作步骤如下：选择"窗口"→"工作区"→"重置工作区名称"选项。

（3）删除工作区：选择"窗口"→"工作区"→"删除工作区"选项；或者选择要删除的工作区，单击"删除"按钮。

注：无法删除当前处于活动状态的工作区。

4.3.2　工作区设置

1. 显示工具栏

工具栏提供对工具、工作区菜单及在波形编辑器和多轨编辑器之间进行切换的按钮的快速访问，如图 4-27 所示。对于每个视图，某些工具是独有的。

在默认情况下，工具栏会立即停靠在菜单栏下方。可以取消停靠工具栏，把它转化成与其他面板一样操作的"工具"面板。

要显示或隐藏工具栏，可以选择"窗口"→"工具"选项。"工具"选项旁的复选标记表示其是否显示。

要将工具栏取消停靠在其默认位置，需要拖动其左边缘的句柄到工作区域的其他位置。

要将"工具"面板重新停靠在其默认位置，需要将"工具"面板选项卡正好拖放到菜单栏正下方可完全展开 Adobe Audition 窗口的放置区。

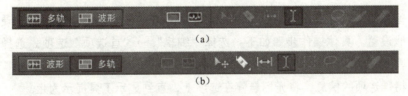

（a）

（b）

图 4-27　工具栏

（a）用于频谱显示的波形编辑器；（b）多轨编辑器

2. 显示状态栏

状态栏横跨在 Adobe Audition 工作区域的底部。状态栏的最左边表示打开、保存或处理文件所需要的时间，以及当前的传输状态（播放、录音或已停止）。状态栏的最右边显示可自定义的各种各样的信息。

要显示或隐藏状态栏，可以选择"视图"→"状态栏"→"显示"选项。复选标记表示状态栏是否可见。

要更改显示在状态栏最右边的信息，可以选择"视图"→"状态栏"选项或用鼠标右键单击该状态栏，然后从下列选项中选择。

（1）在光标下显示数据：在光标下的位置显示频率、时间、通道和振幅信息。

（2）视频帧速率：显示多轨编辑器中打开视频文件的当前和目标帧速率。

（3）文件状态：显示何时进行针对效果和振幅调整的处理。

（4）采样类型：显示有关目前打开的波形（波形编辑器）或会话文件（多轨编辑器）的样本信息。例如，44 100 Hz、16 位的立体声文件会按 44 100 Hz、16 位的立体声显示。

（5）未经压缩的音频大小：表示活动音频文件的大小（保存为未经压缩的格式，如 WAV 和 AIFF）或多轨会话的总大小。

（6）持续时间：显示当前波形或会话的长度。例如，0：01.247 表示波形或会话的长度是 1.247 s。

（7）可用空间：显示在硬盘驱动器上有多少可用空间。

（8）可用空间（时间）：根据当前所选的采样率，显示录音所剩余的时间。用 min、s 和 ms 显示此值。例如，如果将 Adobe Audition 设置为以 11 025 Hz 录制的 8 位单声道音频，则剩余可用时间可能还有 4 399 min15.527 s；将录音选项更改为以 44 100 Hz 录制 16 位立体声音频，则剩余可用时间变成 680 min44.736 s。

注：在默认情况下，"可用空间（时间）"信息处于隐藏状态。要显示该信息，则用鼠标右键单击状态栏，从弹出的菜单中选择"可用空间（时间）"选项。

（9）检测已丢弃的样本：表示在录音或播放期间样本缺失。如果显示此指示器，则需要考虑重新录音以避免音频缺失。

3. 自定义首选项

在"首选项"对话框中可自定义 Adobe Audition 的显示器、编辑行为、硬盘空间的使用及其他设置。具体操作步骤如下：选择"编辑"→"首选项"选项，选择需要自定义的区域。

有关特殊选项的信息，将光标悬停在选项上，直到显示工具提示为止。

在"首选项"对话框中选择"媒体和磁盘缓存"选项，为"主临时文件夹"选择最快的驱动器，并为"第二临时文件夹"选择单独的驱动器。勾选"保存峰值文件"复选框，以存储有关如何显示 WAV 文件的信息（如果没有峰值文件，则重新打开更大的 WAV 文件会更加缓慢）。

4. 将首选项还原为默认设置

意外行为可能表示首选项文件已损坏。要重新创建首选项文件，需要按 Shift 键启动 Adobe Audition。

5. 更改界面颜色、亮度和性能

更改界面颜色、亮度和性能的操作步骤如下：选择"编辑"→"首选项"→"外观"选项，调整以下任一选项，然后单击"确定"按钮。

（1）预设：应用、保存或删除"颜色"和"亮度"设置的组合。

（2）颜色：单击样本以更改波形、选择项或当前时间指示器的颜色。

（3）亮度：调亮或调暗面板、窗口和对话框。

（4）使用渐变：如果取消选择，就移除面板、按钮和计量器的阴影和高亮。

6. 使用多个监视器

要增大可用的屏幕空间，可使用多个监视器。在使用多个监视器时，应用程序窗口会显示在一个监视器上，同时，可以将浮动窗口置于辅助监视器中。监视器配置存储在工作区中。

7. 导出和导入自定义的应用程序设置文件

应用程序设置文件存储了所有当前的首选项、效果设置和工作区。导出和导入这些文件，以便存储特定工作流使用的自定义设置组，或把设置传输到其他机器上。具体操作步骤如下：选择"文件"→"导出"→"应用程序设置"选项，指定文件名和位置。如果以后重新应用这些设置，则选择"文件"→"导入"→"应用程序设置"选项。

4.3.3　波形编辑器和多轨编辑器

Adobe Audition 为编辑音频文件和创建多轨混音提供了多个编辑器，要编辑单个文件可使用波形编辑器，要混音多个文件并将它们与视频集成可使用多轨编辑器。波形编辑器和多轨编辑器使用不同编辑方法，且每个方法都有其独特优势。

波形编辑器使用破坏性方法，这种方法会更改音频数据，同时永久性地更改保存的文件。当转换采样率和位深度、母带处理或批处理时，这样的永久更改更可取。

多轨编辑器使用非破坏性方法，这种方法是非永久性和即时的，需要更强大的处理能力，但是会提高灵活性，适合于逐渐构建和重新评估多图层的音乐创作或视频原声带。

可以结合使用破坏和非破坏性编辑以满足项目的需求。例如，如果多轨剪辑需要破坏编辑，仅需双击它以输入波形编辑器。同样，如果编辑的波形包含不喜欢的最近的更改，可使用"撤消"命令恢复到前一个状态，直到保存文件，才可应用破坏性编辑。

1. 编辑器的基本组件

虽然在波形编辑器和多轨编辑器中可用的选项有差别，但这两种编辑器都共享基本组件，如工具栏和状态栏及"编辑器"面板。

2. 切换编辑器

可以通过以下方法在波形编辑器和多轨编辑器之间切换。

（1）从"视图"菜单选择波形编辑器或多轨编辑器。

（2）在工具栏中，单击"波形编辑器"按钮▦或"多轨编辑器"按钮▦。

（3）在多轨编辑器中，双击音频剪辑以在波形编辑器中将其打开，或者双击"文件"面板中的文件。

（4）在波形编辑器中，选择"编辑"→"编辑原始"选项，打开用于创建混音文件的多轨会话（此选项需要文件中嵌入的元数据）。

3. 在"编辑器"面板中缩放音频

（1）缩放到特定的时间范围内：在缩放导航器（图 4-28）或时间轴标尺（图 4-29）中单击鼠标右键并拖动。放大镜图标🔍会创建一个选择项，显示将要填充"编辑器"面板的时间范围。

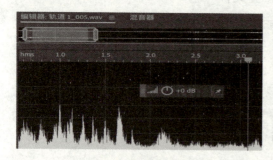

图 4-28 缩放导航器

图 4-29 时间轴标尺

（2）缩放至预设：单击"编辑器"面板底部的"计时器"图标。Adobe Audition 提供了五个预设槽可用于缩放至特定的时间范围，如图 4-30 所示。在"保存预设"菜单中可使用当前选定的持续时间覆盖一个预设槽。

（3）缩放至选定剪辑：选择"缩放"选项，快速缩放至一个或多个选定剪辑的时间范围。在多轨编辑器中，选择"缩放"→"缩放至选定剪辑"选项。

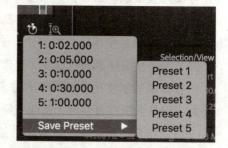

图 4-30 缩放至特定的时间范围

（4）缩放到特定的频率范围：在频谱显示的垂直标尺中，单击鼠标右键并拖动。

（5）扩大或缩小显示的范围：将光标放在缩放导航器中高光显示区域的左边缘或右边缘，然后拖动放大镜图标🔍。

（6）逐渐放大或缩小：在"编辑器"面板的右下方，单击"放大"按钮⊕或"缩小"

按钮 。可在"首选项"对话框的"常规"分区中设置"缩放系数"。

（7）全部缩小（所有音轨）：可以将所有音轨缩小到相同高度以完全覆盖垂直空间。该编辑器将调整音轨高度以占据多轨编辑器面板的整个高度，将音轨高度调整到一致的高度，最小化的音轨仍将保持其最小高度。要全部缩小，可以选择"视图"→"全部缩小（所有音轨）"选项。

（8）使用鼠标滚轮或触控板进行缩放：将光标停留在缩放导航器或标尺上，然后滚动鼠标滚轮或用两个手指上下拖动（在波形编辑器中，当光标停在波形上时，此缩放方法也有用）。

（9）放大所选音频：在"编辑器"面板的右下角单击"放大入点"按钮 、"放大出点"按钮 或"缩放至选区"按钮。

（10）显示整个音频文件或多轨会话：在"编辑器"面板的右下角单击"全部缩小"按钮 。

4. 浏览时间

在更高的缩放级别下，可以导航至"编辑器"面板中的不同音频内容。

（1）通过滚动导航。具体操作步骤如下。

①在缩放导航器中，向左或向右拖动，如图 4-31 所示。

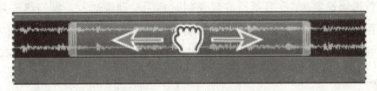

图 4-31　使用缩放导航器滚动

②在多轨道编辑器和波形编辑器中，使用鼠标水平滚动或按住鼠标中键拖动滚动时间轴。

③在频谱显示的音频频率中滚动，在垂直标尺中上下拖动。

（2）使用"选择项/视图"面板导航。具体操作步骤如下。

①"选择项/视图"面板在"编辑器"面板中显示当前选择项和视图的起点和终点。该面板采用当前的时间格式显示此信息，如"十进制"或"节拍"。

②要显示"选择项/视图"面板，可以选择"窗口"→"选择项/视图控件"选项。将新值输入"开始""结束"或"持续时间"框中，以便更改选择项或视图。

5. 自动滚动导航

可以在波形编辑器和多轨编辑器上使用自动滚动进行导航，如图 4-32 所示。要选择滚动类型，在"首选项"面板中选择"回放"选项进行选择。

图 4-32　回放时自动滚动首选项

按页滚动：播放指示器从左向右移动并在碰到右侧边缘跳时到下一帧。

居中滚动：播放指示器位于中间，其下方的轨道会移动。因此，正在播放的音频的当前时间始终处于中间。

若要将首选项设置为"在开始回放或录制时启用自动滚动"，则勾选该复选框即可。

可以使用波形编辑器右上角及多轨编辑器左上角的"编辑器"面板中的自动滚动指示器启用或禁用自动滚动。在启用自动滚动后移动播放指示器会自动禁用此功能。

任务 4.4　音频编辑与剪辑

4.4.1　在波形编辑器中显示音频

1. 查看音频波形和频谱

在波形编辑器中，"编辑器"面板提供了声波的直观表示形式。在"编辑器"面板的默认波形显示（非常适合评估音频振幅）下面，可以在显示音频频率（低音到高音）的频谱显示中查看音频，如图 4-33 所示。

要查看频谱显示，可执行以下任一操作。

（1）在工具栏中，单击"频谱显示"按钮██。

（2）在"编辑器"面板中，将分隔线在波形和频谱显示之间拖动，以更改它们的显示比例。

（3）要立即显示或隐藏频谱显示，可以双击控制柄或单击其右侧的三角形图标。

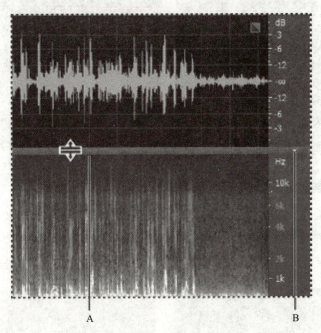

图 4-33 查看波形和频谱显示

A—拖动分隔线以更改各自的比例；B—单击该三角形图标以显示或隐藏频谱显示

2. 波形显示

波形显示会将波形显示为一系列正负峰值，如图 4-34 所示。其中，x 轴（水平标尺）衡量时间，y 轴（垂直标尺）衡量振幅，即音频信号的响度。静音音频与大声音频相比，峰值和谷值都较低（在中心线附近）。可以通过更改垂直比例和颜色来自定义波形显示。

由于波形显示清晰地标明了振幅变化，所以它非常适用于识别声乐、鼓声等的敲击变化。例如，要查找特定的口语词，只需寻找第一个音节的峰值和最后一个音节后的谷值即可。

3. 频谱显示

频谱显示会通过其频率分量显示波形，其中 x 轴（水平标尺）衡量时间，y 轴（垂直标尺）衡量频率。从频谱显示中能够分析音频数据，颜色越亮表示振幅分量越大。颜色从深蓝（低振幅频率）变化到亮黄色（高振幅频率），如图 4-35 所示。频谱显示非常适用于定位和删除不需要的声音，如咳嗽声或其他杂音。

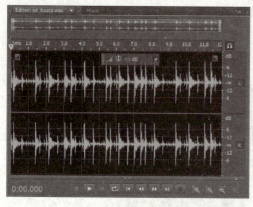

图 4-34　波形显示中的立体声文件

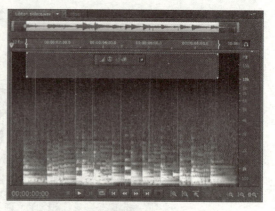

图 4-35　频谱显示（突出高频部分）

4. 查看分层或唯一颜色的波形声道

对于立体声和 5.1 环绕声文件，可以查看分层的声道或唯一颜色的声道。分层声道能够更好地显示总体音量的变化，唯一颜色的声道可直观地区分各个声道。选择"视图"→"波形声道"选项，然后选择"分层"或"唯一颜色"选项，如图 4-36 所示。

（a）

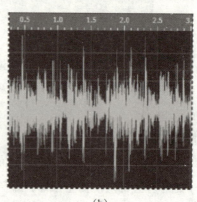

（b）

图 4-36　声道视图选项
（a）唯一颜色；（b）分层

5. 自定义频谱显示

"频谱显示"首选项可增强不同的细节并更好地隔离杂音。

选择"编辑"→"首选项"→"频谱显示"（Windows）选项，设置以下内容。

（1）窗口化功能：确定快速傅里叶变换（FFT）的形状。这些功能按照从最窄到最宽的顺序列出。功能越窄包括的环绕声频率就越少，只能较模糊地反映中心频率。功能越宽，包括的环绕声频率就越多，能更精确地反映中心频率。"Hamming"和"Blackman"选项提供较好的总体效果。

（2）频谱分辨率：指定用来绘制频率的垂直带数。当提高分辨率时，频率准确性也会提高，但是时间准确性将会降低。应尝试为音频内容找到合适的平衡，如低分辨率可更好地反映具有高度敲击力的音频。要直接在"编辑器"面板中调整分辨率，可以先用鼠标右键单击频谱显示旁边的垂直标尺，然后选择"增加频谱分辨率"或"减少频谱分辨率"选项。

（3）分贝范围：更改显示频率的振幅范围。增大此范围会提高颜色对比，从而看到音频中的更多细节。此值只会调整频谱显示，不会更改音频振幅。

（4）当存在频谱选区时仅播放选定的频率：取消勾选此复选框可以听到与选项相同的时间范围内的所有频率。

6. 更改垂直比例

在波形编辑器中可以更改垂直标尺的振幅或频率刻度。

（1）更改波形显示的振幅刻度。在波形显示中，用鼠标右键单击垂直标尺并选择以下选项之一。

①分贝：指出范围为 $-\infty \sim 0$ dBFS 的分贝刻度的振幅。

②百分比：指出范围为 $-100\% \sim 100\%$ 的百分比比例的振幅。

③采样值：指出按显示当前位深度所支持的数据值范围的比例的振幅。32 位浮点值反映下面的标准化比例。

④标准化值：指出范围为 $-1 \sim 1$ 的标准化比例的振幅。

（2）更改频谱显示的频率刻度。在频谱显示中，用鼠标右键单击垂直标尺并选择以下选项之一。

①更加对数化或线性化：以更加对数化的刻度（反映人类听觉）或更加线性化的刻度（使高频率在视觉上更清楚）逐渐显示频率。按住 Shift 键并将鼠标滚轮滚动到频谱显示的上方，以便用更对数（向上）或更线性（向下）的方式显示频率。

②完全对数化或线性化：完全用对数或线性方式显示频率。

4.4.2　选择音频

1. 选择时间范围

在工具栏中，选择"时间选择"工具 I。执行以下任一操作。

（1）要选择时间范围，可以在"编辑器"面板中进行拖动，如图 4-37 所示。

（2）要扩展或缩短选择项，拖动选择项边缘（在边缘之外按住 Shift 键并单击，以快速将选择项扩展到特定的位置）。

注：可以单击鼠标右键来扩展或缩短选择项。要启用此功能，可以在"首选项"对话框的"常规"部分中选择"扩展选择项"选项。

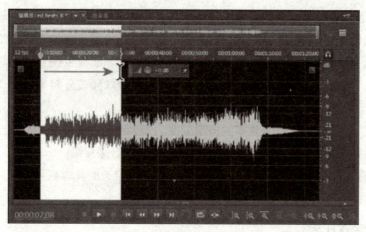

图 4-37　拖动以选择时间范围

2. 选择频谱范围

在频谱显示中，可以使用"选取框选择""套索选择"或"画笔选择"工具在特定频谱范围内选择音频数据，如图 4-38 所示。使用"选取框选择"工具能够选择矩形区域。使用"套索选择"和"画笔选择"工具能够自由地进行选择。这三个工具都允许进行详细的编辑和处理，提供在音频还原工作方面的灵活性。例如，如果检测到音频中有杂音，可以只选择和编辑受影响的频率，从而通过更快的处理产生优异的效果。

"画笔选择"工具可创建反映应用效果强度的唯一选择。要调整强度，可对画笔描边进行分层，或更改工具栏中的"不透明度"设置。白色的选定区域越不透明，所应用的效果越强烈。具体操作步骤如下。

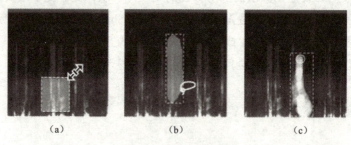

（a）　　　　　　　　（b）　　　　　　　　（c）

图 4-38　频谱选择的类型
（a）选取框；（b）套索；（c）画笔

（1）在工具栏中，选择"选取框选择"工具▦、"套索选择"工具◯或"画笔选择"工具◢。

（2）在"编辑器"面板中，在频谱显示中进行拖动，选择所需要的音频数据。

当在立体声波形中进行选择时，选择项在默认情况下会应用到所有声道。要在特定的声道中选择音频数据，可以在"编辑"→"启用声道"菜单中进行选择。

（3）要调整选择项，可执行以下任一操作。

①要移动选择项，可以将光标定位在选择项中，然后将其拖动到所需的位置。

②要调整选择项的大小，可以将光标定位在选择项的拐角处或边缘，然后将其拖动到所需的大小（对于画笔选择项，也可以通过工具栏中的"画笔大小"设置进行调整）。

③要添加套索或画笔选择项，可以按住 Shift 键并拖动两个选项。要从选择项中排除它们，可按住 Alt 键并拖动。

④要确定应用的画笔选择项效果的强度，可以对工具栏中的"不透明度"进行设置。

注：在默认情况下，Adobe Audition 仅播放频谱选择项中的音频。要听到相同时间范围内的所有音频，可以用鼠标右键单击"播放"按钮▶，然后取消选择"仅播放频谱选择项"选项。

3. 选择伪声并自动修复

要以最快的速度修复较小的个别音频伪声（如单独的咔嗒声或爆裂声），可以使用"污点修复画笔"工具进行修复，如图 4-39 所示。当使用此工具选择音频时，它会自动执行"收藏夹"→"自动修复"命令。自动修复针对较小的音频伪声进行了优化，因此限制为 4 s 或更小的选择项。具体操作步骤如下。

（1）在工具栏中，选择"污点修复画笔"工具📄。

（2）要更改像素直径可调整"大小"设置，或按方括号键。

（3）在"编辑器"面板中，单击并按住或拖动鼠标以覆盖频谱显示中的音频伪声。如果在单击时没有按住鼠标左键，Adobe Audition 将移动当前时间指示器，可以预览音频，但是不会对其进行修复。要通过单击来修复音频，可以勾选"常规"首选项中的"鼠标按下时创建圆形选择项"复选框。

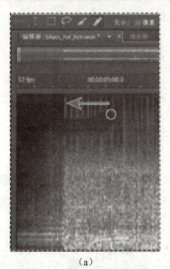
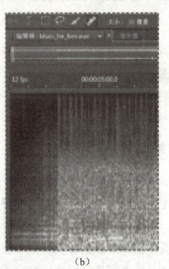

（a）　　　　　　　　　　　　（b）

图 4-39　使用"污点修复画笔"工具删除杂音

（a）之前；（b）之后

4. 选择所有波形

选择波形可执行以下任一操作。

（1）要选择波形的可视范围，可以在"编辑器"面板中双击。

（2）要选择所有波形，可以在"编辑器"面板中单击三次。

5. 指定要编辑的声道

在默认情况下，Adobe Audition 会将选择项和编辑应用到立体声或环绕声波形的所有声道。选择和编辑特定声道如图 4-40 所示。

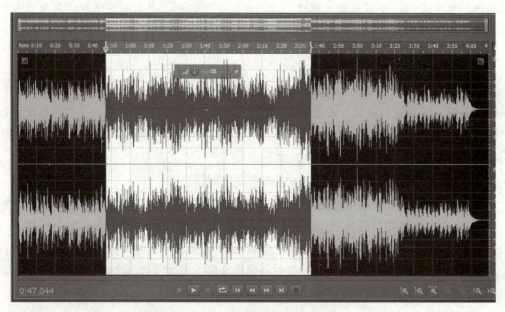

图 4-40　选择和编辑特定声道

在"编辑器"面板的右侧，单击振幅标尺中的声道按钮。对于立体声文件，可以单击左声道按钮 L 或右声道按钮 R 。

注：要仅通过拖动光标越过"编辑器"面板的最顶部或底部来选择一个立体声声道，在"首选项"对话框的"常规"区域选择"允许上下文相关的声道编辑"选项。

6. 将选择项调整到零交叉点

对于许多编辑任务（如删除或插入音频）而言，零交叉点（振幅为零的点）是进行选择的最佳位置。在零交叉点处开始和结束的选择项会减少编辑听见的爆裂声或咔嗒声的机会。

要将选择项调整到最近的零交叉点，则选择"编辑"→"零交叉点"选项，然后选择一个选项，如"向内调整选择项"选项（该选项会将两个边缘同时向内移动到下一个零交叉点）。

为了进一步减少爆裂声或咔嗒声的机会，对所有编辑进行交叉淡化。可以在"首选项"对话框的"数据"区域更改交叉淡化的持续时间。

7. 对齐标记、标尺、帧和零交叉点

对齐会产生选择边界，以及当前时间指示器，以移动到如标记、标尺刻度、零交叉点和帧之类的项目。启用对齐可以进行精确选择，也可以针对特定项目禁用对齐。

（1）要启用选定项目的对齐功能，则在"编辑器"面板的顶部单击"切换对齐功能"图标 🎧。

（2）要指定要对齐的项目，则选择"编辑"→"对齐"选项，然后选择以下任一选项。

①对齐标记：对齐标记点。

②对齐标尺（粗略）：仅对齐时间轴中的主要数值分量（如分钟和秒）。

注：一次只能选择一个"对齐标尺"选项。

③对齐标尺（精细）：对齐时间轴中的细分量（如毫秒）。放大（单击鼠标右键并拖动鼠标越过时间轴）以显示更准确的细分量，并且更精确地放置光标。

④对齐零交叉点：对齐音频跨越中心线（零振幅点）的最近位置。

⑤对齐帧：如果时间格式以帧进行衡量（如光盘和 SMPTE），则对齐帧边界，可以用鼠标右键单击时间轴，以访问对齐命令。

4.4.3　复制、剪切、粘贴和删除音频

1. 复制或剪切音频

在波形编辑器中，选择要复制或剪切的音频，或者要复制或剪切整个波形，可以取消选择所有音频。

复制或剪切音频，执行以下任一操作。

（1）选择菜单栏中的"编辑"→"复制"选项，将音频复制到剪贴板。

（2）选择菜单栏中的"编辑"→"复制到新文件"选项，将音频复制并粘贴到新创建的文件。

（3）选择菜单栏中的"编辑"→"剪切"选项，从当前波形中删除音频，并将其复制到剪贴板。

2. 粘贴音频

粘贴音频，执行以下任一操作。

（1）将音频粘贴到当前文件中，将当前时间指示器 🔖 放置在要插入音频的位置，或者先选择要替换的现有音频，然后选择菜单栏中的"编辑"→"粘贴"选项。

（2）要将音频粘贴到新文件中，可以选择菜单栏中的"编辑"→"粘贴到新文件"选项，新文件会自动继承原始剪贴板素材中的采样类型（速率和位深度）。

3. 粘贴时混合音频

"混合式粘贴"选项可将剪贴板中的音频数据与当前波形混合在一起。具体操作步骤如下。

（1）在"编辑器"面板中，将当前时间指示器 🍉 放置在要开始混合音频数据的位置，或者选择要替换的音频数据。

（2）选择菜单栏中的"编辑"→"混合式粘贴"选项，设置以下选项后单击"确定"按钮。

①复制的和现有的音频：调整复制的和现有的音频的百分比音量。

②反转已复制的音频：如果现有音频包含类似的内容，翻转所复制音频的相位，从而扩大或减少相位取消。

③交叉淡化：将交叉淡化应用到所粘贴的音频的开头和结尾，从而生成更平稳的过渡。指定淡出长度（以毫秒为单位）。

④粘贴类型：指定粘贴类型。其中包含的选项如下。

a. 插入：在当前位置或所选内容处插入音频。Adobe Audition 在光标位置插入音频，将任何现有音频移至已插入素材的末尾。

b. 重叠（混合）：在所选择的音量级别将音频与电流波形混合。如果音频比电流波形长，将延长电流波形以符合粘贴的音频。

c. 覆盖：从光标位置开始将音频配到原带上，并用音频持续时间替换之后的现有素材。例如，粘贴 5 s 的素材时将替换光标之后的前 5 s。

d. 调制：调制音频与电流波形以生成有趣的效果。结果类似重叠，只是两个波形的值逐个样本彼此相乘而非添加。

e. 从剪贴板：粘贴来自活动的内部剪贴板的音频数据。

f. 来自文件：粘贴来自文件的音频数据。单击"浏览"按钮以导航到文件。

g. 循环粘贴：将音频粘贴指定次数。如果音频按钮比当前所选内容长，则相应地自动延长当前所选内容。

4. 删除或裁剪音频

删除或裁剪音频，执行以下任一操作。

（1）选择要删除的音频，然后选择菜单栏中的"编辑"→"删除"选项。

（2）选择要保留的音频，然后选择菜单栏中的"编辑"→"裁剪"选项（这将删除文件开头和结尾不需要的音频）。

4.4.4 编辑音频

1. 音频淡化

Adobe Audition 提供线性淡化、对数淡化和余弦淡化三种类型的可视淡化类型，如图 4-41 所示。

（1）线性淡化。线性淡化会产生适用于许多素材的均衡音量变化。

（2）对数淡化。对数淡化会先缓慢而平稳地更改音量，然后快速地更改，反之亦然。

（3）余弦淡化。余弦淡化的形状类似于 S 形曲线，刚开始时缓慢地更改音量，接着在大部分淡化过程中快速地更改，而在结束时又变得较为缓慢。

注：在波形编辑器中，应用音频淡化会永久地更改音频数据。要应用音频淡化，可以在多轨编辑器中重新进行调整。

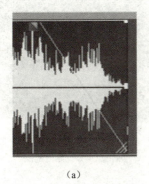 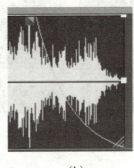 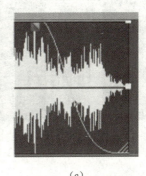

（a）   （b）   （c）

图 4-41 可视淡化类型

（a）线性淡化；（b）对数淡化；（c）余弦淡化

在波形的左上角或右上角，向内拖动"淡入"■或"淡出"■控制柄，然后执行以下任一操作。

（1）对于线性淡化，完全水平拖动。

（2）对于对数淡化，上下拖动。

（3）对于余弦淡化（S 形曲线），按住 Ctrl 键。

例如，要在默认情况下创建余弦淡化，可以按住 Ctrl 键创建线性淡化或对数淡化，更改"常规"首选项中的"默认淡化"设置。

2. 改变音频振幅

在"编辑器"面板中，选择特定音频或不选择任何内容可以调整整个音频的振幅，如图 4-42 所示。在浮动面板上方的增益控件中，拖动旋钮或旁边的数字。数字显示新振幅与现有振幅的比较情况。释放鼠标按钮时，数字将返回到 0 dB，以便进行进一步调整。

3. 使用标记

标记（有时称为提示）是在波形中定义的位置。使用标记可以轻松地在波形内导航，以及选择、执行编辑或回放音频，如图 4-43 所示。

在 Adobe Audition 中，标记可以是点或范围。点指的是波形中的特定时间位置（例如，从文件开始后的 1∶08.566）；范围有开始时间和结束时间（例如，1∶08.566—3∶07.379 的所有波形）。可以将范围的开始标记和结束标记拖动到不同的时间。

在"编辑器"面板顶部的时间轴中，标记有白色手柄，可以选择、拖动或用鼠标右键单击白色手柄，以访问其他命令。

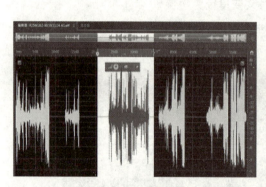

图 4-42 调整选定区域音频的振幅

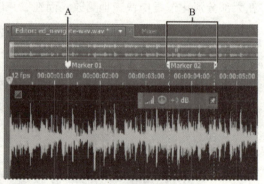

图 4-43 标记示例

A—标记点；B—标记范围

4. 反转波形

反转效果可将音频相位反转 180°。反转不会对个别波形产生听得见的更改，但是在组合波形时可以听到差异。例如，可能反转已粘贴的音频，以更好地将其与现有的音频对齐；或者可能反转立体声文件的一个声道，以校正异相录音。

如果要反转波形的一部分，则选择所需的范围，或者取消选择所有音频以反转整个波形。具体操作步骤为选择"效果"→"反转"选项。

5. 翻转波形

翻转效果将从右到左翻转波形，因此会逆向播放。翻转波形对创建特殊效果很有用。

如果要翻转波形的一部分，则选择所需的范围，或者取消选择所有音频以翻转整个波形。具体操作步骤为选择"效果"→"翻转"选项。

6. 创建静音

创建静音对于插入暂停及从音频文件中删除不重要的噪声很有用。Adobe Audition

提供了两种创建静音的方式，具体操作步骤如下。

（1）要在波形编辑器中对现有的音频进行消音，可以先选择所需的内容，然后选择"效果"→"静音"选项。与删除或剪切选择项（这种方式会将周围的素材拼接在一起）不同，消音将保持选择项的持续时间不变。

（2）要在波形编辑器或多轨编辑器中添加静音，可以先定位当前时间指示器⏻或选择现有的音频，然后选择"编辑"→"插入"→"静音"选项，并输入秒数。在经过一段时间之后即会将右侧的任何音频推送出去，从而延长持续时间，必要时会拆分多轨剪辑。

7. 匹配多轨剪辑音量

如果多轨剪辑的音量差别很大，给混合带来困难，则可以匹配其音量。多轨编辑器是非破坏性的，此调整是完全可逆的。具体操作步骤如下。

（1）使用"移动"▶⊹或"时间选区"Ⅰ工具，按住 Ctrl 键并单击选择多个剪辑。

（2）选择"剪辑"→"匹配剪辑音量"选项，从弹出菜单中选择以下任一选项，输入目标音量。

①响度：匹配指定的平均振幅。

②感知响度：根据耳朵最敏感的中等频率，匹配指定的可感知的振幅。此选项就可满足需要，除非频率变化特别大（例如，中频在短段落会发音，而低音频率却在其他段落中发音）。

③峰值音量：匹配指定的最大振幅，同时正则化该剪辑。因为此选项保留动态范围，所以对于进一步处理剪辑或像古典音乐一样的高动态音频，这是一个不错的选择。

④总 RMS 振幅：匹配指定的总均方根振幅。例如，如果两个文件中大部分振幅都为 −50 dBFS，总 RMS 值反映的就是这种情况，即使其中一个文件包含更加响亮的段落。

8. 淡化或交叉淡化多轨剪辑

在进行多轨剪辑时，淡化或交叉淡化可以通过控件来调整淡化曲线和持续时间。淡入和淡出的控件总是位于剪辑的左上角和右上角，而交叉淡化的控件只有在剪辑重叠时才会出现。淡入和淡出的控件始终显示在剪辑左上角与右上角，仅在重叠剪辑时才会出现交叉淡化的控件。

（1）将剪辑淡入或淡出：在剪辑的左上角或右上角，向内拖动淡化图标可确定淡化长度，上下拖动淡化图标可调整淡化曲线。

（2）交叉淡化重叠的剪辑：当在相同的轨道上进行交叉淡化剪辑时，可重叠它们以确定过渡区的大小（重叠区域越大，过渡越长）。

在相同的轨道上放置两个剪辑，并且移动它们以便重叠。在重叠区域的顶端，上下拖动左淡化图标■或右淡化图标■，以调整淡化曲线，如图 4-44 所示。

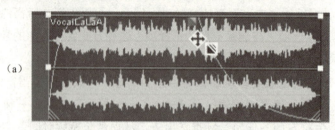

（a）

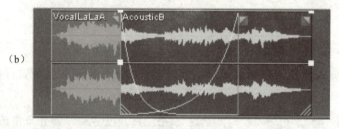

（b）

图 4-44　进行中的剪辑控件

（a）拖动剪辑角中的控件以淡入或淡出；（b）重叠剪辑以交叉淡化

（3）淡化选项。要访问下列淡化选项，可以先选择剪辑，然后用鼠标右键单击"编辑器"面板中的淡化图标，或者选择"剪辑"→"淡入或淡出"选项。

①无淡化：删除淡化或交叉淡化。淡入、淡出或交叉淡化，如果剪辑重叠，则允许选择淡化类型。

②对称或非对称（仅交叉淡化）：确定在上下拖动左右淡出曲线时它们交互的方式。如果对称则可对等地调整两个淡化，如果不对称则分别调整淡化。

③线性或余弦：应用相等的线性淡化或缓慢启动，然后快速地更改振幅并缓慢结束的 S 形曲线淡化。

注：要在拖动淡化图标时在线性和余弦模式之间切换，则按住 Ctrl 键（Windows）。

④已启用自动交叉淡化：交叉淡化重叠的剪辑。如果不需要自动交叉淡化，或交叉淡化会干扰其他任务（如修整剪辑），则取消选择本选项。

9. 使用包络自动混音

通过自动化混合可以随着时间的推移更改混合设置。例如，可以在关键的乐段期间自动增大音量，并在稍后逐渐淡出的过程中减小音量，如图 4-45 所示。

自动化包络能够直观地指出特定时间点的设置，可以通过在包络线上拖动关键帧来编辑它们。包络是非破坏性的，不会以任何方式更改音频文件。例如，如果在波形编辑器中打开文件，则不会听到在多轨编辑器中应用的任何包络的效果。

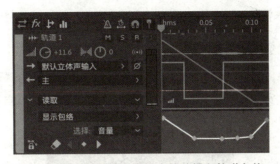

图 4-45　"编辑器"面板中的剪辑和轨道包络

任务 4.5　混音和音频特效

4.5.1　效果控件

通过"效果组"，可以同时对音频轨道应用多个音频效果。它是一个用于均衡器（Equalizer，EQ）、压缩、回音、混响、扭曲等音频处理工具的容器，如图 4-46 所示。

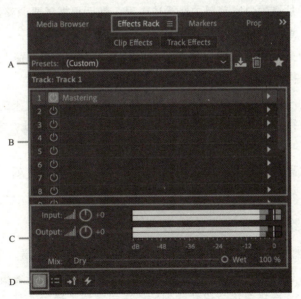

图 4-46　波形编辑器和多轨编辑器共享的控件
A—组预设控件；B—效果槽；C—色阶控件；D—主电源按钮

1. 波形编辑器独有的控件

在波形编辑器中，"效果组"提供了一个"处理"菜单。此菜单可修改某选择项或整个文件，并且包含一个可永久应用效果的"应用"按钮。

2. 多轨编辑器独有的控件

在多轨编辑器中，"效果组"提供了可用来优化和路由效果的"预渲染轨道"和"FX前置/后置衰减器"按钮，如图 4-47 所示。每个剪辑和轨道都有自己的"效果组"，它们会与会话一同保存。

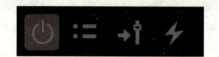

图 4-47　多轨编辑器独有的控件

（1）设置轨道中的输入、输出和混合色阶。具体操作步骤如下。

①优化音量：调整"输入"和"输出"色阶，以便音频的计量器在未进行剪切的情况下达到峰值。

②更改已处理的音频的百分比：拖动"混合"滑块。100%（湿声）相当于完全处理的音频；0%（干声）相当于未处理的原始音频。

（2）在组中插入、绕过、重排或移除效果。具体操作步骤如下。

①插入效果：从槽的弹出菜单中选择该效果，然后根据需要调整效果设置。

②绕过效果：单击"电源"按钮 ⏻ 。

③绕过所有效果：单击"效果组"左下角的主电源按钮；或选择"编辑器"面板或"混合器"中的 fx 电源按钮。

④绕过选定的一组效果：从面板菜单 ▤ 中选择"切换选定效果的电源状态"选项。

⑤移除单个效果：从位置的弹出菜单中选择"移除效果"选项；或者选择位置，然后按 Delete 键。

⑥移除所有效果：从面板菜单 ▤ 中选择"移除所有效果"选项。

⑦重排效果：将效果拖动到不同的槽。

3. 从"效果组"中复制或粘贴效果

在波形和多轨模式下将效果从一个轨道复制或粘贴到另一个轨道。具体操作步骤如下。

从"效果组"（波形或多轨模式）中选择效果，然后选择"编辑"→"复制"选项或按快捷键 Ctrl+C。选择要将效果粘贴到的轨道或剪辑。通过选择"编辑"→"粘贴"选项或按快捷键 Ctrl+V，将效果粘贴到"效果组"下（波形或多轨模式）。

4. 使用效果预设

许多效果都提供能够存储和调回设置的预设。除效果特定的预设外，"效果组"还提供了用于存储各组效果和设置的组预设。

（1）要应用预设，则从"预设"菜单中选择该预设。

（2）如需将当前设置保存为预设，则选择"将效果组保存为预设保存"选项，以保存设置。

（3）要删除预设，则选中该预设然后单击"删除预设"按钮。

5. 使用图形控制效果设置

许多 Adobe Audition 效果都提供可在其中调整参数的图形。通过在图形上添加和移动控制点，可以精确地调整效果设置。图形控制点可以与相关的数值设置配合使用。如果更改或禁用数值设置，则相关的图形控件也会产生同样的变化。在效果控件图表中，可以查看随音频频率实时移动的频谱，如图 4-48 所示，可以用频谱识别音频中的失衡，并使用控制点予以更正。要移动图形上的某个点，可将其拖动到新位置。

以下技术不适用于"消除嗡嗡声""混音""完全混响""参数均衡器"和"轨道 EQ"图形。

（1）要将控制点添加到图形中，可以在想要放置点的位置的网格中单击。

（2）要为控制点输入数值，可以先单击鼠标右键然后选择"编辑点"选项。

（3）要从图形中删除点，可以将其拖离图形。

（4）要将图形恢复到其默认状态，可以单击"重置"按钮。

6. 关于图形的样条曲线

在默认情况下，图形显示控制点之间的直线。但是，某些图形提供"样条曲线"选项，在控制点之间创建曲线，从而实现更平滑的过渡。

当使用样条曲线时，线条不会直接穿过控制点，相反，这些点可控制曲线的形状。要将曲线移近控制点，可以在它附近单击以创建控制点群集，如图 4-49 所示。

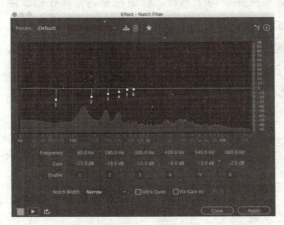

图 4-48　频谱

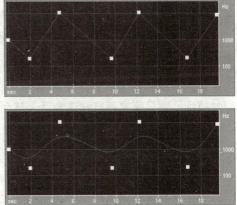

图 4-49　带有直线的图形与带有样条曲线的
图形的比较

4.5.2 在波形编辑器中应用效果

在波形编辑器中,"效果组"能够应用各组效果(它不会提供处理效果,如降噪,这些效果必须单独进行应用)。具体操作步骤如下。

选择菜单栏中的"窗口"→"效果组"选项;在编号列表中,有多达16个槽的效果,在其中进行选择;开始播放以预览更改,然后根据需要编辑、混合和重排效果。要将更改应用到音频,则单击"应用"按钮。

注:要将已处理的音频与原始音频进行比较,单击和取消单击组左下角的主电源按钮或个别效果的"电源"按钮。

1. 应用效果

从"效果"菜单的任何子菜单中选择效果。单击"预览"按钮 ▶ ,然后根据需要编辑设置。在编辑设置时,注意"色阶"面板以优化振幅。要将原始音频与已处理的音频进行比较,应单击和取消单击"电源"按钮 ⏻ ;要将更改应用到音频数据,则单击"应用"按钮。

2. 处理效果

通过菜单命令中的"字处理"命令来识别处理效果。这些处理密集型效果在波形编辑器中仅在脱机时可用。与实时效果不同,处理效果只能单独应用,因此在"效果组"中无法访问。

4.5.3 在多轨编辑器中应用效果

在多轨编辑器中,可以将多达16种效果应用到每个剪辑、轨道和总线,并在播放混音时对它们进行调整(如果轨道包含要独立进行处理的多个剪辑,则需应用剪辑效果)。

可以在"编辑器""混合器"或"效果组"面板中插入、重排和移除效果。只有在"效果组"中,才能将需要的设置另存为可应用到多个轨道的预设,如图4-50所示。

在多轨编辑器中,效果是非破坏性的,可以随时更改。例如,要使会话重新适应不同的项目,则只需重新打开该会话,然后更改效果以创建新的声波纹理。

在多轨编辑器中应用效果的具体操作步骤如下。

(1)执行以下任一操作。

①选择剪辑,然后单击"效果组"顶部的"剪辑效果"按钮。

②选择轨道,然后单击"效果组"顶部的"轨道效果"按钮。

③显示"编辑器"或"混合器"的 fx 部分(在"编辑器"面板中,单击左上角的按钮 fx)。

（2）选择列表中 16 个效果槽中的效果。

（3）按 Space 键播放会话，然后根据需要编辑、重排或移除效果。

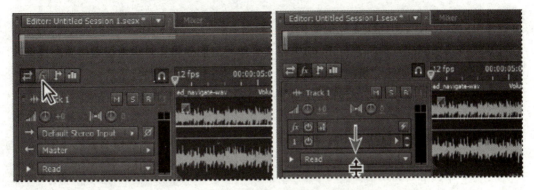

图 4-50　在"编辑器"面板中显示效果槽

4.5.4　延迟与回声效果

延迟是指在数毫秒之内相继重新出现的单独原始信号副本。回声是指时间上延迟得足够长的声音，每个回声听起来都是清晰的原始声音副本。当混响或和声可能使混音变浑浊时，延迟与回声是向音轨添加临场感的有效方法。

1. 模拟延迟效果

模拟延迟效果可模拟老式硬件压缩器的声音温暖度。独特的选项可应用特性扭曲并调整立体声扩展。要创建不连续的回声，指定 35 ms 或更长的延迟时间；要创建更微妙的效果，可指定更短的时间。"模拟延迟效果"对话框中的主要设置选项如下。

（1）模式：指定硬件模拟的类型，从而确定均衡和扭曲特性。磁带和电子管类型可反映老式延迟装置的声音特性，而模拟类型可反映后来的电子延迟线。

（2）干输出：确定原始未处理音频的电平。

（3）湿输出：确定延迟的、经过处理的音频的电平。

（4）延迟：指定延迟长度（以毫秒为单位）。

（5）反馈：通过延迟线重新发送延迟的音频，以创建重复回声。例如，若设置为20%，则将发送原始音量 1/5 的延迟音频，从而创建缓慢淡出的回声；若设置为 200%，则发送的延迟音频是原始音量的两倍，从而创建强度快速增长的回声。

注：当试验极高的反馈设置时，应调低系统音量。

（6）回收站：增加扭曲并提高低频，从而增加温暖度。

（7）扩展：确定延迟信号的立体声宽度。

2. 延迟效果

延迟效果可用于产生单个回声及大量其他效果。35 ms 或更长时间的延迟可产生不连续的回声，而 15 ～ 34 ms 的延迟可产生简单的和声或镶边效果。通过进一步将延迟减小到 1 ～ 14 ms，可以在空间上定位单声道，使声音好像来自左侧或右侧，尽管左、右侧的实际音量是相等的。"延迟效果"对话框中的主要设置选项如下。

（1）延迟时间：将左声道和右声道的延迟同时从 −500 ms 调整到 500 ms。输入负数表示可以使声道提前而不是延迟。例如，如果左声道输入 200 ms，则可以在原始部分之前听到受影响波形的延迟部分。

（2）混合：设置要混合到最终输出中的经过处理的湿信号与原始干信号的比率。设置为 50% 将平均混合两种信号。

（3）反转：反转延迟信号的相位，从而创建类似梳状滤波器的相位抵消效果。

3. 回声效果

回声效果可向声音添加一系列重复的衰减回声（要获得单个回声，应改用延迟效果）。例如，通过改变延迟量来创建从大峡谷类型的"Helloellolloloo"到金属的水管叮当声等各种效果。通过均衡延迟，可以将空间的声音特性从具有反射表面（产生更清晰的回声）更改为几乎完全吸收（产生更模糊的回声）。"回声效果"对话框中的主要设置选项如下（为确保音频足够长以让回声结束，如果在回声完全衰减前突然中断，应撤销回声效果，并选择"生成"→"静音"选项来增加几秒静音，然后重新应用效果）。

（1）延迟时间：指定两个回声之间的毫秒数、节拍数或采样数。例如，设置为 100 ms，将在连续两个回声之间产生 1/10 s 延迟。

（2）反馈：确定回声的衰减比。每个后续的回声都比前一个回声以某个百分比减小。衰减设置为 0% 不会产生回声，衰减设置为 100% 则会产生不会变小的回声。

（3）回声电平：设置要在最终输出中与原始（干）信号混合的回声（湿）信号的百分比。

注：可以为延迟时间、反馈和回声电平控件设置不同的左声道值和右声道值，以创建鲜明的立体声回声效果。

（4）锁定左右声道：链接衰减、延迟和初始回声音量的滑块，使每个声道保持相同的设置。

（5）回声反弹：使回声在左、右声道之间来回反弹。如果要创建来回反弹的回声，可将初始回声的一个声道的音量选择为 100%，另一个选择为 0%。否则，每个声道的设置都将反弹到另一个声道，而在每个声道产生两组回声。

（6）连续回声均衡：使每个连续回声通过八频段均衡器，模拟房间的自然声音吸收。设置为 0 将保持频段不变，而设置到最大设置值 15 会将该频率降低 15 dB。由于 15 dB 是各个连续回声的差值，所以某些频率将比其他频率更快消失。

（7）延迟时间单位：指定延迟时间设置采用毫秒、节拍或采样为单位。

4.5.5 混响

在房间中，声音从墙壁、屋顶和地板反弹到耳中。这些反弹声音几乎同时到达耳中，无法感知到单独的回声，但会感受到具有空间感的声音环境。该反弹声音称为混响（Reverberation，Reverb）。在 Adobe Audition 中，可以使用混响效果模拟各种空间环境。

为了在多轨编辑器中灵活有效地使用混响，可以先将混响效果添加到总音轨，并将混响输出电平设置为 100%（湿信号）。然后，将音轨传送到这些总音轨，并使用发送控制干信号与混响声音的比率。

1. 卷积混响效果

卷积混响效果可重现从衣柜到音乐厅的各种空间。基于卷积的混响使用脉冲文件模拟声学空间栩栩如生。

脉冲文件的源包括录制的环境空间的音频，或在线提供的脉冲集合。为了获得最佳结果，应将脉冲文件解压缩成与当前音频文件的采样率匹配的 16 位或 32 位文件，脉冲长度不应超过 30 s。

2. 完全混响效果

完全混响效果基于卷积，从而可避免鸣响、金属声和其他声音失真。

此效果提供一些独特选项，如"感知"（模拟空间不规则）、"左 / 右声道位置"（偏离中心放置音源）及"空间大小和尺寸"（逼真地模拟可以自定义的空间）。要模拟墙表面和共振，可以在"音染"部分中使用三频段参数 EQ 来更改混响的频率吸收。

更改混响设置时，完全混响效果将创建临时的脉冲文件，模拟指定的声学环境。此临时文件的大小可能是几兆字节，需要几秒钟进行处理，因此，可能需要等候片刻才能听到预览，但是结果真实且很容易修改。

3. 室内混响效果

与其他混响效果相同，室内混响效果可模拟声学空间。因为它不是基于卷积，所以相对于其他混响效果，它的速度更高，占用的处理器资源也更少。因此，可以在多轨编辑器中快速有效地进行实时更改，无须对音轨预渲染效果。

4. 环绕混响效果

环绕混响效果主要用于 5.1 声源，也可以为单声道或立体声音源提供环绕声环境。在波形编辑器中，可以选择"编辑"→"转换采样类型"选项将单声道或立体声文件转换为 5.1 声道，然后应用环绕混响。在多轨编辑器中，可以使用环绕混响效果将单声道或立体声音轨发送到 5.1 总音轨或混合音轨。

4.5.6　时间与变调操作效果

1. 自动音调校正效果

自动音调校正效果在波形编辑器和多轨编辑器中均可用。在多轨编辑器中，随着时间的推移，可以使用关键帧和外部操纵面使其参数实现自动化。具体操作步骤为选择"效果"→"时间与变调"→"自动音调校正"选项，并进行相关设置。

2. 手动音调校正效果

手动音调校正效果能够通过频谱音调显示直观地调整音调。频谱音调显示会将基础音调显示为亮蓝色的线，并以由黄色到红色的色调显示泛音。校正后的音调显示为亮绿色的线。

可以随时直观地监听音调，而无须使用"手动音调校正"效果。只需要单击选项栏中的"频谱音调显示"图标即可。要自定义分辨率、分贝范围和网格线，则需要调整"频谱显示"首选项中的"音调显示"设置。

3. 变调器效果

变调器效果允许随着时间改变节奏来改变音调。该效果使用横跨整个波形的关键帧编辑包络，类似淡化和增益包络效果。具体操作步骤为选择"效果"→"时间与变调"→"变调器"选项，并进行相关设置。

4. 音高换挡器效果

音高换挡器效果可改变音调，是一个实时效果，可与母带处理组或效果组中的其他效果结合使用。在多轨视图中，也可以使用自动化通道随着时间改变音调。具体操作步骤为选择"效果"→"时间与变调"→"音高换挡器"选项。

5. 伸缩与变调效果（仅限波形编辑器）

选择"时间与变调"→"拉伸与变调"效果可更改音频信号的节奏或音调，或者将两者同时更改。例如，可以使用该效果将一首歌变调到更高音调而无须更改节拍，或者使用其减慢语音段落而无须更改音调。

伸缩与变调效果需要脱机处理。打开此效果时，无法编辑波形、调整选择项或移动当前时间指示器。

4.5.7　立体声声像效果

1. 中置声道提取效果

中置声道提取效果可保持或删除左、右声道共有的频率，即中置声场的声音。通常使用这种方法录制语音、低音和前奏。因此，可以使用此效果来增大人声、低音或踢鼓的音量，或者去除其中任何一项以创建卡拉 OK 混音。选择"效果"→"中置声道提取器"选项，在弹出的"中置声道提取"对话框中对以下选项进行设置。

（1）"提取"选项卡：限制对达到特定属性音频的提取。

①提取：选择中置、左、右或环绕声道的音频，或选择"自定义"选择并为想要提取或删除的音频指定精确的相位度、平移百分比和延迟时间（"环绕"选项可提取在左、右声道之间完全异相的音频）。

②频率范围：设置想要提取或删除的频率范围。预定义的范围包括男声、女声、低音和全频谱。选择"自定义"选项可定义频率范围。

（2）"鉴别"选项卡：包括可帮助识别中置声道的设置。

①交叉渗透：向左移动滑块可提高音频渗透并减少声音失真，向右移动滑块可进一步从混音中分离中置声道素材。

②相位鉴别：通常较大数值更适合提取中置声道，而较小值适合去除中置声道。较小数值允许更多渗透，可能无法有效地从混音中分离人声，但在捕捉所有中置素材方面可能更加有效。通常 2 ～ 7 的范围效果很好。

③振幅鉴别和振幅频宽：合计左、右声道，并创建完全异相的第三个声道，Adobe Audition 使用该声道去除相似频率。如果每个频率的振幅都是相似的，也会考虑两个声道共有的同相音频。通过较小的振幅鉴别值和振幅频宽值可从混音中切除更多素材，但也可能切除人声。较大值用于提取更多取决于素材相位而更少取决于声道的振幅。0.5 ～ 10 的振幅鉴别值设置及 1 ～ 20 的"振幅带宽"设置效果很好。

④频谱衰减率：频谱衰减率保持为 0% 可实现较快处理，设置在 80% ～ 98% 可平滑背景扭曲。

⑤中心和侧边声道电平：指定选定信号中想要提取或删除的量。向上移动滑块可包括其他材料。

（3）高级选项：单击三角形图标以访问下列设置。

①FFT 大小：指定快速傅里叶变换大小，小设置值可提高处理速度，大设置值可提高品质。通常，4 096 ～ 8 192 的设置效果最好。

②叠加：定义叠加的 FFT 窗口数。较大值可产生更加平滑的结果或类似和声的效果，但需要更长的处理时间。较小值可产生发泡声音背景噪声。值为 3 ～ 9 时效果很好。

③窗口宽度：指定每个 FFT 窗口的百分比。值为 30% ～ 100% 时效果很好。

2. 图形相位调整器效果

图形相位调整器效果能够通过向图示中添加控制点来调整波形的相位。

（1）相位移图示：水平标尺（x 轴）衡量频率，垂直标尺（y 轴）显示要移位的相位度数，其中 0 表示无相位移。通过创建在一个声道的高端变得更为极端的"之"字形模式来创建模拟的立体声。

（2）频率比例：设置线性或对数标尺上的水平标尺（x 轴）的值。选择"对数"以在较低的频率下更精细地进行工作（对数标尺更好地反映出人类听觉的频率重点）；选择"线性"选项以在较高的频率下更精细地进行工作。

（3）范围：在 360° 或 180° 标尺上设置垂直标尺（y 轴）的值。

（4）声道：指定要应用相位移的声道。

（5）FFT 大小：指定快速傅里叶变换的大小。较大的 FFT 大小虽然可以创建更精确的结果，但是需要更长的时间进行处理。

3. 立体声扩展器效果

立体声扩展器效果可定位并扩展立体声声像。由于立体声扩展器基于 VST，所以可以将其与母带处理组或效果组中的其他效果结合使用。在多轨视图中，也可以通过使用自动化通道随着时间的推移改变效果。具体操作步骤如下：选择"效果"→"立体声声像"→"立体声扩展器"选项，在"效果 - 立体声扩展器"对话框中设置以下选项。

（1）中置声道声像：将立体声声像的中心从极左（-100%）的某个位置定位到极右（100%）。

（2）立体声扩展：将立体声声像从窄（0）扩展到宽（300%）。窄 / 正常反映的是未经处理的原始音频。

复习思考题

1. 解释声音的基本特性。

2. 列出并解释常见的音频文件种类。

3. 简述"从 CD 中提取音轨"的操作步骤。

4. 简述时间和变调效果，并在 Adobe Audion 中演示其应用。

5. 简述混音，并在 Adobo Audion 中演示混音操作。

项目 5
视频编辑基础

项目介绍

　　视频编辑是创意的艺术之一。通过视频编辑可以将创意和想法以更具表现力的方式传递给观众。在本项目中学习 Adobe Premiere Pro 中对视频的导入、编辑、剪切、音效处理、特效添加等基本操作及视频编辑功能，最终完成影视作品的制作。

学习目标

1. 知识目标

（1）理解非线性编辑的概念，了解视频的基础知识和常用的视频格式；

（2）掌握 Adobe Premiere Pro 的基本操作，包括项目管理、素材导入、编辑剪辑等；

（3）了解音频编辑的基本操作和使用音频效果的方法；

（4）掌握视频效果和过渡的应用，能够创建并调整图层、稳定素材；

（5）了解标题、图形和字幕的创建与使用，能够生成字幕并进行动画和关键帧操作。

2. 技能目标

（1）能够进行视频素材的导入和编辑操作；

（2）能够进行音频的操作和使用音频效果；

（3）了解并能够使用视频效果和过渡；

（4）能够掌握标题、图形和字体的创建与使用；

（5）能够了解并进行动画和关键帧操作。

3. 素养目标

（1）培养创新思维和实践能力；

（2）培养团队合作精神；

（3）培养自我学习能力。

PPT：视频编辑
基础

任务 5.1　视频基础知识

5.1.1　非线性编辑概述

非线性编辑是相对于线性编辑而言的。非线性编辑是直接从计算机硬盘中以帧或文件的方式迅速、准确地存取素材，并进行编辑的方式。编辑时，素材的长短与制作时的长短可以不同，即可以随意地改变、缩短或加长。

1. 非线性编辑的概念

非线性编辑借助计算机进行数字化制作，几乎所有的工作都在计算机中完成，不再需要太多的外部设备，对素材的调用在瞬间完成，不用反复在磁带中寻找，突破了单一的时间顺序编辑限制，可以按各种顺序排列素材，具有快捷简便、随机的特性。非线性编辑只要上传一次素材就可以多次编辑，信号质量始终不会变低，节省了设备、人力，提高了效率。非线性编辑需要专用的编辑软件、硬件。现在绝大多数的电视、电影制作机构都采用了非线性编辑系统。

2. 非线性编辑工作流程

任何非线性编辑的工作流程都可以简单地分成输入、编辑、输出三个步骤。由于不同软件功能的差异，其工作流程还可以进一步细化。以 Adobe Premiere Pro 为例，在 Adobe Premiere Pro 中进行非线性编辑的工作流程主要分为以下五个步骤。

（1）素材的采集与输入。采集就是利用 Adobe Premiere Pro，将模拟视频、音频信号转换成数字信号存储到计算机中，或者将外部的数字视频存储到计算机中，成为可以处理的素材。输入主要是把其他软件处理过的图像、声音等导入 Adobe Premiere Pro。

（2）素材编辑。素材编辑就是设置素材的入点与出点，选择最合适的部分，按时间顺序组接不同的素材。

（3）特技处理。对于视频素材，特技处理包括转场、特效、合成叠加。对于音频素材，特技处理包括转场、特效。令人震撼的画面效果就是在这一过程产生的。而非线性编辑软件功能的强弱往往也是体现在这方面。配合某些硬件，Adobe Premiere Pro 还能够实现特技播放。

（4）字幕制作。字幕是节目中非常重要的部分，包括文字和图形两个方面。在 Adobe Premiere Pro 中制作字幕很方便，几乎没有无法实现的字幕效果，并且还有大量的模板可供选择。

（5）输出和生成。节目编辑完成后，可以输出回录到录像带上，也可以生成视频文件发布到网上或刻录成 VCD、DVD 等。

3. 非线性编辑的优势

使用传统的编辑方法制作一个十多分钟的节目，往往要面对长达四五十分钟的素材带，反复进行审阅比较，然后将所选择的镜头编辑组接，并进行必要的转场、特技处理。这其中包含大量的机械重复劳动。而在非线性编辑系统中，大量的素材都存储在硬盘中，可以随时调用，不必费时费力地逐帧寻找。素材的搜索极其容易，不用像传统的编辑机那样来回倒带。只需要用鼠标拖动一个滑块，就能在瞬间找到需要的那一帧画面，搜索、打点易如反掌。整个编辑过程就像文字处理一样，既灵活又方便。同时，多种多样、可自由组合的特技方式使制作的节目丰富多彩，将制作水平提高到了一个新的层次。

从非线性编辑系统的作用来看，它能集录像机、切换台、数字特技机、编辑机、多轨录音机、调音台、MIDI 创作软件、时基软件等的功能于一身，几乎包括了所有传统后期制作设备的功能。这种高度的集成性使非线性编辑系统的优势更为明显。概括地说，非线性编辑系统具有信号质量高、制作水平高、节约投资、保护投资、网络化方面的优越性。

5.1.2 视频基础知识

1. 数字视频

数字视频就是以数字形式记录的视频，它是与模拟视频相对的。数字视频有不同的产生方式、存储方式和播出方式。例如，通过数字摄像机直接产生数字视频信号，存储在数字带、P2 卡、蓝光盘或磁盘中，从而得到不同格式的数字视频，然后通过计算机或特定的播放器等播放出来。

2. 像素

像素是图像中的小方块。这些小方块都有一个明确的位置和被分配的色彩数值，小方块的颜色和位置决定该图像所呈现的样子。可以将像素视为整个图像中不可分割的单位或元素。不可分割是像素指不能再切割成更小的单位或元素，它以单一颜色的小方块的形式存在。每个点阵图像包含了一定量的像素，这些像素决定图像在屏幕上所呈现的大小。

3. 帧速率

帧速率是指每秒钟刷新的图片的帧数，也可以理解为图形处理器每秒钟能够刷新几次。对于影片内容而言，帧速率是指每秒所显示的静止帧数量。要生成平滑连贯的动画效果，帧速率一般不低于 8 fps；电影的帧速率为 24 fps。捕捉动态视频内容时，帧速率越高越好。

4. 分辨率

分辨率是用于度量图像内数据量多少的一个参数，通常表示成每英寸像素（Pixels Per Inch，PPI）。例如，一个视频的大小为 320×180，是指它在横向和纵向上的有效像素分别为 320 像素和 180 像素。窗口小时 PPI 值较大，看起来清晰；窗口放大时，由于没有那么多有效像素填充窗口，有效像素 PPI 值减小，看起来就模糊。放大时有效像素之间的距离拉大，而显卡会把这些空隙填满，也就是插值，插值所用的像素是根据上下左右的有效像素"猜"出来的"假像素"，没有原视频信息。习惯上说的分辨率是指图像的高 / 宽像素值，严格意义上的分辨率是指单位长度内的有效像素 PPI。图像的高 / 宽像素值与尺寸无关，但单位长度内的有效像素 PPI 与尺寸就有关，尺寸越大有效像素 PPI 越小。

5. 电视制式

电视信号的标准简称电视制式，可以简单地理解为用来实现电视图像或声音信号所采用的一种技术标准，即一个国家或地区播放节目时所采用的特定制度和技术标准。

各国的电视制式不尽相同，制式的区分主要基于其帧频（场频）的不同、分解率的不同、信号带宽以及载频的不同、色彩空间的转换关系不同等。

世界上主要使用的电视广播制式有逐行倒相（Phase Alteration Line，PAL）、美国电视系统委员会（National Television Standards Committee，NTSC）、顺序传送彩色与记忆（System Electronique Pour Couleur Avec Memoire，SECAM）三种。中国大部分地区使用 PAL 制式，日本、韩国及东南亚国家与美国等欧美国家使用 NTSC 制式，俄罗斯则使用 SECAM 制式。中国国内市场上买到的正式进口的 DV 产品都使用 PAL 制式。

5.1.3　常用视频格式

1. AVI 格式

音频视频交错（Audio Video Interleaved，AVI）是把视频和音频封装在一个文件里，且允许音频同步于视频播放。它的兼容性强，各种平台的播放器都能播放，图像质量好；其缺点是体积过大。AVI 格式文件的后缀名是 .avi。

2. MOV 格式

数码电影视频技术（Movie Digital Video Technology，MOV）是苹果公司开发的一种音频、视频文件格式，用于存储常用数字媒体类型，默认的播放器是苹果公司的 Quick Time Player。其优点是具有较高压缩比，视频清晰，可以跨平台播放，macOS、

Windows 平台的播放器均可播放。MOV 格式文件的后缀名是 .mov。

3. MPG 格式

运动图像专家组（Moving Picture Experts Group，MPG）是专门制定多媒体领域内的国际标准的一个组织，它推出的媒体格式就是 MPG/MPEG 格式。目前，MPEG 格式压缩标准有三个，分别是 MPEG-1、MPEG-2 和 MPEG-4。

家庭常用的 VCD、SVCD、DVD 就使用这种格式的视频文件，在计算机上查看光盘文件时，它们藏在光盘的某个文件夹中。

MPEG-1 标准的视频文件后缀名为 .mpg/.mpeg 及 .dat（DVD 光盘）。

MPEG-2 标准的视频文件后缀名为 .mpg/.mpeg/.m2v 及 .vob（DVD 光盘）。

4. MTS 格式

MTS 是传输流（Transport Stream，MPEG-TS）的缩写，又称为 TS，是一种高清视频文件格式，来源于一些高清 DV 设备（常见于索尼、松下的 DV、DC）拍摄的视频。高清设备所拍摄视频的原始文件格式就是 MTS，未经采集时，在软件和摄像机上显示格式，即后缀为 .mts，经过软件采集导入后，后缀变为 .m2ts。可用视频编辑软件或安装了相应解码软件的视频播放器打开 MTS 文件，常见的全能播放器如暴风影音、KMplayer 等能很好地播放 MTS 格式的视频。

5. WMV 格式

窗口媒体视频（Windows Media Video，WMV）是微软公司推出的一种流媒体格式，其文件体积非常小，适合在网上播放和传输，文件的后缀名是 .wmv。

WMV 格式是 PPT 中插入视频的首选格式，可以通过格式工厂软件转换而成。

6. FLV 格式

闪存视频（Flash Video，FLV）是 Adobe 公司推出的一种视频流媒体格式。其优点是体积较小、加载速度高，文件的后缀名是 .flv。

7. F4V 格式

Flash MP4 Video File（F4V）格式是遵守 MPEG-4 标准以 H.264 编码和 HE-AAC 编码的音视频文件格式，是继 FLV 格式的支持 H.264 编码的流媒体格式。其优点是体积小、清晰度高，文件的后缀名是 .f4v。

F4V 格式已经逐渐取代了 FLV 格式，也被大多数主流播放器兼容播放，而不需要通过转换等复杂的方式。如果计算机中没有安装 F4V 格式相应的播放软件，可以直接更改文件后缀名称为 .flv，即可以使用支持 FLV 格式的播放器进行播放。

8. MP4 格式

MP4 是 MPEG-4 标准的视频格式，文件的后缀名是 .mp4，是当前最受欢迎的视频格式之一。其优点是体积小、加载速度高，清晰度尚可、用途广泛。

MP4 格式既是一种音频格式，也是一种视频格式。

任务 5.2　Adobe Premiere Pro 介绍

5.2.1　Adobe Premiere Pro 概述

Adobe Premiere Pro 简称 Pr，是由 Adobe 公司开发的一款视频编辑软件，是目前国内主流的视频编辑软件之一，广泛应用于影视剧、栏目包装、广告片、宣传片、短视频制作等后期剪辑。

Adobe Premiere Pro 是一款功能强大、非线性编辑的软件，主要用于视频段落的组合和拼接，并且能提供一定的特效与调色功能。Adobe Premiere Pro 之所以深受广大影视后期制作者的喜爱，是因为它具有操作界面自由、自带丰富转场、支持众多视频格式、插件较多、软件稳定性良好等特点。

5.2.2　Adobe Premiere Pro 配置要求

Adobe Premiere Pro 是一款功能强大的视频编辑软件，广泛应用于电影、电视和网络视频制作中。为了能够流畅地运行该软件，并获得最佳的编辑体验，计算机的配置至关重要。Adobe Premiere Pro 配置要求如下。

（1）处理器：首先要考虑的是处理器（CPU）的选择。Adobe Premiere Pro 是一个多线程应用程序，因此多核心的处理器有助于提高软件的性能。推荐选择拥有高频率和多核心（4 核或以上）的处理器，如 Intel i7 系列或 AMD Ryzen 系列。

（2）内存：在视频编辑过程中，计算机需要处理大量的数据。因此，内存（RAM）也是决定性因素之一。至少需要 16 GB 的内存才能流畅运行 Adobe Premiere Pro，如果预算允许，建议选择 32 GB 以上的内存，以确保可以同时处理多个高分辨率的视频。

（3）显卡：显卡（GPU）在视频编辑中扮演着重要的角色。Adobe Premiere Pro 对显卡的支持较好，通过显卡加速可以快速进行视频特效、色彩校正等操作。强烈推荐选择 NVIDIA 或 AMD 的专业级显卡，如 NVIDIA GeForce RTX 系列或 AMD Radeon Pro 系列，以提高软件的性能和稳定性。

（4）硬盘：视频文件通常较大，因此快速、大容量的硬盘对于编辑工作来说至关重要。首先，建议使用固态硬盘（Solid State Drive，SSD）作为主要系统盘，以提高启动速度和软件的加载速度。其次，选择大容量的机械硬盘或网络接入服务器（Network Attached Server，NAS）来存储和备份视频文件。如果预算允许，还可以考虑使用磁盘阵列（Redundant Arrays of Independent Disk，RAID）来提高读写速度和数据冗余性。

（5）操作系统：Adobe Premiere Pro 可以在 Windows 系统和 macOS 中运行。建议使用最新版本的操作系统，并确保安装了所有更新和补丁程序，以保证软件的稳定性和兼容性。

（6）显示器：高分辨率、色彩准确的显示器对于进行视频剪辑和调色非常重要。推荐选择至少具备 1 920 像素 ×1 080 像素分辨率，并支持高动态范围成像（High Dynamic Range Imaging，HDR）和广色域的显示器，以确保准确地展示和编辑视频。

（7）音频设备：在进行视频编辑时，良好的音频设备是不可或缺的。尽量选择高质量的外部麦克风和音箱，以确保能够清晰地录制和播放音频。

5.2.3　Adobe Premiere Pro 的新增功能

Adobe Premiere Pro 重新定义了视频编辑方式，让用户能够轻松地制作自己喜欢的视频样式，同时支持多种画中画功能。在视频编辑方面，Adobe Premiere Pro 已经不是一款简单的视频编辑工具，它除了能够提高视频拍摄效率，还可以提高视频质量，让用户更加轻松地完成拍摄或制作视频。

同时，Adobe Premiere Pro 也让用户有多种视频创建方式：可以通过单击菜单栏右上角打开视频编辑器中的视频编辑窗口，创建自己的偏好并调整视频画中画特效；可以通过单击左上角"高级视频编辑"菜单栏中的视频工具创建自定义功能的视频编辑器，并从中使用拖曳工具控制视频风格与大小；可以单击菜单栏中的移动工具调整视频风格；可以选择菜单栏中的"音频"选项调整音量和音调等音效设置。

1. 自动重构（Auto Reframe）

使用自动重构效果可以智能地重构剪辑或序列中的操作，以适应不同的长宽比。此功能非常适用于将媒体发布到不同的社交媒体渠道。

自动重构既可作为效果应用于单一剪辑，也可应用于整个序列。在新的长宽比屏幕中保留图形和其他编辑内容。

（1）将自动重构效果添加到剪辑。在"效果控制"面板中选择"视频效果"→"变换"→"自动重新构图"选项，并将其拖动到某个剪辑上。

（2）自动重构整个序列。选择菜单栏中的"序列"→"自动重构序列"选项。自动重构序列后，"项目"面板中会增加一个自动重构序列素材箱，后续不同格式的重构序列也将放在此素材箱中。

自动重构的本质是在效果控件的运动效果位置属性添加关键帧，从而重新构图，因此，可通过编辑关键帧来进一步调整。

2. 系统兼容性报告（System Compatibility Report）

Adobe Premiere Pro 引入了系统兼容性报告实用程序，以确保当前系统中运行的驱动程序符合 Adobe Premiere Pro 的要求。启用 Adobe Premiere Pro 时该实用程序即会运行，也可通过选择菜单栏中的"帮助"→"系统兼容性报告"选项运行该实用程序。

3. 更多的快捷键设置（Shortcuts）

例如，可以为效果控制面板的关键帧时间插值添加快捷键。Adobe Premiere Pro 新增了用于图层操作的键盘快捷键（New Shortcuts for Graphics Layers），包括图层重新排序、添加文本和选择图层。

4. 时间重映射（Time Remapping）

时间重映射的最高速度已增至 20 000%，以便用户使用冗长的源剪辑，生成延时镜头素材。

5. 在首选项中删除媒体缓存文件（Delete Media Cache in Preferences）

清除旧的或不使用的媒体缓存文件，有助于使设备保持最佳性能。可以在启动应用程序时从应用程序中清除媒体缓存，也可以手动删除文件，如图 5-1 所示。

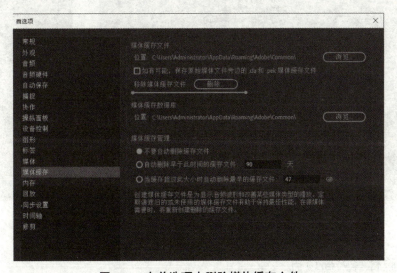

图 5-1 在首选项中删除媒体缓存文件

任务 5.3　Adobe Premiere Pro 项目管理

5.3.1　新建项目

导入模式可作为在 Adobe Premiere Pro 中新建项目、浏览和选择媒体，以及创建和编辑视频序列的起点。

可以从多个位置选择媒体（如视频剪辑、音频和图形文件），将其用于新建项目或添加到现有项目。选择的媒体会汇集到窗口底部的托盘中，直观地展示即将成型的故事，如图 5-2 所示。

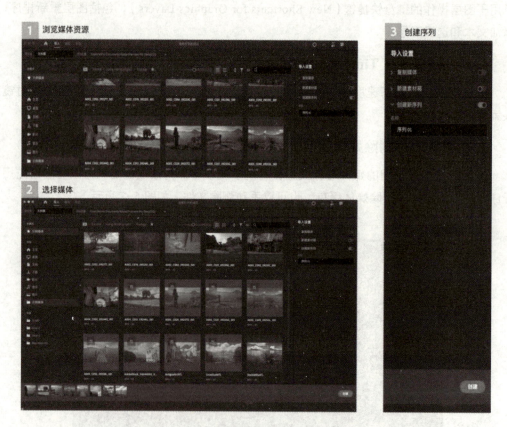

图 5-2　Adobe Premiere Pro 导入新项目

1. 将媒体导入新项目

在主屏幕中，单击"新建项目"按钮以打开导入模式导入视频。具体操作步骤如下。

（1）为项目命名。

（2）选择项目文件的位置。

（3）在左侧栏中，导航到媒体存储位置。

（4）媒体会显示在导入工作区中。

（5）选择要添加到项目中的视频剪辑和其他媒体资源。

（6）选择的媒体会汇集到窗口底部的选择托盘中。必要时，可以用鼠标右键单击托盘中的资源移除资源或清空整个托盘。

（7）单击"创建"按钮，将媒体作为序列导入 Adobe Premiere Pro。

2. 导入选项

如果要从临时位置（如数码相机存储卡或可移动硬盘）复制媒体文件，则将复制媒体切换为打开状态。Adobe Premiere Pro 在后台复制媒体时，可以开始编辑。通过 MD5 校验和验证确保复制过程中没有出现文件损坏。

如果要整理项目媒体，则需要创建一个新的素材箱并为其命名。媒体不会复制到新位置，但会显示在"项目"面板的素材箱中。

开启新建序列后，单击"创建"按钮时，托盘中的资源会按照被选中的顺序直接添加到新的时间轴中。

序列设置：Adobe Premiere Pro 根据选择的第一个资源分配序列设置，如分辨率和帧速率。如有需要，可以在编辑模式下更改序列设置。

3. 将媒体导入现有项目

在现有项目中，单击新标题栏左上角的"导入"按钮，然后开始选择需要导入的媒体。如果已开启"新建序列"功能，则新媒体将作为新序列添加到项目中；如果已关闭"新建序列"功能，则新媒体将添加到"项目"面板中。

4. 其他导入选项

对于特殊的导入工作流程，Adobe Premiere Pro 设有以下导入选项。

（1）在菜单栏中选择"文件"→"导入"选项。

（2）在编辑模式下，可以使用媒体浏览器浏览本地驱动器、网络或 Dropbox、Google Drive、One Drive 等共享云存储解决方案。

（3）在"项目"面板中双击打开 Windows 或 macOS Finder 窗口。

（4）在 Windows 或 macOS Finder 中打开 Finder 窗口，然后将媒体或文件夹拖入"项目"面板。

5.3.2 打开项目

Adobe Premiere Pro 的 Windows 版本可以打开使用早期版本 Adobe Premiere Pro 创

建的项目文件，一次只能打开一个项目。要将一个项目的内容传递到另一个项目，应使用"导入"命令。

使用"自动保存"命令可自动将项目的副本保存在 Adobe Premiere Pro 的"自动保存"文件夹中。

当处理项目时，可能遇到缺失文件的情况，可通过用脱机文件代替缺失文件占位符的方式继续工作；可使用脱机文件进行编辑，但必须在渲染影片之前使原始文件恢复在线。

要使文件在项目打开之后恢复在线，则使用"链接媒体"命令，可以继续工作，而无须关闭和重新打开项目。具体操作步骤如下：选择"文件"→"打开项目"选项，在弹出的"打开项目"对话框中找到项目文件并将其选中，单击"打开"按钮，在弹出的"此文件在哪里"对话框中使用"搜索范围"字段定位此文件，或者在"此文件在哪里"对话框中选择以下选项之一。

（1）查找：启动 Windows 资源管理器（Windows）或 Finder（macOS 系统）搜索功能。

（2）跳过：在会话期间，将缺失文件替换为临时脱机剪辑。如果关闭项目，然后重新打开项目，则会弹出一个对话框，询问是找到该文件还是再次跳过该文件。

（3）全部跳过：与"跳过"选项一样，"全部跳过"选项将所有缺失文件替换为临时脱机文件。

（4）跳过预览：停止 Adobe Premiere Pro 搜索项目中已经渲染的任何预览文件。这可以让项目更快速地加载，但为了获得最佳回放性能，可能需要渲染其部分序列。

（5）脱机：将缺失文件替换为脱机剪辑（用于保留项目中的任意位置对缺失文件的全部引用的占位符）。与跳过创建的临时脱机剪辑不同，脱机生成的脱机剪辑会持续存在于会话之间，因此，不必在每次打开项目时都查找缺失文件。

（6）全部脱机：与脱机一样，全部脱机将所有缺失文件替换为永久脱机文件。

5.3.3　移动和删除项目

1. 将项目移至其他计算机

要将项目移动至另一台计算机以继续进行编辑，必须将项目所有资源的副本及项目文件移动至另一台计算机。资源应保留其文件名和文件夹位置，以便 Adobe Premiere Pro 能自动找到它们并将其重新链接到项目中的相应剪辑。同时，确保在第一台计算机中对项目使用的编解码器与第二台计算机中安装的编解码器相同。

2. 删除项目文件

在资源管理器（Windows）或 Finder（macOS 系统）中，首先找到 Adobe Premiere Pro

项目文件并将其选中（项目文件的扩展名为 .prproj），然后按 Delete 键删除项目文件。

5.3.4　处理多个打开的项目

可以使用 Adobe Premiere Pro 打开多个项目，并根据需要，通过单击和拖动操作在两个项目之间复制元素和资源。具体操作步骤如下。

（1）即使在处理项目时，也可以打开现有的项目或创建另一个项目，如图 5-3 所示。

（2）要查看已打开的完整列表，则选择"Premiere Pro"→"项目"→"菜单"选项，会显示打开的所有项目和所有"项目"面板列表，如图 5-4 所示。

图 5-3　查看多个打开的项目

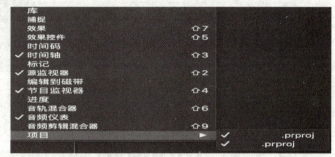

图 5-4　显示打开的"项目"面板列表

（3）单击显示与特定项目关联的内容的任意面板，将"活动项目"模式切换到该项目。这适用于"项目"面板、"时间轴"面板、节目监视器、源监视器、效果等。

（4）要关闭正在处理的特定项目，则选择"文件"→"关闭项目"选项或按快捷键 Ctrl+Shift+W。

（5）如果选择"退出并保存"选项，则必须等待所有项目写入磁盘并保存。当有多个打开的项目时，在关闭每个已更改的项目之前，可以看到此类消息："保存对'Project_X.prproj'所做的更改"。

（6）可以在不同项目之间拖动媒体或序列。当拖动媒体时，该文件将会复制到新位置，原始位置不会移动或删除。

（7）如果要将这些项目移动至目标位置，并从复制的源位置移除，则需要在将项目拖动到目标位置之后，将其从源位置中删除。

（8）在处理多个打开的项目时保存工作区，具体操作步骤如下。选择导入项目中的工作区。在打开第一个项目后会加载工作区，在加载后续项目时，仅打开已在时间轴中打开的序列，而不是整个工作区。关闭任意项目时，将工作区保存在其中，但在关闭前移除"项目"面板和"时间轴"面板，这是为了确保再次打开项目时，不会打开额外的"项目"或"时间轴"面板。这也可以避免工作区中包含许多序列的"时间轴"面板，但实际上这些序列不在项目中。

5.3.5　使用项目快捷方式

自 Adobe Premiere Pro 14.1 起，"共享项目"已重命名为"项目快捷方式"。如果有来自旧版本 Adobe Premiere Pro 的共享项目，可以通过"项目快捷方式"来使用它们。如果正在与其他人协作处理新项目，可以尝试作品工作流程。项目快捷方式是用于打开其他项目的快速链接。将项目导入为项目快捷方式的具体操作步骤如下。

（1）选择"文件"→"导入"选项并选择要导入的项目文件（.prproj）。

（2）在"导入项目"对话框中，单击"作为项目快捷方式导入"单选按钮，并单击"确定"按钮，如图 5-5 所示。

图 5-5　"导入项目"对话框

任务 5.4　Adobe Premiere Pro 素材的导入

5.4.1　关于捕捉和数字化

如果不再以一个文件或一组素材引入 Adobe Premiere Pro 项目，可以根据源材料的类型对其进行捕捉或数字化。

1. 捕捉

可以从电视实况广播摄像机或磁带中捕捉数字视频——将视频从来源录制到硬盘中。许多数码摄像机和磁带盒可将视频录制到磁带。在使用项目之前，应先将视频从磁带捕捉到硬盘中。Adobe Premiere Pro 会通过安装在计算机中的数字端口（如 FireWire 端口或 SDI 端口）捕捉视频。Adobe Premiere Pro 会先将以文件形式提供的捕捉的素材以文件形式保存到磁盘上，然后将文件以剪辑形式导入项目。

2. 数字化

可以将来自电视实况广播模拟摄像机源或模拟磁带设备的模拟视频数字化。将模拟视频数字化或将其转换为数字形式之后，计算机就可以对其进行存储和处理。在计算机中安装数字化卡或设备时，捕捉命令就会对视频进行数字化。Adobe Premiere Pro 会先将数字化素材以文件形式保存到磁盘，再将文件以剪辑的形式导入项目。

3. 捕捉的系统要求

要捕捉数字视频素材，编辑系统需要以下组件。

（1）对于可在带有数字串行接口（Serial Digital Interface，SDI）或组件输出的设备中播放的高清晰度（High Definition，HD）或标清（Standard Definition，SD）素材，需要带有 SDI 或组件输入的 HD 或 SD 捕捉卡。

（2）对于存储在来自基于文件摄像机的媒体中的 HD 或 SD 素材，需要能够连接到计算机并能够读取相应媒体的设备。

（3）对于来自模拟源的录制音频，需要带有模拟音频输入的音频卡。

（4）适用于要捕捉的素材类型的编解码器（压缩程序 / 解压缩程序）。增效工具软件编解码器可用于导入其他类型的素材。一些捕捉卡内置了硬件编解码器。

（5）能够为要捕捉的素材类型维持数据速率的硬盘。

（6）足够供捕捉的素材使用的磁盘空间。

4. 设置捕捉格式、首选项和轨道

选择"文件"→"捕捉"选项，打开"捕捉"面板捕捉数字或模拟视频和音频。此面板包括用于显示捕捉视频的预览，以及用于带或不带设备控制录制的控件。"捕捉"面板还包含用于编辑捕捉设置的"设置"窗格和用于记录剪辑以进行批量捕捉的"记录"窗格。为了方便起见，"捕捉"面板中提供的一些选项也在"捕捉"面板菜单提供。

可以直接在"捕捉"面板中对某些源设备（如摄像机和磁带盒）进行控制。计算机必须安装与 Adobe Premiere Pro 兼容的 IEEE1394、RS232 或 RS422 控制器。即使源设备缺少其中任何界面，仍然可以使用"捕捉"面板。必须使用源设备的控件来提示、启动和停止源设备。

5. 从立体声源捕捉到单声道轨道

可以从包含立体声或 5.1 音频声道的来源进行捕捉，以使每个音频声道自动映射为自己的单声道轨道。对于从多声道来源捕捉的素材及导入的多声道文件，将启用"单声道默认音轨格式"首选项。具体操作步骤如下：选择"编辑"→"首选项"→"音频"选项，在"首选项"对话框的"源声道映射"窗格中，在"默认音轨格式"菜单中选择"单声道"选项，单击"确定"按钮。

5.4.2　图像素材的导入

1. 导入静止图像

导入静止图像是指将单个静止图像导入 Adobe Premiere Pro 或以序列的形式导入一

系列静止图像。可从 Adobe 应用软件（如 Photoshop 和 Illustrator）导入静止图像。

导入的静止图像将用于"静止图像首选项"中指定的持续时间，可更改序列中静止图像的持续时间。

对于静止图像和影片的导入，系统支持的最大帧大小上限为 256 百万像素。在此限制下，图像在横向和纵向的最大尺寸均被限定为不超过 32 768 像素。

2. 导入之前准备的静止图像

在将静止图像导入 Adobe Premiere Pro 前，应尽量做好充分准备，以缩短渲染时间。通常，更方便、更快速的做法是在文件的原始应用程序中准备该文件。考虑执行以下操作。

（1）确保文件格式被要使用的操作系统支持。

（2）将像素大小设置为将在 Adobe Premiere Pro 中使用的分辨率。如果使图像随时间缩放，则对图像大小进行设置时，应提供有关图像在项目中具有的最大大小的足够细节。

（3）为了获得最佳效果，在创建文件时应使文件的帧大小至少与项目的帧大小相同，这样就不必在 Adobe Premiere Pro 中放大图像。将图像放大可能损失锐度。如果要放大图像，则在准备该图像时要使图像的帧大小大于项目的帧大小。例如，如果要将图像放大 200%，则应在导入之前将图像的帧大小设置为项目帧大小的 2 倍。

（4）裁切不想显示在 Adobe Premiere Pro 中的图像部分。

（5）如果要将区域指定为透明，则创建 Alpha 通道或使用 Photoshop 或 Illustrator 等 Adobe 应用软件中的透明度工具。

（6）如果最终输出将显示在标准电视屏幕上，则应避免对图像或文本使用细水平线（如 1 像素线）。这些线可能因隔行而闪烁。如果必须使用细线，则应添加轻微的模糊，以使这些细线显示在两个视频场中。

（7）使用正确的命名约定保存文件。例如，如果要在 Windows 系统中将文件导入 Adobe Premiere Pro，则应使用包含 3 个字符的文件扩展名。

（8）在支持颜色管理的应用软件（如 Photoshop）中准备静止图像时，如果在适合视频的色彩空间（如 sRGB 或 NTSC RGB）中准备图像，则应用软件与 Premiere Pro 之间的颜色可能更具有一致性。

3. 导入 Photoshop 和 Illustrator 文件

可以从 Adobe Photoshop 3.0 或更高版本导入文件，也可以从 Adobe Illustrator 导入文件。可以控制分层文件的导入方式。将非拼合文件导入 Adobe Premiere Pro 时，文件的空白（透明）区域将是透明的，因为透明度存储为 Alpha 通道。这样就可以导入图形并将其叠加在其他轨道中的剪辑之上，而无须付出额外的努力。

可以通过以下方式导入分层的 Photoshop 文件：将选定图层作为单个剪辑导入素材箱、将选定图层作为单个剪辑导入素材箱和序列，或者将选定图层合并成单个视频剪辑。

此外，可以导入包含视频或动画的 Photoshop 文件，前提是这些文件已从 Photoshop 中保存在时间轴动画模式下。

4. 导入分层的 Photoshop 文件

当导入以 Photoshop 文件格式保存的分层文件时，可以在"导入分层文件"对话框中选择如何导入图层。

Adobe Premiere Pro 会导入在原始文件中应用的属性，包括位置、不透明度、可见性、透明度（Alpha 通道）、图层蒙版、调整图层、普通图层效果、图层剪切路径、矢量蒙版及剪切组。Photoshop 会将白色背景导出为白色不透明背景，而将棋盘背景导出为透明的 Alpha 通道（如果导出为支持 Alpha 通道的格式）。

通过"导入分层的 Photoshop 文件"功能，可方便地使用在 Photoshop 中创建的图形。当 Adobe Premiere Pro 将 Photoshop 文件作为未合并的图层导入时，文件中的每个图层都将变成素材箱中的单个剪辑。每个剪辑的名称构成方式为图层名称＋包含图层的文件的名称。每个图层将采用在"首选项"中为静止图像选择的默认持续时间的方式进行导入。

可以像导入任何 Photoshop 文件一样导入包含视频或动画的 Photoshop 文件。由于每个图层均采用默认的静止图像持续时间的方式进行导入，所以导入的视频或动画的回放速度可能与 Photoshop 文件中的视频或动画源的回放速度不同。要实现一致的速度，需要在导入 Photoshop 文件之前更改静止图像的默认持续时间。例如，如果 Photoshop 动画以 30 fps 的速率创建且 Premiere Pro 序列帧速率为 30 fps，则应在"首选项"中将 Adobe Premiere Pro 中的静止图像默认持续时间设置为 30 帧。

在"导入分层文件"对话框中选择的选项决定了在向 Adobe Premiere Pro 执行导入时如何解释视频或动画中的图层。

在"导入"对话框选择"包含要导入图层的 Photoshop 文件"选项时，将弹出"导入 Photoshop 文档"对话框。"导入为"菜单会提供以下有关文件导入方法的选项。

（1）合并所有图层：合并所有图层，并将文件作为单个拼合 PSD 剪辑导入 Adobe Premiere Pro。

（2）合并的图层：仅将选定的图层作为单一的拼合 PSD 剪辑导入 Adobe Premiere Pro。

（3）各个图层：仅将从列表中选择的图层导入素材箱，其中每个源图层对应一个剪辑。

（4）序列：仅导入选定的图层并将每个图层作为单个剪辑。Adobe Premiere Pro 还会创建包含单独轨道上的每个剪辑的序列，并将所有序列存放在"项目"面板中各自的素材箱中。

选择"序列"后，可以从"素材尺寸"菜单中选择以下选项之一。

①文档大小：更改剪辑的帧大小以匹配在"序列设置"对话框中指定的帧大小。

②图层大小：将剪辑的帧大小与其在 Photoshop 文件中源图层的帧大小匹配。

5. 导入 Illustrator 图像

可以直接将 Adobe Illustrator 静止图像文件导入 Adobe Premiere Pro 项目。Adobe Premiere Pro 将基于路径的 Illustrator 文件转换为 Adobe Premiere Pro 使用的基于像素的图像格式，该过程称为像素化。Adobe Premiere Pro 可自动对 Illustrator 作品的边缘进行抗锯齿或平滑处理。Adobe Premiere Pro 还会将所有空白区域转换为 Alpha 通道，以使空白区域变为透明。

如果要在栅格化的同时定义 Illustrator 图片的尺寸，可使用 Illustrator 设置 Illustrator 文件中的裁切标记。即使 Illustrator 中的图层已经在 Adobe Premiere Pro 中进行合并，也可以通过选择相应剪辑并选择"编辑"→"编辑原始"选项编辑图层。

6. 以图像序列的形式导入图像

可以导入包含在单个文件中的动画，如动画图像互换格式（Graphics Interchange Format，GIF）；也可以导入静止图像文件序列，如标签图像文件格式（Tag Image File Format，TIFF）序列，并自动将它们组合到单个视频剪辑中；每个静止图像将变为视频的一帧。对于通过 Adobe After Effects（一款影视后期特效软件）这样的应用程序导出的图像序列，导入序列功能尤为有用。序列中的图像不得包含图层，具体操作步骤如下。

（1）设置静止图像序列的帧速率。选择"编辑"→"首选项"→"媒体"（Windows）选项，然后在"不确定的媒体时基"菜单中选择帧速率，单击"确定"按钮。

（2）确保每个静止图像的文件名末尾包含相同位数的数字，并且有正确的文件扩展名，如 file000.bmp、file001.bmp 等。

（3）选择"文件"→"导入"选项。

（4）在序列中寻找并选择首个编号文件，选择"图像序列"选项，然后单击"打开"（Windows）或"导入"（mac OS 系统）按钮。如果选择"图像序列"选项，则 Adobe Premiere Pro 会将每个编号文件解释为视频剪辑中的单个帧。

7. 调整导入图像的大小

通常，导入图像比导入视频具有更高的分辨率，因此，在 Adobe Premiere Pro 的时间轴上查看它们时其显示为被剪裁的图像。

可以单独调整剪辑的比例，以便与序列帧大小匹配；也可以使用"设为帧大小"命令快速调整图像大小。

当使用"设为帧大小"命令时，将保留图像的本机像素分辨率，从而在放大图像时看到最清晰的分辨率。用鼠标右键单击 💡图标，通过按住 Shift 键并单击图像的方式，可一次性选择时间轴中的多个图像。执行"设为帧大小"命令后，"缩放为帧大小"设置将被关闭，以提升播放性能。

5.4.3　音频素材的导入

可以导入视频文件中存储为音频文件或轨道的数字音频剪辑。数字音频在计算机硬盘、音频 CD 或数字音频磁带（Digital Audio Tape，DAT）中存储为可由计算机读取的二进制数据。要尽可能地保持高质量，通过数字连接将数字音频文件传输到计算机中，应避免通过声卡将来自音频源的模拟输出数字化。

1. 使用来自音频 CD 的音频

可以在项目中使用 CD 音频格式（CDA）文件，但是在将这些文件导入 Adobe Premiere Pro 之前，必须先将其转换为被支持的文件格式，如 WAV 或 AIFF。可以使用 Adobe Audition 一类的音频应用软件转换 CDA 文件。

2. 使用压缩音频格式

以 MP3 和 WMA 等格式压缩存储的音乐会损失一些原始音频质量。要回放压缩音频，必须用 Adobe Premiere Pro 对文件进行压缩，而且可能需要重新采样以匹配输出设置。虽然 Adobe Premiere Pro 可以使用高质量的重新采样器来实现此目的，但最佳的做法是尽量使用音频剪辑的未压缩或 CD 音频版本。

3. 使用来自 Adobe Audition 的音频

可以使用 Adobe Audition 执行高级音频编辑。如果将音频从 Adobe Audition 导出为与 Adobe Premiere Pro 兼容的音频文件格式，则可以将其导入 Adobe Premiere Pro 项目。

4. Adobe Premiere Pro 支持的音频采样率

Premiere Pro 本身支持以下音频采样率：8 000 Hz、11 025 Hz、22 050 Hz、32 000 Hz、44 100 Hz、48 000 Hz、96 000 Hz。

5. 匹配音频

Adobe Premiere Pro 会以序列采样率的形式将每个音频声道（包括视频剪辑中的音频声道）处理为 32 位浮点数据，以确保最高的编辑性能和音频质量。Adobe Premiere Pro 会根据 32 位格式和序列采样率对某些类型的音频进行匹配。如果要求匹配，则在文件首次导入项目时执行此操作。进行匹配需要一些时间和磁盘空间。当匹配开始时，Adobe Premiere Pro 窗口的右下方会显示进度条。Adobe Premiere Pro 会将匹配的音频保存在 CFA 音频预览文件中。可以在"项目设置"对话框中为音频预览文件指定一个暂存盘位置，确定这些音频预览文件保存的位置。

在音频文件完全匹配之前，可以使用这些文件，甚至对其应用不同效果，但只能预览已经匹配的文件部分。回放时听不到尚未匹配的部分。

不同音频匹配的规则如下。

（1）未压缩的音频。

①对于以内部支持的采样率之一录制的未压缩音频，如果在具有匹配采样率的序列中使用这些音频，则 Adobe Premiere Pro 不会对其中的音频进行匹配。

②如果在具有非匹配采样率的序列中使用未压缩的音频，则 Adobe Premiere Pro 会对这些剪辑中的音频进行匹配。但是，只有在导出序列或创建音频预览文件后才能进行匹配。

③对于不是以内部支持的采样率录制的未压缩格式，Adobe Premiere Pro 不会执行音频匹配。在大部分情况下，它会将音频的采样率提高到最接近的支持采样率，或者提高到源音频采样率偶数倍的支持采样率。例如，Adobe Premiere Pro 将源 11 024 Hz 的采样率提高到 11 025 Hz，因为这是最接近的支持采样率，而且任何支持采样率都不是 11 024 的偶数倍。

（2）压缩的音频。Adobe Premiere Pro 会对所有压缩的音频进行匹配，如在 MP3、WMA、MPEG 或压缩 MOV 文件中发现的音频。它将以其源文件的采样率对此音频进行匹配。例如，Adobe Premiere Pro 将以 44 100 Hz 速率匹配 44 100 Hz 的 MP3 文件。如果在具有非匹配采样率的序列中使用匹配的音频，如在 44 000 Hz 序列中使用 44 100 Hz 剪辑，则音频将以该序列的采样率进行回放，而不会进一步匹配。

对于已在一个序列中匹配的文件，如果将其导入具有相同音频采样率的另一个序列，则 Adobe Premiere Pro 不会对其执行匹配，只要该文件在匹配之后未发生移动或重命名即可。Adobe Premiere Pro 会将所有已匹配文件的位置保留在"媒体缓存数据库"中。

对于包含音频的任意文件，首次导入项目时，Adobe Premiere Pro 除匹配某些文件外，还会为此文件创建一个 PEK 文件。它使用这些 PEK 文件在"时间轴"面板中绘制音频波形。Adobe Premiere Pro 会将 PEK 文件存储在通过"首选项"对话框"媒体"窗格的"媒体缓存文件"所指定的位置。

5.4.4　视频素材的导入

1. 视频的长宽比

长宽比用于指定宽度与高度的比例。视频和静止图像帧具有帧长宽比，而组成帧的像素具有像素长宽比（Pixel Aspect Radio，PAR）。不同视频录制标准采用不同的像素长宽比。例如，录制电视视频时可采用 4∶3 或 16∶9 的像素长宽比。

在 Adobe Premiere Pro 中创建项目时，需要设置帧长宽比和像素长宽比。一旦设置好这些比例，就无法再更改该项目的这些设置，但可以更改序列的长宽比，也可以在项目中使用以不同长宽比创建的资源。

2. 视频长宽比的类型

常用的视频长宽比类型有如下几种。

（1）宽屏（16∶9）。宽屏（16∶9）是在线视频、纪录片和电影领域都很常用的标准长宽比。这种长宽比适用于捕获大量的数据与细节，如图 5-6 所示。

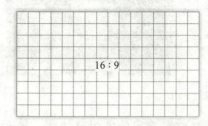

图 5-6　宽屏（16∶9）

（2）垂直（9∶16）。垂直（9∶16）是手机录制视频的长宽比，如图 5-7 所示。

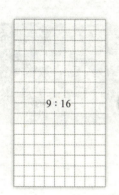

图 5-7　垂直（9∶16）

（3）垂直全屏（4∶3）。垂直全屏（4∶3）是在宽屏模式出现之前，电视所用的长宽比。这种长宽比适用于一段时间内聚焦一个特定元素的情形，如图 5-8 所示。

图 5-8　垂直全屏（4∶3）

（4）方形（1∶1）。方形（1∶1）是 Instagram（一款运行在移动端上的社交应用软件）上常用的方形长宽比，如图 5-9 所示。

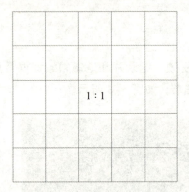 

图 5-9　方形（1∶1）

（5）变形（2.40∶1）。变形（2.40∶1）是电影常用的宽银幕模式。这种模式与16∶9 有些相似，但对其顶部和底部进行了裁剪。使用这种效果可以让画面呈现电影的感觉，如图 5-10 所示。

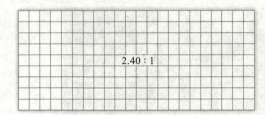 

图 5-10　变形（2.40∶1）

任务 5.5　Adobe Premiere Pro 素材的编辑

5.5.1　创建序列

1. 序列

序列是一组剪辑，一个序列必须至少包含一个视频轨道和一个音频轨道（以下简称"音轨"）。带有音轨的序列同时还必须包含一条主音轨，常规音轨的输出都会被引导到主音轨进行混合。可使用多条音轨混合音频。

利用 Adobe Premiere Pro 可以指定每个序列的设置、修剪剪辑，并对序列中的剪辑进行组合。

每个 Adobe Premiere Pro 项目可以包含一个或多个序列，而且项目中的每个序列可以采用不同的设置。"时间轴"面板中序列的剪辑、过渡和效果都用图形方式表示，以便在一个或多个"时间轴"面板中组合和重新排列序列。一个序列可以包含多条视频轨道和音轨，而且它们可以并行于"时间轴"面板之中，可使用多条轨道来叠加或混合剪辑。

2. 序列的创建

通过将"项目"面板中的资源拖动到面板底部的新建项图标快速创建序列，还可以选择"文件"→"新建"→"序列"选项创建序列，并选择一个序列预设。Adobe Premiere Pro 的序列预设包含的设置适合常规资源类型。例如，若素材大部分为 DV 格式，则使用 DV 序列预设。

3. 在"时间轴"面板中打开序列

要在"时间轴"面板中打开某个新序列，则在"项目"面板中双击该序列，随后即会在"时间轴"面板中为该序列打开一个新选项卡。"时间轴"面板包含多个用于在序列的各帧之间移动的控件，如图 5-11 所示。

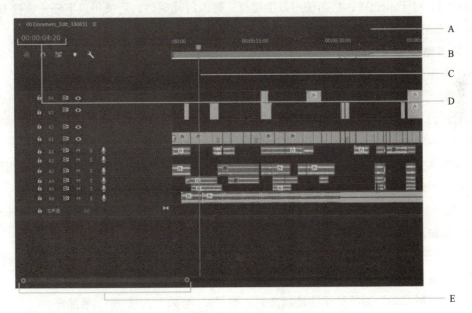

图 5-11　导航控件

A—时间标尺；B—工作区栏；C—播放指示器；D—播放指示器位置；E—缩放滚动条

（1）时间标尺：时间标尺用于序列时间的水平测量。指示序列时间的数字沿标尺从左到右显示。这些数字会根据查看序列的细节级别而变化（在默认情况下，这些数字基于在"序列设置"对话框中"显示格式"栏所指定的时间码显示样式）。

（2）工作区栏：工作区栏指定要渲染预览或要定义导出区域的序列区域。工作区栏位于时间标尺的下部（在默认情况下，工作区栏不可见。要将其激活，需要单击"序列"旁边的三横设置图标，并从下拉列表中选择"工作区栏"选项）。

（3）播放指示器：播放指示器（以前称为"当前时间指示器"或 CTI）指示"节目监视器"中显示的当前帧。播放指示器是位于标尺上的一个蓝色三角块。垂直线从播放指示器一直延伸到时间标尺的底部。可以通过拖动播放指示器更改当前时间。

（4）播放指示器位置：播放指示器位置显示"时间轴"面板中当前帧的时间码。要移动至其他时间，则单击播放指示器位置并输入新的时间；还可将指针置于时间显示上，然后向左或向右拖动（可以选择显示时间码或显示简单帧计数。在监视器或"时间轴"面板中，在按住 Ctrl 键的同时单击当前时间即可）。

（5）缩放滚动条：缩放滚动条位于"时间轴"面板的底部，对应于时间轴上时间标尺的可见区域。源监视器和节目监视器也有缩放滚动条。可以通过拖动控制柄更改缩放滚动条的宽度及更改时间标尺的比例。

（6）使用时间码移动播放指示器：要使用时间码移动播放指示器，可单击播放指示器位置中的时间码值。输入新的时间，然后按 Enter 键（Windows 系统）或 Return 键（macOS）。对于 macOS，切勿使用数字键盘。输入时间码时，可使用以下任一快捷方式。

①省略前导零。例如，0；0；12；3 代表 00；00；12；03。

②省略分号（NTSC）或冒号（PAL）。例如，1213 代表 00；00；12；13（对于 NTSC 项目）和 00：00：12：13（对于 PAL 项目）。

③输入正常值范围以外的值。例如，使用 30-fps 时间码，且播放指示器位于 00；00；12；23 时，如果想要前移 10 帧，可以将帧编号更改为 00；00；12；33，将播放指示器移至 00；00；13；03。

④加入加号（+）或减号（-）：如果数字前面有加号或减号，则表示将播放指示器向前或向后移动指定的帧数。例如，+55 表示将播放指示器向前移动 55 帧。

⑤添加句点：如果在数字前面添加一个句点，则表示准确的帧编号，而不是其时间码值。例如，.1213 表示将播放指示器移动至 00；00；40；13。

（7）在"时间轴"面板中放大或缩小序列：要在"时间轴"面板中放大或缩小序列，可执行下列任一操作。

①在"时间轴"面板处于活动状态时，按"+"号放大，按"-"号缩小。

②要执行放大操作，需先选择"缩放工具" 🔍，然后拖动框选要进一步详细查看的序列部分。要执行缩小操作，需先选择"缩放工具"，然后在按住 Alt 键（Windows 系统）或 Option 键（macOS）的同时单击"时间轴"面板中的某个区域。

③使用缩放滚动条。要执行放大操作，可以将查看区域栏的两端向彼此更加接近对

方的方向拖动。要执行缩小操作，可以将这两端向彼此更加远离对方的方向拖动。

④在多点触摸板上，可通过手指的张合来缩放序列。

⑤要通过缩小操作使整个序列显示在"时间轴"面板中，则按反斜线（\）键。要将整个序列放大到在按反斜线键之前的原有视图，只需再按一次反斜线键。

4. 更改序列设置

Adobe Premiere Pro 允许创建、汇编、重新排列和指定每个序列的设置，可以更改现有序列的一些设置。根据选定的编辑模式，会预先进行某些设置。序列设置的具体操作步骤如下。

选择"序列"→"序列设置"选项，在"项目"面板中，用鼠标右键单击某个序列并选择序列设置，选择所需的设置，单击"确定"按钮。"新建序列"对话框中的"设置"选项卡可用于控制序列的基本特性。选择符合项目输出类型规格的设置。任意更改这些设置通常会损失品质。

（1）编辑模式。编辑模式可确定用于预览文件和回放的视频格式。选择最匹配的目标格式规范、预览显示或捕捉卡的编辑模式选项。编辑模式不会确定最终影片的格式。在导出过程中，可以指定输出设置。利用自定义编辑模式，可以自定义其他序列设置。

（2）时基。时基指定 Adobe Premiere Pro 用于计算每个编辑点的时间位置的时分。通常，24 用于编辑电影胶片，25 用于编辑 PAL（欧洲标准）和 SECAM 视频，29.97 用于编辑 NTSC（北美标准）视频。

（3）视频。

①声道格式：允许选择序列的格式。

②采样率：更高品质的音频需要更大的磁盘空间和更强的处理能力。重新采样或设置与源音频不同的速率不但需要额外的处理时间，而且会影响品质。

③显示格式：指定音频时间显示是使用音频采样还是使用毫秒度量。在源监视器或节目监视器菜单中，当选中显示音频时间单位时，会应用显示格式（在默认情况下，时间以帧为单位显示，但是在编辑音频时可以用采样级别精度为音频单位显示时间）。

④帧大小：指定回放序列时帧的像素尺寸。通常，项目的帧大小与源文件的帧大小一致。当回放速度很低时，不要通过更改帧大小来补偿，应从"项目"面板中选择其他的质量设置，或者通过更改导出设置来调整最终输出的帧大小。序列的最大帧大小是 10 240 像素 ×8 192 像素。

⑤更改帧大小时按照比例缩放运动效果：允许用户在更改序列时缩放动态效果。标准影片工作流程会涉及顶部和底部序列上的黑条。这些黑条显示的是时间码或剪辑名称之类的项目数据。如果不需要此信息，可以在不损坏剪辑的情况下更改序列。

⑥像素长宽比：为单个像素设置长宽比。为模拟视频、扫描图像和计算机生成的图片选择方形像素，或者选择源所使用的格式。如果使用的像素长宽比不同于视频的像素

长宽比，则该视频的渲染往往会扭曲。

⑦工作色彩空间：有助于在正确的色彩空间中自动生成文件的较小、中等、高分辨率副本。

⑧自动对媒体进行色调映射：这项功能可以使用户更轻松地在同一序列中处理不同类型的素材和不同的色彩空间。可以混合和匹配相机媒体——从日志素材到混合对数伽玛（Hybrid Log Gamma，HLG）和其他高动态范围成像（High Dynamic Range Imaging，HDR）格式，同时保持色彩的一致性。使用自动色调映射，无须纠正 LUT，也无须承担高光剪切的风险。

⑨场：指定帧的场序。如果逐行扫描视频，则选择"无场"（逐行扫描）选项。无论源素材是否以逐行扫描方式拍摄，许多捕捉卡都会捕捉场。

⑩显示格式：Adobe Premiere Pro 可以显示多种时间码格式。可以使用影片格式显示项目时间码。例如，如果资源来自动画程序，则编辑从影片捕获的素材时，可以用简单的帧编号形式显示时间码。更改显示格式选项并不会改变剪辑或序列的帧速率，只会改变其时间码的显示方式。时间显示选项与编辑视频和电影胶片的标准对应。对于帧和英尺＋帧时间码，可以更改起始帧编号，以便匹配所使用的另一个编辑系统的计时方法。

（4）音频。

①声道格式：允许选择序列的格式。

②采样率：更高品质的音频需要更大的磁盘空间和更强的处理能力。重新采样或设置与源音频不同的速率不但需要额外的处理时间，而且会影响品质。

③显示格式：指定音频时间显示是使用音频采样还是毫秒度量。在源监视器或节目监视器菜单中，当选中显示音频时间单位时，会应用显示格式（在默认情况下，时间以帧为单位显示，但是在编辑音频时可以用采样级别精度为音频单位显示时间）。

（5）视频预览：在通常情况下，选择一种预览格式和编解码器，可以在较高的品质、较小的文件大小和较短的渲染时间之间实现平衡。

（6）编解码器：指定如何以特定格式对预览文件进行编码和解码。

①宽度：指定视频预览的帧宽度，受源媒体的像素长宽比限制。

②高度：指定视频预览的帧高度，受源媒体的像素长宽比限制。

③重置：清除现有预览并为所有后续预览指定全尺寸。

（7）最大位深度：将颜色位深度最大化，以包含按顺序回放的视频。如果选定压缩程序仅提供了一个位深度选项，则此设置通常不可用。当准备将最大位深度用于 8 bpc 颜色回放的序列时，若对 Web 或某些演示软件使用桌面编辑模式，也可以指定 8 位（256 颜色）调色板。如果项目包含由 Photoshop 等程序或高清摄像机生成的高位深度资源，则选择最大位深度，Adobe Premiere Pro 会使用这些资源中的所有颜色信息来处理效果或生成预览文件。

（8）最高渲染质量：当从大格式缩小到小格式，或从高清晰度格式降低到标准清晰度格式时，保持清晰的细节。最高渲染质量可使所渲染剪辑和序列中的运动质量达到最佳效果。选择此选项通常会使移动资源的渲染更加锐化。

①与默认的标准质量相比，进行最高质量渲染需要更多的时间，并且会使用更多的内存。此选项仅适用于具有足够随机存取存储器（Random Access Memory，RAM）的系统。对于所需内存不足的系统，建议不要使用"最高渲染质量"选项。

②最高渲染品质通常会使高度压缩的图像格式或包含压缩失真的图像格式变得锐化，因此效果可能更糟。

（9）以线性颜色合成（要求图形处理器加速或最高渲染品质）：线性颜色合成（线性光）可为混合帧提供更逼真的照片外观。例如，将自然图像与 Alpha 蒙版或羽化蒙版混合在一起。在某些情况下，此选项会减少文本或图形周围的光晕。关闭此选项后，线性淡化会显得更加平滑。

（10）保存预设：打开"保存设置"对话框，可以在其中命名、描述和保存序列设置。

5.5.2　添加轨道

1. 使用轨道

使用轨道可以对"时间轴"面板中的视频轨道和音轨剪辑进行编排、编辑和添加特殊效果操作；可以根据需要添加或移除轨道、重命名轨道，以及确定与程序相关的轨道，如图 5-12 所示。

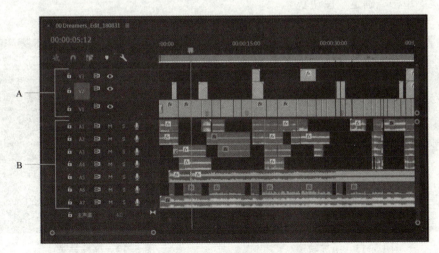

图 5-12　使用轨道

A—视频轨道；B—音轨

2. 添加轨道

新视频轨道显示在现有视频轨道的上方，新音轨显示在现有音轨的下方。删除某一轨道将移除该轨道中的所有剪辑，但不会影响列在"项目"面板中的源剪辑，如图 5-13 所示。

在"时间轴"面板处于活动状态时，用鼠标右键单击轨道并在下拉列表中选择"添加轨道"选项，打开"添加轨道"对话框。在"添加轨道"对话框中，执行以下任一操作，然后单击"确定"按钮。

（1）添加所需数量的轨道：在视频轨道、音轨和音频子混合轨道的"添加"字段中输入相应的数字。

（2）指定所添加轨道的位置：在"位置"菜单中为所添加的每种轨道类型选择一个选项。

（3）指定想要添加的音轨或音频子混合轨道的类型：在"轨道类型"菜单中选择一个选项。

3. 删除轨道

无论是视频轨道还是音轨，都可以同时删除一条或多条，如图 5-14 所示。具体操作步骤如下。

（1）在"时间轴"面板处于活动状态时，用鼠标右键单击轨道并在弹出的下拉列表中选择"删除轨道"选项。

（2）在"删除轨道"对话框中，选中要删除的各类型轨道的复选框。

（3）对于每个被选中项目，在其菜单中指定要删除的轨道。

（4）单击"确定"按钮。

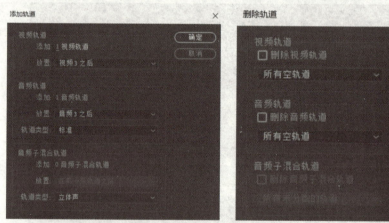

图 5-13　添加轨道　　　　　　　　　　图 5-14　删除轨道

4. 重命名轨道

重命名轨道的具体操作步骤如下：单击鼠标右键（Windows 系统）或在按住 Ctrl 键

的同时单击（macOS）轨道的名称并选择"重命名"选项；为该轨道输入新的名称，然后按 Enter 键（Windows 系统）或 Return 键（macOS）。

5.5.3　编辑剪辑

1. 移除或添加剪辑

如需要从序列中删除剪辑，则选中该剪辑，然后按 Delete 键。要将新剪辑添加到序列，将其从"项目"面板拖动到时间轴上；也可以直接从计算机的文件夹中添加剪辑，如图 5-15 所示。

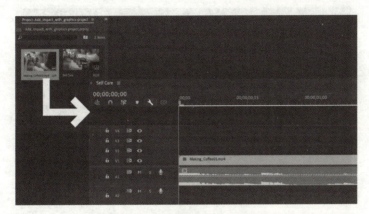

图 5-15　将新剪辑添加到序列

2. 移除间隙

要移除剪辑之间的间隙，可以选择间隙并按 Delete 键，还可以使用波纹编辑工具修剪剪辑的边缘，并自动移除其与相邻剪辑的间隙，如图 5-16 所示。

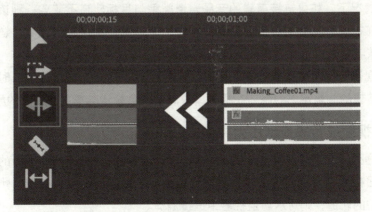

图 5-16　使用波纹编辑工具修剪剪辑间隙

键盘快捷键的使用方法如下：使用 V 键切换到选择工具；使用 C 键切换到剃刀工具；使用 B 键切换到波纹编辑工具；要预览当前编辑，可以使用 Space 键进行播放和暂停。

3. 在源监视器中设置入点和出点

导入视频或音频文件时，可以使用源监视器进行预览并选择要在序列中使用的部分；还可以使用它来添加标记、设置剪辑的入点和出点，并调整各种设置，如回放速度、音量、视频和音频效果，如图 5-17 所示。

（1）标记入点：将播放指示器拖曳至所需的帧，然后选择标记入点按钮，或按 I 键。

（2）标记出点：将播放指示器拖曳至所需的帧，然后选择标记出点按钮，或按 O 键。

图 5-17　在源监视器中设置入点和出点

（3）同时移动入点和出点：将光标悬停在入点和出点之间区域中心的入 / 出手柄工具上，直到光标变为手形，按住鼠标左键并将入 / 出手柄拖动到源监视器时间标尺上的不同位置。

4. 将视频和音频拖到序列中

在默认情况下，如果链接剪辑的音频声道类型与目标轨道不兼容，则该剪辑的视频和音频组件在被拖入序列之后不会显示在相应的轨道中。在这种情况下，链接音频会显示在下一条兼容轨道中，或者自动创建兼容轨道。

节目监视器可确定将要添加到序列中的剪辑放置在何处。在覆盖编辑时，它会显示序列中与新剪辑的头尾相邻的帧。在插入编辑时，它会显示与插入点相邻的帧。

5. 仅将视频或音频拖到序列中

可以向序列添加剪辑的视频轨道或音轨，也可以同时添加这两种类型的轨道。通过从"项目"面板或源监视器的主查看区拖动剪辑，可自动添加两种类型的轨道。如果只添加一种类型的轨道，则可从源监视器中进行添加。

在"项目"面板或"时间轴"面板中双击剪辑，在源监视器中打开该剪辑。在源监视器中，执行以下任一操作。

（1）拖动剪辑的所有音轨和视频轨道：从主查看区内的任意位置进行拖动。

（2）仅拖动剪辑的视频轨道：使用"仅拖动视频"图标■进行拖动。

（3）仅拖动音轨：先在"时间轴"面板中设定要接收剪辑音轨的目标轨道，再将要使用的音轨映射到目标音轨，然后使用"仅拖动音频"图标■进行拖动。

6. 在添加剪辑时添加轨道

将剪辑从"项目"面板或源监视器拖入顶部视频轨道上方（对于视频或链接剪辑）或底部音轨下方（对于音频或链接剪辑）的空白区。Adobe Premiere Pro 可根据源剪辑的内容添加音轨、视频轨道或同时添加两种类型的轨道。

7. 进行三点或四点编辑

源监视器和节目监视器提供了用于执行三点或四点编辑（这是传统视频编辑中的标准方法）的控件。

（1）在三点编辑中，标记两个入点和一个出点，或者标记两个出点和一个入点。无须主动设置第四个点，它可通过其他三个点推测出来。例如，在典型的三点编辑中，指定源剪辑的开始和结束帧（源的入点和出点）及该剪辑在序列中的开始时间（序列的入点）。剪辑在序列中的结束位置（未指定的序列出点）将通过已定义的三个点自动确定，但是可使用任意三个点的组合完成编辑。例如，有时剪辑在序列中的结束点要比开始点更为重要，在这种情况下，三个点应包括源的入点和出点，以及序列的出点。另外，当需要剪辑开始和结束于序列中的特定点时，如果完美越过一行画外音，则可以在序列中设置两个点并在源中仅设置一个点。

进行三点编辑的具体操作步骤如下。

①在"项目"面板中，双击剪辑以在源监视器中打开。

②在"时间轴"面板中单击要向其中添加剪辑的轨道头，以将其设定为目标轨道。

③在"时间轴"中，将源轨道指示器拖到要将剪辑组件放入其中的轨道头。

④在源监视器和节目监视器中，标记任意三个入点和出点的组合。

⑤在源监视器中，执行以下任一操作。

a. 要执行插入编辑，可以单击"插入"按钮■。

b. 要执行覆盖编辑，可以单击"覆盖"按钮■。

（2）在四点编辑中，标记源的入点和出点及序列的入点与出点。当源剪辑和序列中的开始和结束帧都至关重要时，四点编辑很有用。若标记的源和序列持续时间不同，Adobe Premiere Pro 会针对差异提出警告，并提供备选的解决方案。

进行四点编辑的具体操作步骤如下。

①在"项目"面板中，双击剪辑以在源监视器中打开。

②在"时间轴"面板中，单击要向其中添加剪辑的轨道头，将其设定为目标轨道。

③在"时间轴"面板中，将源轨道指示器拖到要将剪辑组件放入其中的轨道头。

④使用源监视器标记源剪辑的入点和出点。

⑤在节目监视器中，标记序列中的入点和出点。

⑥在源监视器中，执行以下任一操作。

a. 要执行插入编辑，可以单击"插入"按钮🖪。

b. 要执行插入编辑并仅移动目标轨道中的剪辑，可以按住 Alt 键（Windows 系统）或 Option 键（macOS），并单击"插入"按钮🖪。

c. 要执行覆盖编辑，可以单击"覆盖"按钮🖪。

（3）如果标记的源和节目持续时间不同，则在出现提示时选择一个选项。

①更改剪辑速度（适合填充）以保持源剪辑的入点和出点，但更改剪辑的速度以使其持续时间匹配由序列入点和出点确定的持续时间。

②修剪剪辑头（左侧）以自动更改源剪辑的入点，使其持续时间与由序列入点和出点确定的持续时间匹配。

③修剪剪辑尾（右侧）以自动更改源剪辑的出点，使其持续时间匹配由序列入点和出点确定的持续时间。

④忽略设定的序列入点，并执行三点编辑。

⑤忽略设定的序列出点，并执行三点编辑。

8. 编辑加载到源监视器的序列——嵌套序列

嵌套序列是包含在另一个序列中的序列，可以在序列中嵌套序列，以创建复杂的分组和层次；也可以将某个序列嵌入另一个具有不同时基、帧大小和像素长宽比设置的序列。嵌套序列将显示为单一的链接视频或音频剪辑，即使嵌套序列的源序列可以包含许多视频轨道和音轨。

选择、移动、修剪嵌套序列及对其应用效果，就像对任何其他剪辑所做的那样。对源序列所做的任何更改将反映在从该序列创建的任意嵌套实例中。

（1）重复使用序列。如果要重复使用某个序列（尤其是复杂序列），可以先创建一次该序列，然后只需根据需要将其嵌套到另一个序列中即可。

（2）将不同设置应用于序列的副本。例如，如果要反复回放某个序列，但每次使用不同的效果，则只需对嵌套序列的每个实例应用不同的效果即可。

（3）简化编辑空间。分别创建复杂的多图层序列，然后将它们作为单个剪辑添加到主序列中。这不仅无须在主序列中保留大量轨道，还可能降低编辑期间剪辑被意外移动的可能性（以及失去同步的可能性）。

（4）创建复杂的分组和嵌套效果。例如，尽管只能对一个编辑点应用一个过渡，但可以嵌套序列并对每个嵌套剪辑应用一个新的过渡，即在过渡内创建过渡。或者，可以创建画中画效果，即每个图片都是一个嵌套序列，各自包含一系列剪辑、过渡和效果。

嵌套序列能够采用一些省时的方法并创建其他难以或无法实现的效果。使用嵌套序列时要注意以下几点。

（1）不能将一个序列嵌套在其自己内部。

（2）嵌套序列不得包含 16 声道音轨。

（3）涉及嵌套序列的动作可能需要更多的处理时间，因为嵌套序列可以包含对许多剪辑的引用，而且 Adobe Premiere Pro 将对它的所有组件剪辑应用这些动作。

（4）嵌套序列始终表示其源的当前状态。对源序列内容的更改将反映在嵌套实例的内容中。持续时间不会受到直接影响。

（5）嵌套序列剪辑的初始持续时间取决于其源。这包括源序列开头处的空白空间，但不包括结尾处的空白空间。

（6）可以像其他剪辑那样设置嵌套序列的入点和出点。修剪嵌套序列不会影响源序列的长度。此外，对源序列持续时间的后续更改不会影响现有嵌套实例的持续时间。要延长嵌套实例并显示已添加到源序列中的画面素材，可以使用标准修剪方法；反之，缩短源序列会导致嵌套实例包含黑场视频和无声音频（可能需要将它们从嵌套序列中修剪掉）。

5.5.4 剪切和修剪剪辑

使用 Adobe Premiere Pro 的编辑工具选择、剪切和修剪单个剪辑，以调整故事的讲述方式，可以使用键盘快捷键方式更快地在不同工具之间进行切换，如图 5-18 所示。

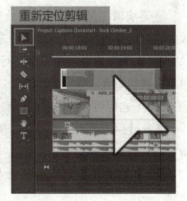

图 5-18　剪切和修剪剪辑

在 Adobe Premiere Pro 中将媒体导入新项目后，所有剪辑会在时间轴上排成一个序列，此时可以开始编辑。

要修剪剪辑，可以先在时间轴上选择剪辑，然后拖动剪辑的某一边缘。要剪切剪辑，可以选择剃刀工具，将其放置在时间轴中的某一剪辑上。要重新定位剪辑，可以将其选中并进行拖动。时间轴上的编辑操作是非破坏性的，可以在不更改原始媒体的情况下修剪、剪切、复制和移动剪辑，所有原始媒体均可在"项目"面板中找到。

1. 使用"剃刀"工具剪切剪辑

使用"剃刀"工具剪切剪辑的具体操作步骤如下。

（1）将要拆分的剪辑拖动到时间轴中。

（2）选择"剃刀"工具 。

（3）单击要创建拆分的剪辑。

（4）要拆分链接剪辑的音频或视频部分，需要在使用"剃刀"工具时按住 Alt 键（Windows 系统）或 Option 键（macOS）并单击。

2. 在目标轨道上拆分剪辑

在目标轨道上拆分剪辑的具体操作步骤如下。

（1）选择所需轨道的标题以将其作为目标。

（2）将播放指示器放置在要拆分的单个剪辑或多个剪辑处。

（3）选择"序列"→"添加编辑"选项，或者使用快捷键 Ctrl+K（Windows 系统）或 Command+K（macOS）。

（4）要拆分除锁定轨道之外的所有剪辑，则选择"序列"→"添加编辑"选项，将编辑添加到所有轨道上以在"时间轴"面板中拆分轨道。

3. 移除不必要的剪切

直通编辑点是剪辑中的一处剪切，而剪切的两侧都没有变化，这通常是错误操作导致的。可以通过启用直通编辑点来移除这些不必要的剪切，具体操作步骤如下。

（1）要查看直通编辑点，可以在"时间轴"面板的左上角单击扳手图标，然后选择显示直通编辑点。

（2）启用后，序列中的所有直通编辑点都将伴随显示有白色小三角形图标。

（3）要移除直通编辑点并使剪辑的两侧重新结合，则单击三角形图标并选择"编辑"→"清除"选项。

（4）要移除多个直通编辑点，可以按住 Shift 键并使用"选择"工具，然后将其删除。

4. 修剪剪辑

在时间轴上构建"粗剪"序列后，可以修剪剪辑以优化编辑和时间，具体操作步骤如下。

（1）选择要修剪的剪辑。

（2）将光标悬停在剪辑的边缘，直到显示修剪图标 ┠ 。

（3）选择剪辑的边缘并将其拖动到所需的剪辑长度。

5. 波纹编辑工具

使用波纹编辑工具 ⬌ 修剪剪辑的边缘，并自动消除其与相邻剪辑的间隙。具体操作步骤如下。

（1）在时间轴中选择要编辑的剪辑。

（2）按 B 键，激活波纹编辑工具。

（3）单击并向左或向右拖动剪辑的端点，可分别缩短或延长剪辑。

6. 滚动编辑工具

使用滚动编辑工具 ⬌ 移动两个剪辑之间的剪切点。利用滚动编辑工具，可以调整两个剪辑之间的剪切位置，而不会更改两个剪辑的组合持续时间。使用滚动编辑工具单击编辑点，可同时选中编辑点的两侧，具体操作步骤如下。

（1）在时间轴中选择要编辑的剪辑。

（2）按 N 键以激活滚动编辑工具。

（3）选择并向左或向右拖动剪辑的边缘以调整时间。

7. 创建和播放剪辑

在 Adobe Premiere Pro 中，通过导入文件、复制剪辑或创建子剪辑来创建剪辑，可以使用序列中的一个剪辑创建剪辑实例。

8. 源剪辑、剪辑实例、子剪辑和重复剪辑

在 Adobe Premiere Pro 中，剪辑指向源文件。修剪剪辑或以任何方式编辑剪辑不会影响源文件。例如，如果将一个持续 30 min 的文件导入 Adobe Premiere Pro，则创建一个指向该源文件的 30 min 剪辑。如果将该剪辑修剪成一个持续时间为 5 min 的剪辑，则持续时间为 30 min 的源文件将保留在硬盘中，但该剪辑仅引用其中的 5 min 部分。Adobe Premiere Pro 会将与剪辑相关的信息存储在项目文件的剪辑元数据字段中，但将与源文件相关的信息存储在内存认证标准（Extreme Memory Profile，XMP）元数据字段中。

序列中所有剪辑类型的修剪方式都大致相同。各剪辑类型在以下几个方面有所不同。

（1）源（主）剪辑：最初导入"项目"面板的剪辑。在默认情况下，仅在"项目"面板列出一次。如果从"项目"面板中删除源剪辑，则它的所有实例也将随之被删除。

（2）剪辑实例：对源剪辑的相关引用，用于序列中。每次向序列添加剪辑时，都将

创建该剪辑的另一个实例。剪辑实例使用其源剪辑使用的名称和源文件引用。虽然剪辑实例未列在"项目"面板中，但是如果在源监视器中打开其实例，则它们会在其中进行分类。源监视器会按名称、序列名称和入点列出实例。

（3）子剪辑：子剪辑是主剪辑中引用主剪辑媒体文件的部分。应谨慎使用子剪辑引用主剪辑的部分。

（4）重复剪辑：重复剪辑是源剪辑的独立副本，由手动执行"编辑"→"复制"命令创建；也可以通过多次导入相同文件创建重复剪辑。与剪辑实例不同，重复剪辑会将自身对原始剪辑源文件的引用保留在磁盘中，并作为附加剪辑存在于"项目"面板中。从"项目"面板中删除某重复剪辑的原始剪辑时，Adobe Premiere Pro 不会删除该重复剪辑。主剪辑和重复剪辑可以独立重命名。

在"项目"面板中创建子剪辑时，可以从源剪辑或由单个媒体文件组成的其他剪辑创建子剪辑。具体操作步骤如下。

（1）双击"项目"面板中的剪辑，将其在源监视器中打开。

（2）在源监视器中，设置子剪辑的入点和出点。入点和出点的其中一个或两个必须不同于源剪辑的入点和出点。

（3）执行以下任一操作。

①选择"剪辑"→"制作子剪辑"选项，输入子剪辑的名称，然后单击"确定"按钮。

②在按住 Ctrl 键（Windows 系统）或 Command 键（macOS）的同时，将该剪辑拖曳到"项目"面板中，输入子剪辑的名称，然后单击"确定"按钮。

（4）子剪辑会显示在"项目"面板中，并显示"子剪辑"图标、、或。"子剪辑"图标视媒体类型的不同而异。

（5）要保留主剪辑中的原始入点和出点，可在预览主剪辑时在源监视器中重置它们。

5.5.5 同步音频和视频

1. 通过"合并剪辑"同步音频和视频

Adobe Premiere Pro 提供了一种可同步音频和视频的方法，称为"合并剪辑"。此功能可简化用户对分别录制（有时称为双系统录制）的音频和视频进行同步的过程。可以使用"合并剪辑"命令选择一个视频剪辑并将其与多达 16 个音频通道同步。构成合并后剪辑的剪辑称为"组件剪辑"。

一个或多个音频剪辑可合并为单个视频或 AV 剪辑。合并后剪辑中允许的音轨总数为 16 个，包括单声道、立体声或 5.1 环绕剪辑的任意组合。单个单声道剪辑视为 1 条轨道，单个立体声剪辑视为 2 条轨道，单个 5.1 剪辑视为 6 条轨道。

2. 在"项目"面板中合并剪辑

在"项目"面板中合并剪辑的具体操作步骤如下。

（1）选择要与音频剪辑合并的视频剪辑。注意合并剪辑只能包含一个视频剪辑。

（2）按住 Shift 键或 Ctrl 键并单击（对于 macOS，按住 Command 键并单击），选择要与该视频剪辑合并的只包含音频的剪辑。

（3）执行以下任一操作。

①选择"剪辑"→"合并剪辑"选项。

②单击鼠标右键（对于 macOS，按住 Ctrl 键并单击），然后在弹出的快捷菜单中选择"合并剪辑"选项。

③在打开的"合并剪辑"对话框中选择同步点。

a. 基于入点：根据入点定位同步，如打板。

b. 基于出点：根据出点定位同步，如打个尾板。

c. 基于匹配时间码：根据两个剪辑之间的常规时间码定位同步点。

d. 基于剪辑标记：根据在拍摄期间编号的剪辑标记定位同步点。如果所有组件剪辑都不具有编号标记，则此功能将被禁用。

（4）单击"确定"按钮。合并剪辑将显示在"项目"面板中，且其名称与视频剪辑匹配；如果没有视频，则与最上层选定的音频剪辑(基于素材箱中的当前排序顺序)匹配。

3. 使用音频主剪辑的时间码创建合并剪辑

可以使用音频主剪辑的时间码创建合并剪辑，也可以选择在创建合并剪辑时忽略源摄像机音频。具体操作步骤如下。

（1）选择视频剪辑以及包含时间码的音频剪辑。

（2）选择"剪辑"→"合并剪辑"选项。

（3）在"合并剪辑"对话框中，执行以下任一操作。

①要使用音频主剪辑的时间码创建合并剪辑，可以勾选"使用剪辑的音频时间码"复选框，在弹出的下拉列表中选择要与视频同步的音轨。

②要删除剪辑中的源摄像机音频，可以勾选"移除 AV 剪辑的音频"复选框。

（4）单击"确定"按钮。

5.5.6　冻结和定格帧

1. 使用"帧定格"选项冻结视频

Adobe Premiere Pro 使用"帧定格"选项提供快速高效的方法，从视频剪辑中捕捉静止帧。"帧定格"选项的设计目的是在不创建任何其他媒体或项目项的情况下捕捉静止帧。

（1）添加帧定格的具体操作步骤如下。

①将播放指示器置于要捕捉的所需帧处。

②选择"剪辑"→"视频选项"→"帧定格"选项，或者按快捷键Ctrl+Shift+K（Windows系统）。此时将在时间轴中创建播放指示器当前位置的静止图像。添加到时间轴的静止图像看起来就像原始剪辑的前一部分，其名称或颜色没有任何变化。

（2）插入帧定格分段的具体操作步骤如下。

①在时间轴中，将播放指示器置于要插入冻结帧的位置。

②选择"剪辑"→"视频选项"→"插入帧定格"选项。

播放指示器位置的剪辑将被拆分，并插入一个2 s的冻结帧，然后将插入的冻结帧修剪为任意长度。

2. 导出静止帧

使用"导出帧"按钮从影片剪辑中创建静止图像（冻结帧）。通过源监视器和节目监视器中的"导出帧"按钮，可以快速导出视频帧。导出静止帧的具体操作步骤如下。

（1）在要导出的剪辑或序列中需要冻结帧的位置定位播放头。

（2）单击"导出帧"按钮，将弹出"导出帧"对话框，且其名称字段处于文本编辑模式。将来自原始剪辑的帧时间码附加到静止图像剪辑的名称中，例如ClipName.00_14_23_00.Still001.jpg。

（3）在默认情况下，Adobe Premiere Pro在磁盘中创建一个静止图像文件，先将其重新导入项目，从而添加一个新的项目项，然后手动将该静止图像剪辑编辑到序列中。

3. 在剪辑的持续时间内冻结视频帧

在剪辑的入点、出点或在标记0（零）处（如果存在）进行冻结。具体操作步骤如下。

（1）在"时间轴"面板中选择剪辑。

（2）要冻结除入点或出点之外的帧，则在源监视器中打开剪辑，并将标记0（零）设置为要冻结的帧。

（3）选择"剪辑"→"视频选项"→"帧定格"选项。

（4）选择"定格位置"选项，并在菜单中选择要定格的帧。可以根据源时间码、序列时间码、入点、出点或播放头位置选择帧。如有必要，指定"定格滤镜"，然后单击"确定"按钮。

定格滤镜用于防止关键帧效果设置（如果存在）在剪辑持续时间内动画化。效果设置会使用位于定格帧的值。

4. 使用"时间重映射"功能为剪辑的某部分冻结帧

使用"时间重映射"功能为剪辑的某部分冻结帧的具体操作步骤如下。

（1）在"时间轴"面板中，在"剪辑效果"菜单中选择"时间重映射"→"速度"选项。在横跨剪辑中心的位置将会出现控制剪辑速度的水平橡皮带。剪辑在 100% 速度界限的上下以对比色作为阴影。剪辑的上部将显示一个白色速度控制轨道，位于剪辑标题栏正下方。

（2）按住 Ctrl 键并单击橡皮带以创建速度关键帧🛡️。

（3）按住 Ctrl 键和 Alt 键（Windows 系统）并拖放速度关键帧，将其放在冻结帧结束的位置。在放下关键帧的位置会创建第二个关键帧。与正常速度关键帧相比，处于内半部分的关键帧（即定格关键帧）呈现方形外观。除非为定格关键帧创建速度过渡，否则无法拖动定格关键帧。速度控制轨道中会显示垂直勾号标记，表示正在播放冻结帧的剪辑段。

（4）要创建以冻结帧作为起点或终点的速度过渡，向左拖动左侧速度关键帧的左侧一半，或向右拖动右侧速度关键帧的右侧一半。速度关键帧的两半之间会出现灰色区域，其中指明速度过渡的长度。橡皮带会在这两半之间形成斜坡，表示它们之间发生的速度渐变。在创建速度过渡之后，可以拖动定格关键帧。拖动第一个定格关键帧会使其滑到定格所在的新媒体帧；拖动第二个定格关键帧仅会改变所定格的帧的时间。

（5）要使蓝色曲线控件出现，可以单击关键帧两半之间的速度控制轨道中的灰色区域。

（6）要更改速度变化的加速或减速，可以拖动曲线控件上的任何一个手柄。速度变化将根据速度斜坡曲率缓入或缓出。

5.5.7 更改剪辑的持续时间和速度

剪辑的速度是指其回放速率与录制速率之比。剪辑的持续时间是指从入点到出点的播放时长。设置视频或音频剪辑的持续时间，让它们通过加速或降速的方式填充持续时间。

更改剪辑的速度或持续时间的方式有使用"剪辑速度 / 持续时间"选项、使用"速率伸展"工具、使用"时间重映射"功能。

1. 使用"剪辑速度 / 持续时间"选项

在"时间轴"面板或"项目"面板中选择一个或多个剪辑。在"项目"面板中，按住 Ctrl 键并单击剪辑可选择不连续的一组剪辑。

选择"剪辑"→"剪辑速度 / 持续时间"选项，或者用鼠标右键单击要选定的剪辑，然后选择"剪辑速度 / 持续时间"选项，如图 5-19 所示。

执行以下任一操作。

（1）要在不更改选定剪辑速度的情况下

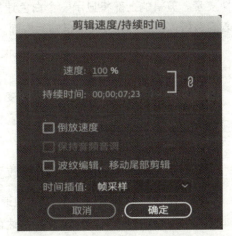

图 5-19 使用"剪辑速度 / 持续时间"选项

更改持续时间，需要单击"绑定"按钮以便其显示中断的链接。取消绑定操作还允许在不更改持续时间的情况下更改速度。

（2）要倒放剪辑，需要勾选"倒放速度"复选框。

（3）要在速度或持续时间变化时保持音频在其当前音调，需要勾选"保持音频音调"复选框。

（4）要让变化剪辑后方相邻的剪辑保持跟随，需要勾选"波纹编辑，移动尾部剪辑"复选框。

（5）为速度更改选择"时间插值"选项：帧采样、帧混合或光流。

2. 使用"速率伸展"工具

"速率伸展"工具提供了一种快速方法，可在时间轴中更改剪辑的持续时间，同时，更改剪辑的速度适应持续时间。

例如，某个特定长度的序列中存在间隙，要用一些速度经过修改的媒体填补该间隙，无须太过关心视频的速度，只需确保它以所需的速度填补该间隙即可。利用"速率伸展"工具可将速度拉伸或压缩到所需的百分比。

在 Adobe Premiere Pro 中，使用"速率伸展"工具可以更改剪辑速度以适应持续时间。选择"速率伸展"工具，并拖动"时间轴"面板中剪辑的两侧边缘之一。

3. 使用"时间重映射"功能

使用"时间重映射"功能可以更改部分剪辑视频的速度，可以在单个剪辑中营造慢动作和快动作效果。具体操作步骤如下。

（1）用鼠标右键单击剪辑，然后选择"显示剪辑关键帧"→"时间重映射"→"速度"选项。

（2）剪辑会被加上蓝色阴影。在横跨剪辑中心的位置将会出现控制剪辑速度的水平橡皮带。剪辑的上部将显示一个白色速度控制轨道，位于剪辑标题栏正下方。如果难以看到剪辑，将其放大以获得足够的空间。

（3）向上或向下拖动橡皮带，以便提高或降低剪辑的速度。出现的工具提示中以原始速度的百分比形式表明速度变化。

剪辑的视频部分的回放速度将会变化，且其持续时间将会延长或缩短，具体取决于其速度是升高还是降低。尽管剪辑的音频部分仍然链接到视频部分，但"时间重映射"功能会维持音频部分不变。

4. 使用"时间重映射"功能改变速度或方向的变化

可以使用"时间重映射"功能加速、减速、倒放或冻结剪辑的视频部分。例如，处理某个人行走的剪辑，可以让他快速前进、突然减速、中途停步，甚至可以先让他后退，然后恢复前进运动。

可以只对"时间轴"面板中的剪辑实例应用"时间重映射"功能，而不对主剪辑应用"时间重映射"功能。当更改链接了音频和视频的剪辑的速度时，音频仍然链接到视频，且仍保持 100% 的速度。音频不会保持与视频同步。

速度关键帧既可以在"效果控件"面板中应用，也可以在"时间轴"面板中对剪辑应用。可以拆分速度关键帧，从而创建两个不同回放速度之间的过渡。

首次应用于轨道项目时，速度关键帧任何一侧的回放速度的任何更改都是在该帧上立即进行的。当速度关键帧被拖动分开并展开超出一个帧时，这两半部分将形成速度变化过渡。此处，可以应用线性或平滑曲线来缓入或缓出回放速度之间的变化。

使用"时间重映射"功能可以执行以下操作：改变剪辑速度的变化、移动未拆分的速度关键帧、移动已拆分的速度关键帧、先倒放再正放剪辑。

5. 使用"时间重映射"功能改变剪辑速度的变化

使用"时间重映射"功能改变剪辑速度变化的具体操作步骤如下。

（1）用鼠标右键单击剪辑，然后选择"显示剪辑关键帧"→"时间重映射"→"速度"选项。剪辑会被加上蓝色阴影。在横跨剪辑中心的位置将出现控制剪辑速度的水平橡皮带。剪辑的上部将显示一个白色速度控制轨道，位于剪辑标题栏的正下方。

（2）按住 Ctrl 键并单击橡皮带上的至少一个点来设置关键帧。剪辑的顶部附近将出现速度关键帧，其位于白色速度控制轨道中的橡皮带上方。速度关键帧可以拆分为两半，作为两个标志着速度变化过渡开始和结束的关键帧。橡皮带上还会出现调整手柄，位于速度变化过渡的中间位置，如图 5-20 所示。

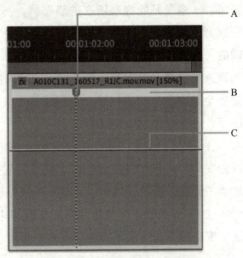

图 5-20　改变剪辑速度的变化

A—速度关键帧；B—白色速度控制轨道；C—橡皮带

（3）执行以下任一操作。

①向上或向下拖动速度关键帧任何一侧的橡皮带，从而提高或降低该部分的回放速度。（可选）按住 Shift 键进行拖动，将速度变化值限制在 5% 的增量。

②按住 Shift 键向左或向右拖动速度关键帧以更改速度关键帧左侧部分的速度。

③这一段的速度和持续时间都会变化。加快剪辑中的区段会使这一段变短，而减慢区段会使这一段变长。

（4）要创建速度过渡，可以向右拖动速度关键帧的右侧一半，或向左拖动关键帧的左侧一半。

（5）要更改速度变化的增加或减小，可以拖动曲线控件上的任何一个手柄。

（6）速度变化将根据速度斜坡曲率缓入或缓出。

（7）要恢复过渡速度变化，选择速度关键帧中不需要的那一半，并按 Delete 键。

6. 使用"时间重映射"功能先倒放再正放剪辑

使用"时间重映射"功能先倒放再正放剪辑的具体操作步骤如下。

（1）用鼠标右键单击剪辑，然后选择"显示剪辑关键帧"→"时间重映射"→"速度"选项。剪辑会被加上蓝色阴影。在横跨剪辑中心的位置将出现控制剪辑速度的水平橡皮带。剪辑的上部将显示一个白色速度控制轨道，位于剪辑标题栏的正下方。如果难以看到剪辑，则应将其放大以获得足够的空间。

（2）按住 Ctrl 键，并单击橡皮带以创建速度关键帧 。

（3）按住 Ctrl 键，并拖动速度关键帧（两半），将其放在作为向后运动终点的位置。在出现的工具提示中，速度将显示为原始速度的负数百分比。节目监视器显示两个窗格：一个是开始拖动所在的静态帧；另一个是动态更新的帧（倒放将在返回到此帧后切换到正放速度）。松开鼠标左键结束拖动时，正放部分会添加一个额外的节段，新节段的持续时间与创建的节段相同，在第二段的结尾处将再放置一个速度关键帧。速度控制轨道中将显示向左的尖括号 ，表示剪辑倒放的部分。这一段将从第一个到第二个关键帧全速倒放，然后从第二个到第三个关键帧全速正放，最终返回到向后运动开始所在的帧，此效果称为回文反向。

（4）可以为方向变化的任何部分创建速度过渡。向右拖动速度关键帧的右侧一半，或向左拖动关键帧的左侧一半。速度关键帧的两半之间会出现灰色区域，其中指明速度过渡的长度。灰色区域会出现蓝色曲线控件。

（5）要更改方向变化任何部分的加速或减速，则拖动曲线控件上的任何一个手柄。速度变化将根据速度斜坡曲率缓入或缓出。

7. 移除"时间重映射"功能

不能像其他功能一样将"时间重映射"功能切换为开关状态。启用和禁用"时间重映射"功能会影响时间轴中的剪辑实例的持续时间。一旦禁用"时间重映射"功能，所有关键帧都将被删除。要激活"时间重映射"功能，需单击"效果控件"选项卡。要启用"时间重映射"功能，需单击其旁边的三角形图标。要将"时间重映射"功能设置为关闭，需单击"速度"旁边的"切换动画"按钮，此操作会删除所有现有的速度关键帧，并且为选定的剪辑禁用"时间重映射"功能。

8. 更改静止图像的默认持续时间

更改静止图像的默认持续时间的具体操作步骤如下：选择"编辑"→"首选项"→"时

间轴"选项（Windows 系统）。对于静止图像的默认持续时间，指定希望作为静止图像
默认持续时间的帧数，如图 5-21 所示。

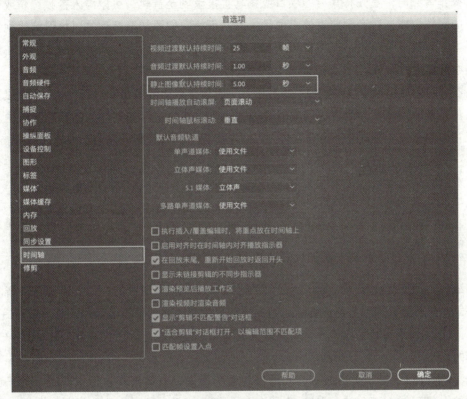

图 5-21　更改静止图像的默认持续时间

任务 5.6　Adobe Premiere Pro 音频编辑

在 Adobe Premiere Pro 中，可以编辑音频，为其添加效果，并在一个序列中混合计算机
系统能处理的尽可能多的音轨。音轨可包含单声道或 5.1 环绕立体声声道。此外，还有标准
音轨和自适应音轨。

标准音轨可在同一轨道中同时容纳单声道和立体声。例如，如果将音轨设为"标
准"，则可在同一音轨上使用带有不同类型音轨的素材。

对于不同种类的媒体，可选择不同种类的轨道。例如，可为单声道剪辑选择仅编辑
至单声道音轨上。在默认情况下，可选择多声道，单声道音频会导向自适应音轨。

5.6.1 操作音频

操作音频时，首先将其导入项目或将其直接录制至音轨，可以导入音频剪辑或包含音频的视频剪辑。在音频剪辑处于项目中后，可将它们添加至序列并以类似编辑视频剪辑的方式对其进行编辑。在将音频添加至序列之前，还可查看音频剪辑的波形并在源监视器中对其进行修剪。

在"时间轴"或"效果控件"面板中，可以调整音轨的音量和进行声像/平衡设置；可以使用音轨混合器对混合进行实时更改；也可以将效果添加到序列的音频剪辑中。如果正在准备与多个音轨进行复杂混合，可以考虑将它们整理到子混合和嵌套序列中。

1. 序列中的音轨

序列可包含以下音轨的任何组合。

（1）标准音轨。标准音轨替代了旧版本的立体声音轨类型。它可以同时容纳单声道和立体声音频剪辑。

（2）单声道音轨。单声道音轨包含一个音频通道。单声道音轨会复制该通道，以便左声道和右声道播放相同的录音，或仅通过左声道或右声道中的一个通道播放录音。如果将立体声剪辑添加到单声道音轨，则立体声剪辑声道将由单声道音轨汇总为单声道。

（3）立体声音轨。立体声音轨为双声道音频。立体声音轨是以两个声道（一左一右）录制的音频。

（4）自适应音轨。自适应音轨可以包含单声道、立体声和自适应剪辑。对于自适应音轨，可通过对工作流程效果最佳的方式将源音频映射至输出音频声道。自适应音轨适用于处理可录制多个音轨的摄像机录制的音频，以及处理合并后的剪辑或多机位序列。

2. 混合音轨和剪辑

混合是指对序列中的音轨进行混合和调整。序列音轨可包含多个音频剪辑及视频剪辑的音轨。在混合音频时执行的操作可应用于序列中的多个级别。例如，可以对某个剪辑应用一个音频级别值，而对该剪辑所在的轨道应用另一个音频级别值。包含嵌套序列音频的轨道可包含之前应用至源序列中轨道的音量更改和效果。在最终混合时将合并在所有这些音频级别值。

如果要修改某个音频剪辑，可以通过对该剪辑或其所在的轨道应用某种效果实现。考虑有计划、系统地应用效果，以避免相同的剪辑中出现多余或有冲突的设置。

3. 音频的处理顺序

编辑序列时，Adobe Premiere Pro 会按以下顺序（从第一个到最后一个）处理音频。

（1）通过使用"剪辑"→"音频选项"→"音频增益"选项，将增益调整应用至剪辑。

（2）将效果应用至剪辑。

（3）按以下顺序处理轨道设置：前置衰减器效果、前置衰减器发送、静音、衰减器、音量计、后置衰减器效果、后置衰减器发送、声像 / 平衡位置。

（4）在音轨混合器中，音轨会按照从左到右、从音轨到子混合轨道的顺序输出音量，并在子混合轨道结束。

4. 快速进行音频调整

虽然 Adobe Premiere Pro 包含全功能的音轨混合器，但在大多数情况下不会使用其中的很多选项。例如，对采集自 DV 素材的视频和音频组合创建粗剪并输出至立体声音轨时，应遵照以下准则。

（1）从音轨混合器中的音频仪表和音量衰减器开始。如果音频远低于 0 dB 或过高（出现红色剪切指示器），根据需要调整剪辑或音轨的电平。

（2）要临时将音轨静音，可以使用音轨混合器中的"轨道静音"选项，或"时间轴"面板中的"切换轨道输出"选项。要临时静音所有其他音轨，需要使用音轨混合器中的"独奏"选项。

（3）在进行任何音频调整时，应确认更改是应用至整个音轨还是单个剪辑。音轨和剪辑的编辑方式不同。

（4）使用音轨混合器中的"显示 / 隐藏轨道"命令，可只显示要查看的信息，从而节约屏幕空间。如果不使用"效果和发送"选项，则可单击音轨混合器左边的三角形图标将其隐藏。

5. 查看音频数据

Adobe Premiere Pro 为相同音频数据提供了多个视图，可以查看和编辑任何剪辑或音轨的音频设置。在音轨混合器或"时间轴"面板中，可查看和编辑音轨或剪辑的音量或效果值，确保将音轨显示设置为"显示轨道关键帧"或"显示轨道音量"。

"时间轴"面板中的音轨包含波形，其为剪辑音频和时间之间关系的可视化表示形式。波形的高度显示音频的振幅（响度或静音程度），波形越大，音频音量越大。查看音轨中的波形有助于查找剪辑中的特定音频。

查看波形可以使用鼠标滚轮或在音轨标头的空白区域双击。

6. 查看音频剪辑

可在"时间轴"面板中查看音频剪辑的"音量""静音"或"平移时间"图表及其波形；也可在源监视器中查看音频剪辑，精确地设置入点和出点；还可以采用音频单位（而非帧）查看序列时间。此设置适用于以比帧小的增量编辑音频。执行以下任一操作。

（1）要在"时间轴"面板中查看剪辑的音频波形，可以先单击音轨，然后选择"设置"→"显示波形"选项。

（2）当剪辑处于"时间轴"面板中时，可在源监视器中查看音频剪辑，也可双击该剪辑。

（3）当剪辑处于"项目"面板中时，可在源监视器中查看音频剪辑，也可双击该剪辑，或者将剪辑拖动至源监视器。如果剪辑包含视频和音频，则可以通过单击"设置"按钮并选择"音频波形"选项，或者单击源监视器的时间栏旁边的"仅拖动视频"图标，在源监视器中查看其音频。

7. 以音频时间单位查看时间

在音轨混合器、节目监视器、源监视器或"时间轴"面板中，选择"显示音频时间单位"选项可以以音频时间单位查看时间。

5.6.2 在源监视器中编辑音频剪辑

在 Adobe Premiere Pro 中处理音频和视频剪辑时，可以使用源监视器查看音频波形、拖动音频波形，以及放大和缩小音频波形。

1. 查看音频波形

在源监视器中打开包含单条或多条音频声道的剪辑时，可自动查看其音频波形。

要自定义音轨的样式，则选择时间轴显示设置（"时间轴"面板中的扳手图标）。要在时间轴中以波形形式显示音频，则选择"显示音频波形"选项，如图 5-22 所示。

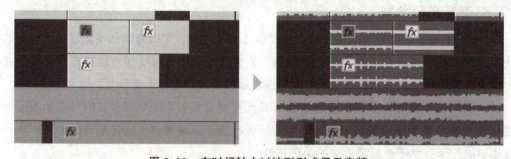

图 5-22 在时间轴中以波形形式显示音频

2. 拖动音频波形

可以将播放指示器拖动到音频波形的某个部分，拖动是一种高效的浏览音频剪辑的方式。

在"时间轴"面板中双击剪辑，可在源监视器中打开该剪辑。选择音频剪辑会显示播放指示器。选择整个剪辑，向前或向后移动或拖动剪辑。

　　要移除拖动，需选择 Adobe Premiere Pro 中的"首选项"→"音频"选项，并取消勾选"拖动时播放音频"复选框，如图 5-23 所示。

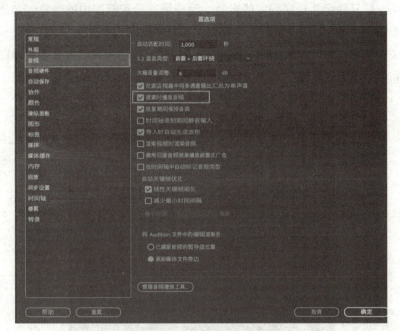

图 5-23　取消勾选"拖动时播放音频"复选框

3. 在源监视器中放大或缩小音频波形

　　要更加清晰地定位标记位置、入点 $\{$ 或出点 $\}$ ，可以在源监视器中放大音频波形。具体操作步骤如下。

　　（1）在"项目"面板或"时间轴"面板中双击音频剪辑可在源监视器中打开音频波形。

　　（2）在源监视器的时间栏中，拖动缩放滚动条的任一端点以水平放大。

　　（3）所有声道的波形以及时间栏都将水平放大或缩小。

　　（4）要垂直放大，则执行以下任一操作。

　　①拖动垂直缩放条的任一端点，可放大单个声道。它位于源监视器右侧的分贝标尺旁。

　　②按住 Shift 键并拖动垂直缩放条的任一端点，可同时放大所有声道。所有声道和分贝标尺的波形均会垂直放大或缩小。

4. 音轨混合器

　　每条音轨混合器轨道均对应于活动序列时间轴中的某个轨道，并会在音频控制台布局中显示时间轴音轨。

音轨混合器包含一定数量的音轨滑块，它们直接对应于时间轴中可用的音轨数量。将新音轨添加到时间轴时，会在音轨混合器中创建新音轨，通过单击轨道名称可将其重命名。使用音轨混合器可直接将音频录制到序列的轨道中。

音轨混合器只显示活动序列中的音轨，而非所有项目范围内的音轨。如果希望从多个序列创建主项目混合，可设置一个主序列并在其中嵌套其他序列。

在默认情况下，在大多数 Adobe Premiere Pro 工作区中，音轨混合器是隐藏的。要打开音频工作区，可以选择"窗口"→"音轨混合器"选项，打开音轨混合器面板，如图 5-24 所示。

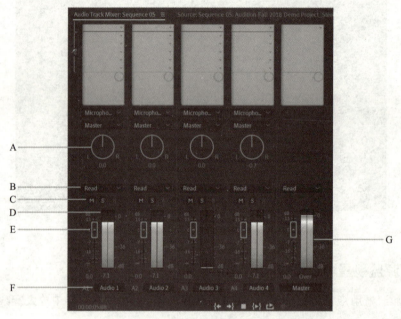

图 5-24　音轨混合器面板的一部分

A—平移 / 平衡控件；B—自动模式；C—静音 / 独奏 / 录音按钮；D—剪切指示器；
E—音量表和衰减器；F—轨道名称；G—音频仪表和衰减器

（1）通道功能。每条音轨混合器轨道均对应于活动序列时间轴中的某个轨道，并会在音频控制台布局中显示时间轴音轨。如图 5-25 所示，音轨混合器中的每个垂直列都标有 Audio 1、Audio 2、Audio 3 等。它们与正常编辑时间轴中存在的音轨完全相同。

音轨混合器允许同时调整整个音轨。例如，Audio1 轨道上有音乐，Audio 2 轨道上有画外音。如果音乐的声音太大，则可以调整滑块以减小音乐音量。

为了保持井井有条，可以在混音器底部重命名音轨。

（2）声像。对音频进行声像定位是指将声音信号定向到立体声场的不同部分。这意味着声像定位可用于控制每个音轨的音频发声时在右侧(R)和左侧(L)之间的平衡方式。因此，如果将其一直向右移动，则只能在右侧的耳机或扬声器中听到该音轨的音频。

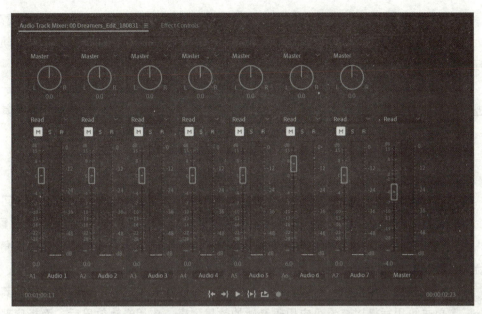

图 5-25　音轨混合器中的垂直列

　　例如，如果一个人在场景的右侧大笑，则将声音的声像向右定位可以为观众创造逼真的体验。

　　（3）静音（Mute）、独奏（Solo）、录音（Record）。静音、独奏、录音按钮以 M、S 和 R 的缩写表示，如图 5-26 所示。它们允许专注于不同的音频元素并禁用音轨。它们与时间轴中可用的图标相同。

　　① M：将所选轨道静音并播放其他轨道的音频。

　　② S：仅从所选轨道播放音频。其他所有轨道都会被静音。

　　③ R：将来自麦克风的音频直接录制到 Adobe Premiere Pro。

　　（4）自动。自动是指在确定的时间长度内允许参数自行调整。音轨混合器有自己的自动模式，默认设置为读取（Read），如图 5-27 所示。音轨混合器中提供了以下五个不同的自动模式。

图 5-26　静音、独奏、录音按钮　　图 5-27　音轨混合器的自动模式

189

①Off（关闭）：忽略回放期间的轨道设置和现有关键帧。在此模式下不会记录更改。

②Read（读取）：这是默认的自动模式。使用轨道关键帧控制回放。如果某个轨道没有关键帧，则更改会影响整条轨道。

③Latch（写入）：记录回放期间的调整和创建的关键帧。回放开始后进行更改。此后进行的更改将被忽略。例如，如果播放剪辑并实时移动滑块，它会记录动作并将其锁定到位。

④Touch（触动）：与写入相似。除非调整某个属性，否则不会进行自动处理。停止调整某属性时，会恢复到以前的状态。必须触动音频滑块才能记录更改。

⑤Write（闭锁）：与触动相似。除非调整某个属性，否则不会开始自动处理。可使用上一次调整中用过的属性设置。直到停止回放然后重新开始，它才会返回到原始位置。

（5）音轨效果。如果音轨效果在音轨混合器中不可见，则单击音轨混合器左上角的小箭头。可以将 EQ、混响和压缩等音轨效果应用和组合到整个轨道。

在"音轨效果"面板中，可以看到一组插槽，可以在其中放置不同的效果或向其发送分配。单击可用插槽以查看可应用于音轨的效果列表。应用音轨效果后，面板底部会显示一个框，可以在其中控制此效果的参数，也可以添加多个同时显示的效果。

"fx"按钮可保留音轨效果，但会将其静音。要消除音轨效果，则选择"效果"→"无"选项。

5.6.3　使用音频过渡

可以对剪辑之间的音频过渡应用交叉淡化。音频淡化类似视频过渡。对于交叉淡化，应在同一轨道上的两个邻近音频剪辑之间添加音频过渡。要淡入或淡出，应将一个交叉淡化过渡添加到单个剪辑的任何一端。Adobe Premiere Pro 包括恒定增益、恒定功率和指数淡化三种类型的交叉淡化。

1. 指定默认的音频过渡

指定默认的音频过渡的具体操作步骤如下。

单击鼠标右键（Windows 系统）或按住 Ctrl 键（macOS）并选择位于"效果控制"面板中的"音频过渡"→"交叉淡化"→"恒定增益"或"恒定功率"或"指数淡化"选项，然后选择"将所选过渡设置为默认过渡"选项。

2. 设置音频过渡的默认持续时间

设置音频过渡的默认持续时间的具体操作步骤如下。

选择"编辑"→"首选项"→"时间轴"选项（Windows 系统）或"首选项"→"时间轴"选项（macOS）。在"首选项"对话框中，输入"音频过渡默认持续时间"的值。

3. 音频剪辑之间的交叉淡化

必要时，在"时间轴"面板中单击每个音轨名称左侧的三角形图标，展开要进行交叉淡化的音轨。确保两个音频剪辑处于邻近位置，并且两个剪辑都经过修剪。执行以下任一操作。

（1）要添加默认音频过渡，则将当前时间指示器移动到剪辑之间的编辑点，并选择"序列"→"应用音频过渡"选项。

（2）要添加除默认值之外的音频过渡，则在"效果控制"面板中展开"音频过渡"素材箱，并将音频过渡拖到"时间轴"面板中，置于要进行交叉淡化的两个剪辑之间的编辑点上。

4. 淡入或淡出剪辑的音频

确保在"时间轴"面板中展开音轨。必要时，单击音轨名称左侧的三角形图标，展开要进行交叉淡化的音轨。执行以下任一操作。

（1）要淡入剪辑的音频，可以将音频过渡从"效果控制"面板拖到"时间轴"面板，使其对齐到音频剪辑的入点。也可以在"时间轴"面板中选择应用的过渡。然后，从"效果控件"面板的"对齐"菜单中选择"起点切入"选项。

（2）要淡出剪辑的音频，可以将音频过渡从"效果控制"面板拖到"时间轴"面板，使其对齐到音频剪辑的出点；也可以在时间轴中选择应用的过渡。然后，从"效果控件"面板上的"对齐"菜单中选择"终点切入"选项。

（3）使用三种音频交叉淡化过渡中的任意一种来淡入或淡出剪辑的音频。

5. 调整或自定义音频过渡

要调整或自定义音频过渡，可执行以下任一操作。

（1）要编辑音频过渡，可以先在"时间轴"面板中双击该过渡，然后在"效果控件"面板中调整过渡。

（2）要自定义音频淡化或交叉淡化的速率，应调整剪辑的音频音量关键帧图表，而不是应用过渡。

5.6.4　使用音轨效果

1. 在音轨混合器中应用、删除和绕过音轨效果

在音轨混合器中，需要先在"效果和发送"面板中选择音轨效果后，才能控制音轨效果选项。如果"效果和发送"面板不可见，单击音轨混合器左侧的"显示／隐藏效果和发送"三角形图标使其显示。"效果和发送"面板包含"效果选择"菜单，可应用多达五个音轨效果。

Adobe Premiere Pro 会按列出的顺序处理音轨效果，并在应用音轨效果后的结果上，应用列表中的下一个音轨效果。因此，更改音轨效果的顺序可能会更改结果。在音轨混合器中应用的音轨效果，也可以在"时间轴"面板中查看和编辑。

在音轨混合器中，可以使用自动选项来记录随时间推移而变化的音轨效果选项，也可使用关键帧在"时间轴"面板中指定这些音轨效果选项。

2. 应用音轨效果

要应用音轨混合器中的音轨效果，可执行以下操作。

（1）要在音轨混合器中显示"效果和发送"面板，单击音轨混合器左侧的"显示 / 隐藏效果和发送"三角形图标。

（2）选择要应用音轨效果的音轨。单击"效果选择"三角形图标，并从菜单中选择音轨效果。

（3）音轨效果的参数显示在"效果和发送"面板的底部。设置所选参数的值。各个音轨效果可使用的选项不同。

（4）切换"fx"按钮可应用 / 删除音轨效果。

3. 移除音轨混合器中的音轨效果

要移除音轨效果，则单击要移除音轨效果右侧的三角形图标，然后选择"无"选项。

4. 绕过音轨混合器中的音轨效果

要绕过音轨效果，切换音轨效果列表底部附近的"效果绕过"按钮 ⏣ 。

5. 复制和移动音轨混合器中的音轨效果

使用音轨混合器，可以移动、复制和重新排序音轨效果。如果要重新排列音轨效果以更改音频的增益级和信号流，则此功能特别有用。

（1）要在音轨混合器中显示"效果和发送"面板，单击音轨混合器左侧的"显示 / 隐藏效果和发送"三角形图标。

（2）选择音轨混合器中的一个音轨效果。

（3）要在音轨内移动或复制任一单个音轨效果，可执行以下操作。

①移动音轨效果：选择某个音轨效果，并将其拖动到音轨内的新位置。

②复制音轨效果：选择某个音轨效果，然后按住 Ctrl 键并将其拖动到音轨内的新位置。

（4）要在音轨之间移动或复制任一单个音轨效果，可执行以下操作。

①移动音轨效果：选择音轨效果，按住 Ctrl 键并将其拖动到另一个音轨。

②复制音轨效果：选择音轨效果，然后将其拖动到另一个音轨。此时就创建了一个音轨效果的副本。

（5）如图 5-28 所示，要在音轨之间复制和粘贴音轨效果，需要先单击鼠标右键或按住 Ctrl 键并单击音轨顶部，选择"复制轨道效果"选项。然后，单击鼠标右键或按住 Ctrl 键并单击其他音轨顶部，选择"粘贴轨道效果"选项。

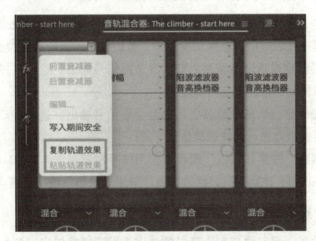

图 5-28　复制和粘贴音轨效果

6. 在时间轴中调整音轨效果

通过操控轨道关键帧橡皮带或通过使用音轨混合器中的控件，可以调整固定音轨或声像器效果。具体操作步骤如下。

（1）在"时间轴"面板中，双击音轨将其展开。

（2）单击"显示关键帧"按钮，然后在菜单中选择"显示轨道关键帧"选项。

（3）单击音轨中的剪辑左上角的菜单（显示以"轨道：音量"作为默认选择项），然后在弹出的菜单中选择音轨效果名称和属性。前置衰减器效果显示在菜单的顶部；后置衰减器效果显示在菜单的底部。音轨效果名称中的数字表明它们在音轨效果列表中的位置，即渲染顺序。

（4）使用钢笔工具可均匀地调整级别（如果尚未添加关键帧），或者添加或编辑关键帧。

7. 在时间轴中复制和粘贴音轨效果

可以从音轨的一部分复制音轨效果，然后将它们粘贴至另一部分。粘贴后，音轨效果关键帧即会出现在当前时间指示器所在的位置。目标音轨不会影响所粘贴关键帧的位置。具体操作步骤如下。

（1）在"时间轴"面板中，选择一个或多个音轨关键帧。要选择多个关键帧，需要按住 Shift 键单击每个关键帧。

（2）选择"编辑"→"复制"选项或使用快捷键 Ctrl+C。

（3）将当前时间指示器置于音轨上的新位置。

（4）选择"编辑"→"粘贴"选项或使用快捷键 Ctrl+V。

8. 将音轨效果指定为前置衰减器或后置衰减器

音轨效果可作为前置衰减器或后置衰减器应用，差别在于音轨效果是在应用轨道衰减器之前应用还是在之后应用。在默认情况下，音轨效果作为前置衰减器。

前置衰减器提供穿过轨道衰减器之前的混合器信号输出。这样可按照需要移动音量衰减器，而不影响转到该辅助设备的音量。

后置衰减器提供穿过轨道衰减器之后的混合器信号输出。这样移动音量衰减器时，对辅助设备发送音量也会进行同样的操作。

在音轨混合器的"效果和发送"面板中，用鼠标右键单击（Windows 系统）或按住 Ctrl 键并单击（macOS）音轨效果，然后选择"前置衰减器"或"后置衰减器"选项。

9. 声道化效果

利用声道化效果，可创建自定义布局的效果。可选择将自定义布局保存为预设，以便重复使用。如果有多个音轨且希望仅将音轨效果应用于部分通道，可使用此功能。具体操作步骤如下。

（1）要修改效果布局，则在"效果控件"面板中选择"效果"选项，然后单击"声道映射"旁边的"重新映射"按钮，选择"剪辑效果编辑器"→"请求布局"选项。随即会弹出"请求效果布局"对话框，如图 5-29 所示。

图 5-29 "请求效果布局"对话框

（2）利用"请求效果布局"对话框，可选择输入类型，并在下拉列表中选择"单声道""立体声"或"5.1"选项。

（3）单击"自定义"按钮，即可弹出"自定义音频通道布局"对话框，如图 5-30 所示，在该对话框中可分配或编辑"通道标签"。

（4）使用图 5-31 所示的加号和减号图标添加和移除通道。

（5）进行更改后，将更改保存为预设，以便重复使用。在"保存预设"对话框中，为预设输入名称，然后单击"确定"按钮。

（6）为每个单独的通道修改效果输入和效果输出。

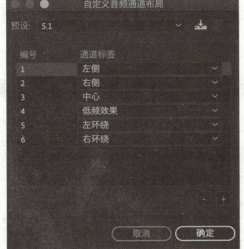

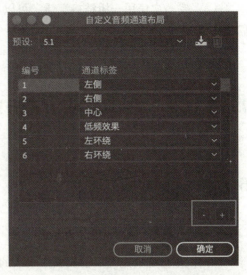

图 5-30 "自定义音频通道布局"对话框　　　图 5-31 加号和减号图标来添加和移除声道

10. 链接和取消链接视频和音频剪辑

在"项目"面板中，同时包含视频和音频的剪辑作为单个项目显示，表示为▓。但是，将该剪辑添加到序列中时，视频和音频会显示为两个对象，每个对象分别位于其相应的轨道中（如果已在添加该剪辑时指定了视频源和音频源）。

剪辑的视频和音频部分将建立链接，这样在"时间轴"面板中拖动视频部分时，链接的音频也会随之移动，反之亦然。鉴于此，配对的音频 / 视频被称为"已链接的剪辑"。

通常，所有编辑功能都会作用于链接和剪辑的两个部分。如果希望单独处理音频和视频，可取消它们之间的链接。取消链接后，即可单独对音频和视频进行处理。就算在取消链接的情况下，Adobe Premiere Pro 也会对链接进行跟踪。如果重新链接这些剪辑，它们会指明是否发生了不同步移动，并且指明不同步程度，这可以让 Adobe Premiere Pro 自动重新同步这些剪辑。

如果需要对单独录制的视频和音频进行同步，可以在先前取消链接的剪辑之间创建一个链接。

11. 链接或取消链接视频和音频

要链接或取消链接视频和音频，可在时间轴中进行以下操作。

（1）要链接剪辑，可以按住 Shift 键并单击一组剪辑以将其选中，然后单击鼠标右键并在弹出的快捷菜单中选择"链接"选项。

（2）要取消链接剪辑，可以单击鼠标右键并在弹出的快捷菜单中选择"取消链接"

选项。

（3）要多次使用一组链接剪辑，可以从该组同步剪辑创建一个嵌套序列，然后根据需要将此嵌套序列放入其他序列。

任务 5.7   Adobe Premiere Pro 视频效果和过渡

5.7.1   视频效果列表

1. 调整效果

使用以下过滤器浏览当前页面中记录的不同效果。

（1）提取效果。提取效果可从视频剪辑中移除颜色，从而创建灰度图像，如图 5-32 所示。明亮度值小于输入黑色阶或大于输入白色阶的像素将变为黑色。这些点之间全显示为灰色或白色。

（2）色阶效果。色阶效果可控制剪辑的亮度和对比度。此效果结合了色彩平衡、灰度系数校正、亮度与对比度和反转效果的功能，如图 5-33 所示。

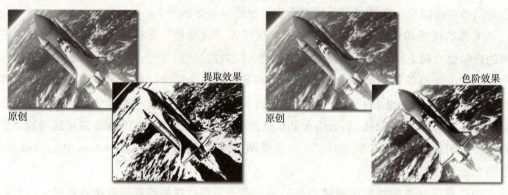

图 5-32　提取效果　　　　　　　　　　　图 5-33　色阶效果

（3）光照效果。光照效果最多可采用五种光照产生有创意的照明氛围，如图 5-34 所示，可以控制光照类型、方向、强度、颜色、光照中心和光照传播之类的光照属性。还有一个"凹凸层"控件可以使用其他素材中的纹理或图案产生特殊光照效果，如类似 3D 表面的效果。

（4）ProcAmp 效果。ProcAmp 效果模仿标准电视设备上的处理放大器，如图 5-35 所示。此效果调整剪辑图像的亮度、对比度、色相、饱和度及拆分百分比。

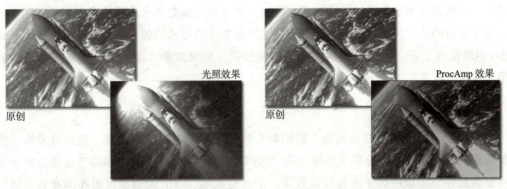

图 5-34　光照效果　　　　图 5-35　ProcAmp 效果

2. 视频过渡列表

视频过渡列表见表 5-1。

表 5-1　视频过渡列表

溶解过渡	划像过渡	滑动过渡	擦除过渡	页面剥落过渡	3D 运动过渡
叠加溶解过渡	盒形划像过渡	中心拆分过渡	双侧平推门擦除过渡	页面剥落过渡	立方体旋转
交叉溶解过渡	交叉划像过渡	推过渡	渐变擦除过渡	翻页过渡	翻转
渐隐为黑色过渡	菱形划像过渡	滑动过渡	插入擦除过渡	—	—
渐隐为白色过渡	圆划像过渡	拆分过渡	擦除过渡	—	—
胶片溶解过渡	—				
非叠加溶解	—				

5.7.2　视频效果类型

Adobe Premiere Pro 包括各种各样的音频与视频效果[1]，可将这些效果应用于视频节目中的剪辑。通过效果可以增添特别的视觉或音频特性，或提供与众不同的功能属性。例如，通过效果可以改变素材曝光度或颜色、操控声音、扭曲图像或增添艺术效果，还可以使用效果来旋转和动画化剪辑，或在帧内调整剪辑的大小和位置。通过设定的值可以控制效果的强度。在"效果控件"面板或"时间轴"面板中使用关键帧动画化大多数效果的控件，并查看各关键帧的相关信息。

Adobe Premiere Pro 具有许多内置效果。有些是固定效果（即预先应用或内置的效

---

[1] 音频效果即前文所述"音轨效果"，后同。

果），有些是应用于剪辑的标准效果。此外，效果还可以是基于剪辑的（应用于剪辑），或基于轨道的（应用于轨道）。可以使用由外部制造商创建的效果，作为 Adobe Premiere Pro 中的增效工具。视频效果的类型有固定效果、标准效果、基于剪辑或基于轨道的效果、效果增效工具。

1. 固定效果

添加到"时间轴"面板的每个剪辑都会预先应用或内置固定效果。固定效果可以控制剪辑的固有属性，无论是否选择剪辑，"效果控件"面板中都会显示固定效果。可以在"效果控件"面板中调整所有固定效果。节目监视器、"时间轴"面板和调音台也提供易于使用的控件。固定效果包括以下内容。

（1）运动：包括多种属性，用于动画化、旋转和缩放剪辑，调整剪辑的防闪烁属性，或者将这些剪辑与其他剪辑合成。

（2）不透明度：允许降低剪辑的不透明度，是用于实现叠加、淡化和溶解之类的效果。

（3）时间重映射：允许针对剪辑的任何部分减速、加速或倒放，或者将帧冻结。通过提供微调控制，使这些变化加速或减速。

（4）音量：控制剪辑中的音频音量。

由于固定效果已内置在每个剪辑中，所以只需要调整它们的属性来激活即可。

Adobe Premiere Pro 在应用于剪辑的所有标准效果之后渲染固定效果。标准效果会按照从上往下出现的顺序渲染。在"效果控件"面板中可以将标准效果拖到新的位置来更改它们的顺序，但是不能重新排列固定效果的顺序。

2. 标准效果

标准效果是必须首先应用于剪辑以创建期望结果的附加效果。任意数量或组合的标准效果可以应用于序列中的任何剪辑。使用标准效果可以添加特性或编辑视频，如调整色调或修剪像素。Adobe Premiere Pro 包括许多视频和音频效果，它们位于"效果控制"面板中。须将标准效果应用于剪辑，然后在"效果控件"面板中进行调整。某些视频效果可直接通过节目监视器中的手柄予以操控。通过在"效果控件"面板中使用关键帧并更改图表的形状，所有标准效果的属性均可随时间推移而动画化。通过在"效果控件"面板中调整贝塞尔曲线的形状，可以微调效果动画的平滑度或速度。

3. 基于剪辑和基于轨道的效果

所有视频效果（包括固定效果和标准效果）都是基于剪辑的。它们改变的是各个剪辑。通过创建嵌套序列，可以将基于剪辑的效果同时应用于多个剪辑。

音频效果可应用于剪辑或轨道。应用基于轨道的效果，需要使用音轨混合器。如果为效果添加关键帧，就可以在音轨混合器或"时间轴"面板中调整效果。

4. 效果增效工具

除 Adobe Premiere Pro 随附的几十种效果外，可以通过效果增效工具的形式使用大量效果，还可以从 Adobe 或第三方供应商处购买效果增效工具，或从其他兼容的应用程序获得效果增效工具。例如，许多 After Effects 增效工具和 VST 增效工具可以用于 Adobe Premiere Pro。然而，Adobe 仅正式支持本应用程序附带安装的效果增效工具。

5. 搜索效果

标准效果列在"效果控制"面板中，并组织成两个主素材箱，即"视频效果"和"音频效果"。每个素材箱内，按类型在嵌套素材箱内列出效果。例如，"模糊与锐化"素材箱包含使图像散焦的效果，如"高斯模糊"和"方向模糊"。

在以支持的音频剪辑类型命名的素材箱内查找音频效果：单声道、立体声或 5.1。也可以通过在"包含"框中输入效果名称来找到效果。选择"窗口"→"效果"选项或单击"效果"选项卡打开"效果控制"面板。

可以使用"效果控制"面板中的滤镜，根据是否为加速、32 位颜色或 YUV 效果，对其进行排序。可以使用"效果控制"面板中的过滤按钮对效果排序，过滤按钮包括"是否为加速""32 位颜色"或"YUV 效果"，将这些过滤按钮切换为启用状态时，只有其对应类型的效果与过渡会显示在效果列表中。可以切换这些过滤按钮中的一个或多个，从而针对任何属性组合来过滤效果列表。

5.7.3　应用和移除效果

1. 将效果应用于剪辑

在 Adobe Premiere Pro 中可将效果图标从"效果控制"面板拖动到"时间轴"面板中的剪辑上，从而将一个或多个标准效果应用于剪辑。或者先选择剪辑，然后在"效果控制"面板中双击某个效果以应用该效果。可以多次应用同一效果，而每次使用不同设置。

可以先选择所需的所有剪辑，然后将标准效果一次应用于多个剪辑。还可以暂时禁用效果，这样做将会阻止效果而不会将其移除（也可以彻底移除效果）。

要针对选定的剪辑查看和调整效果，可使用"效果控件"面板，或者在"时间轴"面板中展开剪辑的轨道并选择适当的查看选项，从而查看和调整剪辑的效果。

（1）在默认情况下，将效果应用到剪辑时，效果在剪辑的持续时间内处于活动状态。可以使效果在特定时间开始和停止，或通过使用关键帧提高或降低效果的强烈程度。执行以下任一操作。

① 要将一个或多个效果应用于单个剪辑，则选择效果并将它们拖到时间轴上的剪辑。

② 要将一个或多个效果应用于多个剪辑，则先选择剪辑，按住 Ctrl 键并单击时间轴

上的每个所需的剪辑，然后将一个效果或选定的一组效果拖到任何选定的剪辑上。

③选择剪辑，然后双击效果。

（2）要应用音频效果，将效果拖到音频剪辑上或视频剪辑的音频部分。对音轨启用"显示轨道音量"或"显示轨道关键帧"选项后，将无法对剪辑应用音频效果。在"效果控制"面板中，单击三角形图标可以显示相关效果的选项，然后指定选项值。

2. 复制并粘贴剪辑效果

在 Adobe Premiere Pro 中可以轻易地将效果从一个剪辑复制和粘贴到另外一个或多个剪辑。例如，可以将相同的颜色校正应用于在类似光照条件下拍摄的一系列剪辑；可以从位于序列某条轨道中的剪辑上复制效果，然后将它们粘贴到另一条轨道中的剪辑上，不必瞄准目标轨道。

可以在"效果控制"面板中复制和粘贴各个效果，也可以从任何序列中的剪辑上复制所有效果值（包括固定效果和标准效果的关键帧）。此外，还可以使用"粘贴属性"命令将这些值粘贴至任何序列中的其他剪辑。通过"粘贴属性"，源剪辑固有的效果（如运动、不透明度、时间重映射及音量）将替换目标剪辑中对应的效果。所有其他效果（包括关键帧）将被添加到已经应用于目标剪辑的效果列表中。

如果效果包括关键帧，则这些关键帧将出现在目标剪辑中的对应位置，从目标剪辑的起始位置算起。如果目标剪辑比源剪辑短，则将在超出目标剪辑出点的位置粘贴关键帧。要查看这些关键帧，可以将剪辑出点移动至晚于关键帧位置的时间点，或取消勾选"固定到剪辑"复选框。

复制并粘贴剪辑效果的具体操作步骤如下。

（1）在"时间轴"面板中，选择包含一个或多个要复制效果的剪辑。

（2）要选择一个或多个要复制的效果，则在"效果控件"面板中选择要复制的效果。按住 Shift 键并单击可选择多个效果（如果要选择所有效果，则可跳过此步骤）。

（3）选择"编辑"→"复制"选项。

（4）在"时间轴"面板中，首先选择要将效果粘贴到的剪辑，然后执行以下任一操作。

①要粘贴一个或多个效果，可以选择"编辑"→"粘贴"选项。

②要粘贴所有效果，可以选择"编辑"→"粘贴属性"选项。

3. 从剪辑中移除选定的效果

从剪辑中移除选定的效果的具体操作步骤如下。

（1）在"时间轴"面板中选择剪辑。为了确保仅选择一个剪辑，先单击时间轴中的空白区，然后单击"剪辑"按钮。单击位于选定剪辑上方的时间标尺上的一个点，可将当前时间指示器移动到该位置。

（2）在"效果控件"面板中，选择要移除的一个或多个效果。选择多个效果，按住

Ctrl 键并单击这些效果。

（3）执行以下任一操作。

①按 Delete 键或 Backspace 键。

②在"效果控制"面板菜单中选择"移除所选效果"选项。

4. 从剪辑中移除所有效果

在"时间轴"面板中选择剪辑。为了确保仅选择一个剪辑，先单击时间轴中的空白区，然后单击"剪辑"按钮。单击位于选定剪辑上方的时间标尺上的一个点，可将当前时间指示器移动到该位置。执行以下任一操作。

（1）从"效果控制"面板菜单中选择"移除效果"选项。

（2）用鼠标右键单击时间轴中的一个剪辑，然后选择"移除属性"选项。

（3）在"移除属性"对话框中，先选择要移除的效果类型，然后单击"确定"按钮。

所有选定的应用效果都将从剪辑中被移除，而所有选定的固有效果将恢复到它们的默认设置。

5. 在剪辑中禁用或启用效果

在"效果控制"面板中选择一个或多个效果，并执行以下任一操作。

（1）单击"效果"按钮禁用效果。

（2）单击"效果"按钮启用效果。

（3）在"效果控制"面板菜单中取消选择或选择"效果已启用"选项。

6. 使用 fx 徽章

fx 徽章是时间轴中的一个图标，用于确认是否已将效果应用到剪辑。在时间轴中先单击"设置"按钮，然后选择"显示 fx 徽章"选项以在时间轴中显示 fx 徽章。

如图 5-36 和图 5-37 所示，Adobe Premiere Pro 提供不同颜色的 fx 徽章。只需要看 fx 徽章的颜色，即可确定是否已应用效果、已修改内部效果等，具体含义见表 5-2。

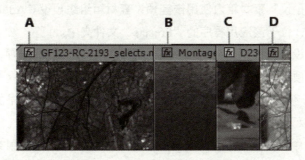

图 5-36 不同颜色的 fx 徽章

A—灰色 fx 徽章；B—紫色 fx 徽章；C—黄色 fx 徽章；D—绿色 fx 徽章

图 5-37　红色下画线 fx 徽章

表 5-2　不同颜色的 fx 徽章的含义

fx 徽章颜色	含义
灰色	未应用效果（默认 fx 徽章颜色）
紫色	未应用内部效果（如颜色校正和模糊）
黄色	已修改内部效果（如位置、缩放、不透明度）
绿色	已修改内部效果并应用其他效果
红色下画线	应用了源剪辑（此前称为主剪辑）效果

5.7.4　效果预设

在"效果控制"面板中，"预设"素材箱包含用于常见效果的预设。由于无须自己设置效果，故使用专用的预设可以节省时间。例如，如果希望剪辑在入点处快速模糊，可以应用快速模糊效果并手动为其设置关键帧。为了节省时间，可以改为应用"在入点快速模糊"预设。

可以自定义单独的效果设置，并将它们另存为预设，然后可以将这些预设应用于任何项目中的其他剪辑。在将效果另存为预设时，也会保存为效果创建的关键帧。对于在"效果控制"面板中创建的效果预设，Adobe Premiere Pro 会将它们存储在根"预设"素材箱中，可以在"预设"素材箱内使用嵌套预设素材箱组织预设。Adobe Premiere Pro 还附带几个效果预设，位于该应用程序的"Presets"文件夹中。

要查看效果预设的属性，则在"效果控制"面板中选择"预设"选项，并从"效果控制"面板菜单中选择"预设属性"。

将预设应用于剪辑时，如果此预设包含了已经应用于剪辑效果的设置，则 Adobe Premiere Pro 将按以下规则修改剪辑。

如果效果预设中包含固定效果（如运动、不透明度、时间重映射或音量），则该操作将替换现有的效果设置。

如果效果预设中包含标准效果，则会将效果添加到当前效果列表的底部。如果将效果拖入"效果控制"面板，则可以将效果放在层次结构中的任何位置。

1. 创建和保存效果预设

创建和保存效果预设的具体操作步骤如下。

（1）在时间轴中，选择所需要的剪辑，即此剪辑中使用的一个或多个效果具有想要另存为预设的设置。

（2）在"效果控制"面板中，选择要保存的一个或多个效果。按住 Ctrl 键并单击以选择多个效果。

（3）单击"效果控制"面板右上角的面板菜单图标以打开面板菜单，然后选择"保存预设"选项。

（4）在"保存预设"对话框中，指定预设的名称。如果需要，可输入描述。选择以下预设类型之一，这些类型指明了将预设应用于目标剪辑时 Adobe Premiere Pro 处理关键帧的方式。

①缩放：按比例将源关键帧缩放为目标剪辑的长度。此操作会删除目标剪辑上的任何现有关键帧。

②定位到入点：保持从剪辑入点到第一个效果关键帧的原始距离。如果从源剪辑入点到第一个关键帧的距离为 1 s，则此选项将在距离目标剪辑入点 1 s 处添加关键帧。此选项还会添加相对于该位置的所有其他关键帧，不进行任何缩放。

③定位到出点：保持从剪辑出点到最后一个效果关键帧的原始距离。如果从源剪辑出点到最后一个关键帧的距离为 1 s，则此选项将在距离目标剪辑出点 1 s 处添加关键帧。此选项还会添加相对于该位置的所有其他关键帧，不进行任何缩放。

（5）单击"确定"按钮。

2. 应用效果预设

可以将效果预设（其中包含一个或多个效果的设置）应用于序列中的任何剪辑。

在"效果控制"面板中，展开"预设"素材箱，并执行以下任一操作。

（1）将效果预设拖到"时间轴"面板中的剪辑上。

（2）在"时间轴"面板中选择剪辑，然后将效果预设拖入"效果控制"面板。

如果将预设拖到"时间轴"面板中的剪辑上，放置目标将按如下方式确定。

（1）如果时间轴中无已选剪辑，则预设将应用于放置时瞄准的剪辑。

（2）如果时间轴中有已选剪辑，但是放置时瞄准的剪辑不属于所选的任何剪辑，则将取消选择先前选择的剪辑。瞄准的剪辑及所有链接的轨道项目将变为选定状态，预设将应用于瞄准的剪辑及链接的轨道项目。

（3）如果时间轴中有已选剪辑，并且放置时瞄准的剪辑属于所选的剪辑之一，则预设将应用于所有选择的剪辑。该预设不会影响未选择的链接剪辑。

5.7.5　调整图层

在 Adobe Premiere Pro 中，可使用调整图层功能，将同一效果应用至时间轴上的多个剪辑。应用至调整图层的效果会影响图层堆叠顺序中位于其下的所有图层。

可在单个调整图层上使用效果组合，也可使用多个调整图层来控制更多的效果。

Adobe Premiere Pro 中的调整图层功能与 Photoshop 和 After Effects 中的调整图层功能相似。

1. 创建调整图层

创建调整图层的具体操作步骤如下。

（1）选择"文件"→"新建"→"调整图层"选项。

（2）在"视频设置"对话框中，先根据需要修改调整图层的设置，然后单击"确定"按钮。

（3）从"项目"面板将调整图层拖动至"时间轴"面板中要影响的剪辑上方的视频轨道上（或覆盖在其上）。

（4）单击调整图层的主体将其选中。

（5）选中调整图层后，在"效果控制"面板的"快速查找"文本框中输入要应用的效果的名称。

（6）双击效果将其添加至调整图层，可将多个效果添加至调整图层。

（7）按快捷键 Shift+5 打开"效果控制"面板，根据需要修改效果的参数。

（8）在播放序列时，注意对调整图层的更改会影响下层轨道上的所有剪辑。

2. 调整调整图层的大小以高光显示某个区域

可将效果（如色调或颜色校正效果）添加至调整图层，然后调整其大小，可让高光显示屏幕的某个区域。具体操作步骤如下：双击时间轴显示区域中的调整图层。拖动屏幕中心的锚点以重新定位调整图层，然后拖动剪辑的边缘将其按比例缩小。

3. 混合模式和调整图层

借助调整图层，可将相同的混合模式和不透明度调整应用至一系列剪辑。通过在调整图层"效果控件"选项卡中的"不透明度"下更改混合模式，可在 Adobe Premiere Pro 中完成此操作。

该技巧等同于在现有剪辑上的视频轨道中复制一个剪辑，然后更改其混合模式。

4. 变换效果和调整图层

可将变换效果（如缩放或旋转）添加至调整图层，然后在多个剪辑（或静止图像）的跨度上将其动画化。该技巧可实现之前通过嵌套剪辑实现的运动效果。

在回放序列时，现在剪辑将具有变换效果，该效果将在两个或更多剪辑的跨度上动画化。

5.7.6　稳定素材

在 Adobe Premiere Pro 中，可以使用变形稳定器效果来修复晃动的视频。该功能可消除摄像机移动所造成的抖动，从而可将不稳定的手持拍摄素材转变为平稳、流畅的影像内容。

1. 使用变形稳定器效果稳定视频

使用变形稳定器效果稳定视频的具体操作步骤如下。

（1）选择要稳定的剪辑。

（2）打开"效果控制"面板并选择"视频效果"选项，向下滚动找到"扭曲"选项，然后选择"变形稳定器"选项或选择"变形稳定器"选项并将其拖放到剪辑上。

在添加效果之后，Adobe Premiere Pro 会在后台立即开始分析剪辑。当分析开始时，"项目"面板中会显示第一个栏（共两个栏），指示正在进行分析。当分析完成时，第二个栏会显示稳定过程的消息。

2. 变形稳定器设置

（1）分析：在首次应用变形稳定器时无须按下该按钮，程序会自动执行。在进行某些更改之前，"分析"按钮将保持灰暗状态。例如，当调整图层的入点或出点或对图层源进行上游更改时，单击"分析"按钮重新分析素材，如图 5-38 所示。

（2）取消：取消正在进行的分析。在分析期间，状态信息会显示在"取消"按钮旁边。

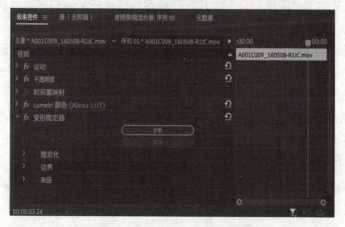

图 5-38　变形稳定器设置

3. 变形稳定器设置——稳定化

利用"稳定化"设置，可调整稳定过程。

（1）结果：控制素材的预期效果（包括"平滑运动"和"无运动"）。

①平滑运动（默认）：保持原始摄像机的移动，但使其更平滑。在选中后，会启用"平滑度"功能控制摄像机移动的平滑程度。

②无运动：尝试消除拍摄中的所有摄像机运动。在选中后，将在"高级"部分中禁用"更少裁剪更多平滑"功能。该设置用于主要拍摄对象至少有一部分保持在正在分析的整个范围的帧中的素材。

（2）平滑度：选择对摄像机原始运动的稳定程度，数值越小越接近摄像机原来的运动，数值越大运动越平滑。如果数值在 100 以上，则需要对图像进行更多裁剪。在将"结果"设置为"平滑运动"时使用该选项。

（3）方法：指定变形稳定器对素材执行的最复杂的稳定操作。具体参数设置如下。

①位置：稳定仅基于位置数据，且是稳定素材的最基本方式。

②位置、缩放及旋转：稳定基于位置、缩放和旋转的数据。如果没有足够的区域用于跟踪，则变形稳定器将选择上个类型（位置）。

③透视：使用可以有效地对整个帧进行边角定位的一种稳定类型。如果没有足够的区域用于跟踪，则变形稳定器将选择上个类型（位置、缩放、旋转）。

④子空间变形（默认设置）：尝试以不同的方式稳定帧的各个部分稳定整个帧。如果没有足够的区域用于跟踪，则变形稳定器将选择上个类型（透视）。在任何给定帧上使用该方法时，根据跟踪的精度，剪辑中会发生一系列相应的变化。

（4）保持缩放：勾选此复选框后，剪辑的缩放比例不会发生变化。

4. 变形稳定器设置——边界

利用"边界"设置，可调整被稳定的素材处理边界（移动的边缘）的方式。

（1）帧：又称为"取景"，控制如何在稳定的结果中显示边缘。可将取景设置为以下任一内容。

①仅稳定：显示整个帧，包括运动产生的边缘。"仅稳定"选项显示为稳定图像而需要完成的工作量。使用"仅稳定"选项将允许使用其他方法裁剪素材。选择此选项后，"自动缩放"部分和"更少裁剪更多平滑"属性将处于禁用状态。

②稳定、裁剪：裁剪运动的边缘而不缩放。使用"稳定、裁剪"选项等同于使用"稳定、裁剪、自动缩放"选项并将"最大缩放"设置为 100%。启用此选项后，"自动缩放"部分将处于禁用状态，但"更少裁剪更多平滑"属性仍处于启用状态。

③稳定、裁剪、自动缩放（默认）：裁剪运动产生的边缘，并扩大图像以重新填充帧，自动缩放由"自动缩放"部分的各个属性控制。

④稳定、人工合成边缘：使用时间上稍早或稍晚的帧中的内容填充由运动边缘创建的空白区域（通过"高级"部分的"合成输入范围"进行控制）。选择此选项后，"自动缩放"部分和"更少裁剪更多平滑"将处于禁用状态。

（2）自动缩放：显示当前的自动缩放量，并且允许对自动缩放量设置限值。通过将取景设为"稳定、裁剪、自动缩放"可启用"自动缩放"选项。

①最大缩放：限制为实现稳定而按比例放大剪辑的最大倍数。

②动作安全边距：如果设置为非零值，则会在预计不可见的图像的边缘周围指定边界。"自动缩放"选项不会试图填充它。

（3）附加缩放：与使用"变换"下的"缩放"属性进行缩放具有相同的效果，但前者无须像后者那样对图像进行额外的重新采样。

5. 变形稳定器设置——高级

（1）详细分析：当设置为"打开"时，将在下一个分析阶段完成更多工作以查找要跟踪的元素。启用该选项时，生成的数据（作为效果的一部分存储在项目中）会更大且处理速度变低。

（2）快速分析：它改进了 Adobe Premiere Pro 在分析抖动素材时花费的时间，同时保持实际稳定流程不变。在默认情况下，该复选框处于被勾选状态。如果需要，可以取消勾选该复选框。

（3）果冻效应波纹：稳定器自动移除与稳定的果冻效应素材相关的波动，默认值是"自动减小"。如果素材包含更大的波纹，使用"增强减小"。要使用任一方法，则将"方法"设置为"子空间变形"或"透明"。

（4）更少裁切 <-> 更多平滑：在裁剪时，随着裁剪矩形在稳定图像上方的移动，在裁剪矩形的平滑度和缩放比例之间进行更好的权衡。设置的值较小时图像更平滑，可以看到的图像部分更多。当设置为 100% 时，其结果与用于手动裁剪的"仅稳定"选项相同。

（5）合成输入范围（秒）：用于"稳定、人工合成边缘"取景，控制合成过程在时间上向前或向后移动的范围，以填充缺失的像素。

（6）合成边缘羽化：用于选择合成部分的羽化量。仅在使用"稳定、人工合成边缘"取景时，才会启用该选项。使用羽化控制可平滑合成像素与原始帧连接在一起的边缘。

（7）合成边缘裁切：当使用"稳定、人工合成边缘"取景时，在帧与其他帧结合之前剪掉该帧的边缘。使用裁剪控制可剪掉在模拟视频捕获或低质量光学镜头中常见的多余边缘。在默认情况下，所有边缘裁切量均设置为 0 像素。

（8）隐藏警告栏：在警告栏指示需要重新分析素材但不希望重新分析素材时，可选择此选项。

6. 变形稳定器操作技巧

变形稳定器操作技巧如下。

（1）当变形稳定器在分析素材时，可以调整设置或对项目的其他部分进行操作。

（2）如果要完全移除所有摄像机运动，则选择"稳定"→"结果"→"不运动"选项。如果要在镜头中包括一些初始摄像机运动，则选择"稳定"→"结果"→"平滑运动"选项。

（3）如果对结果满意，则已完成稳定工作。如果不满意，可执行以下一个或多个操作。

①如果素材变形或扭曲程度太大，可将"方法"切换为"位置、缩放和旋转"。

②如果偶尔出现褶皱扭曲，并且素材是使用果冻效应摄像头拍摄的，可将"高级"菜单中的"果冻效应波纹"设置为"增强减小"。

③检查"高级"→"详细分析"选项。

（4）如果结果裁剪过渡，可减小"平滑度"或"更少裁剪更多平滑"。"更少裁剪更多平滑"响应更为迅速，因为它不需要执行重新稳定阶段。

（5）如果要了解稳定器实际做了多少工作，可将"取景"设置为"仅稳定"。如果将"取景"设置为裁切选项之一并且裁切太极端，则会出现一个红色横幅，指出"要避免极端裁切，设置取景来'仅稳定化'或调整其他参数"。在这种情况下，可以将"取景"设置为"仅稳定化"或"稳定、人工合成边缘"。其他选项包括减小"更少裁剪更多平滑"或减小"平滑度"。如果对结果满意，可选择"隐藏警告栏"选项。

任务 5.8　标题、图形和字幕

5.8.1　Adobe Premiere Pro 中的"基本图形"面板

Adobe Premiere Pro 中的"图形"工作区和"基本图形"面板提供了强大的工作流程，可以直接在 Adobe Premiere Pro 中创建字幕、图形并使用它们。

1. 访问"图形"工作区和"基本图形"面板

（1）访问"图形"工作区：在屏幕顶部的工作区栏中单击"图形"按钮，或在主菜单中选择"窗口"→"工作区"→"图形"选项。

（2）访问"基本图形"面板：在默认情况下，"基本图形"面板位于"图形"工作区中。如果找不到"基本图形"面板，可以通过选择"窗口"→"基本图形"选项直接将其打开，如图 5-39 所示。

图 5-39 访问"基本图形"面板

2. 创建图形

与 Photoshop 中的图层相似,Adobe Premiere Pro 中的图形可以包含多个文本、形状和剪辑图层。序列中的单个"图形"轨道内可以包含多个图层。创建新图层时,时间轴中会添加包含该图层的图形剪辑,且剪辑的开头位于播放指示器所在的位置。如果已经选定了图形轨道,则创建的下一个图层将被添加到现有的图形剪辑。

(1)创建文本图层:使用节目监视器中的文字工具或"图形"菜单中的"新建图层"→"文本"选项创建字幕。

(2)创建形状图层:Adobe Premiere Pro 有钢笔工具、矩形工具、椭圆工具和用于创建自由形状和路径的多边形工具。

(3)创建剪辑图层:将静止图像和视频剪辑作为图层添加到图形中。

3. 创建剪辑图层

可以将静止图像和视频剪辑作为图层添加到图形中。可以使用以下任一方法创建剪辑图层。

(1)在"基本图形"面板的"编辑"选项卡中,单击"新建图层"按钮,然后选择"来自文件"选项。

(2)在应用程序菜单栏中选择"图形"→"新建图层"→"来自文件"选项。

(3)在"项目"面板中选择静止图像或视频项,然后将该项拖放到"基本图形"面板的"图层"面板中,或拖放到时间轴中的现有图形上。

4. 创建文本样式

如图 5-40 所示，利用文本样式（之前称为"主样式"）可以将字体、颜色和大小等文本属性定义为一套样式。使用此功能，可以对时间轴中不同图形的多个图层快速应用相同的样式。

图 5-40　创建文本样式

为图形剪辑或图形剪辑中的文本图层应用文本样式之后，文本会自动继承来自该文本样式的所有更改。这意味着可以一次更改多个图形的文本样式。

创建文本样式的具体操作步骤如下。

（1）在时间轴中选择图形剪辑，然后导航到"基本图形"面板中的"编辑"选项卡。

（2）选择文本图层，并根据需要设置字体、大小和外观等的文本样式属性。

（3）获得所需的外观后，在"样式"下拉列表中选择创建文本样式。

（4）命名文本样式，然后单击"确定"按钮。

（5）创建的文本样式将显示在"项目"面板中及"样式"下拉列表中。随后，还可对项目中的其他文本图层和图形剪辑应用此文本样式。

创建完成文本样式后，该文本样式的缩览图将添加到"项目"面板中。要同时更新图形中的所有文本图层，可以将文本样式从"项目"面板中拖放到时间轴中的图形上，还可以通过选择"基本图形"面板中的文本图层，将标题的单个文本图层更新为特定文本样式，然后在"样式"下拉列表中选择所需的文本样式。

5. 在图形中制作图层动画

可以使用关键帧为文本图层、形状图层和路径制作动画，也可以直接从"基本图形"面板添加动画，还可以使用"效果控制"面板添加动画。使用"基本图形"面板为图层制作动画的具体操作步骤如下。

（1）在"基本图形"面板中，选择想要为其制作动画的图层。

（2）单击要制作动画的属性（位置、锚点、缩放、旋转或不透明度）旁边的图标。此操作将打开属性的动画。所选属性的图标变为蓝色表示动画处于活动状态。

（3）在"基本图形"面板中或直接在节目监视器中移动播放指示器，并调整此属性，以录制关键帧。

（4）使用"效果控制"面板，或者选择"显示剪辑关键帧"选项来调整时间轴中的关键帧，优化动画效果。

5.8.2　在 Adobe Premiere Pro 中创建字幕

添加字幕时需要在 Adobe Premiere Pro 的时间轴上打开序列，将播放指示器移动至要添加字幕的帧，并选择好文本工具，如图 5-41 所示。输入文本后，会看到字幕显示在剪辑上方的时间轴上。用鼠标右键单击"节目监视器"中的字幕，然后从上下文菜单中选择"编辑属性"选项打开"基本图形"面板。在该面板中，可以使用字体、颜色和样式选项自定义字幕，也可以双击时间轴上的轨道进行编辑。

使用选区工具可以直接在"节目监视器"中移动或调整文本和形状图层的大小。拖动时间轴上的字幕项可以延长或缩短该字幕的显示时间（默认持续时间为 5 s）。使用形状工具可以添加图形元素。将字幕复制并粘贴到时间轴的其他部分，并在每个实例中编辑文本。

图 5-41　在 Adobe Premiere Pro 中创建字幕

5.8.3 在 Adobe Premiere Pro 中创建形状

可以使用钢笔工具、矩形工具、椭圆工具和多边形工具在 Adobe Premiere Pro 中创建任意形状和路径。

如图 5-42 所示，单击并按住矩形工具显示椭圆工具和多边形工具。选择一种形状工具并在图像上拖动绘制形状。使用选择工具移动形状或更改其宽度、高度、旋转及锚点。使用"基本图形"面板中的选项来更改描边和填充。

使用钢笔工具并单击两个点以创建一条线，将形状与文本相结合以创建新的图形，选择所有线条、形状和文本，然后单击"基本图形"面板中的"分组"按钮进行分组。

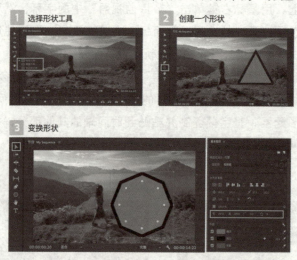

图 5-42　在 Adobe Premiere Pro 中创建形状

5.8.4 使用"语音到文本"功能生成字幕

凭借 Adobe Premiere Pro 中的"语音到文本"功能，自动生成转录文本并为视频添加字幕，从而提高视频的可观看性。

字幕和图形工作区包含"文本"面板（包括"转录文本"和"字幕"选项卡）。可在"转录文本"选项卡中自动转录视频，然后生成字幕，可在"字幕"选项卡及节目监视器中进行编辑。

字幕在"时间轴"面板上拥有单独的轨道。可使用"基本图形"面板中的设计工具对字幕样式进行设置。

1. 使用"语音到文本"功能的原因

（1）为所有视频添加字幕：使视频的可观看性更高，并能有效地提高观众的投入度。

（2）自动化、集成：作为订阅的一部分，该功能无须支付额外费用，可以自动制作字幕，同时让用户完全掌控创意工作。

（3）能够以出色的准确性处理多种语言：可在全球范围内使用，为用户架起沟通的桥梁。

2. 自动转录视频

创建字幕最简单、最快捷的方法是从视频的转录文本开始。导入媒体时，可以启用导入设置下的自动转录功能。进一步访问转录设置的具体操作步骤如下。

（1）选择"窗口"→"文本"选项。

（2）在"转录文本"选项卡中单击省略号（…）按钮，在弹出的"生成静态转录文本"对话框中设置转录选项，如图 5-43 所示。

①语言：如有需要，可以在视频中选择语言并下载语言包。

②发言者标签：可以选择分离或不分离视频中的发言者。

③音频分析：使用基本声音面板，可以转录标记为对话的音频剪辑，或从特定音轨中转录音频。

④仅转录入点到出点：可以指定在标记的入点和出点范围内转录音频。

⑤将输出与现有转录合并：在特定入点和出点之间进行转录时，可以将自动转录插入现有转录。选择此选项可在现有转录文本和新转录文本之间建立连续性。

（3）选择转录选项后，Adobe Premiere Pro 将启动转录流程并在"转录文本"选项卡中显示结果。

3. 生成字幕

转录文本完成后，可以将其转换为时间轴上的字幕，具体操作步骤如下。

（1）在"文本"面板的"转录文本"选项卡中单击"创建说明性字幕"按钮，将弹出"创建字幕"对话框。

（2）利用"创建字幕"对话框中的选项可在时间轴上进行字幕排列，如图 5-44 所示。

图 5-43 "生成静态转录文本"对话框　　图 5-44 "创建字幕"对话框

①字幕预设：在给定选项中进行选择或选择适用于大多数实例的默认字幕。

②格式：选择要为视频设置的字幕格式类型。

③流：可以为某些字幕格式指定广播流（如 Teletext）。

④样式：可以从已保存的字幕样式中进行选择。

⑤最大长度、最短持续时间和字幕之间的间隔：可以设置字符长度，调整每行字幕文本的持续时间，并指定字幕的间距。

⑥行数：可以选择将字幕保持在一行中，也可以将其分为两行。

单击"创建字幕"按钮，Adobe Premiere Pro 将创建并添加与视频对话内容一致的字幕。

可以继续编辑字幕、查找和替换文本，还可以通过选择"字幕"选项卡中的字词或直接在节目监视器中导航到视频的特定部分。

4. 设置字幕样式

添加字幕后，可以通过"基本图形"面板对字幕设计进行更新。

5. 在时间轴中处理字幕

字幕在时间轴上有自己的轨道，可以像编辑任何其他视频轨道一样对其进行编辑。还可以修改字幕轨道的显示，具体操作步骤如下。

（1）切换眼睛图标以打开或关闭字幕轨道，如图 5-45 所示。

（2）单击"CC"图标可查看用于隐藏或显示所有字幕轨道的选项，或者仅显示当前字幕轨道，如图 5-46 所示。

（3）设置带字幕的标签颜色。可执行下列任一操作。

①如图 5-47 所示，要为字幕轨道中的所有字幕项设置标签颜色，可以先在"项目"面板中选择轨道，然后选择"编辑"→"标签"选项，并选择标签颜色。

图 5-45　切换眼睛图标打开或关闭字幕轨道

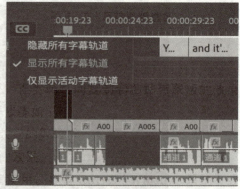

图 5-46　单击"CC"图标可查看用于隐藏或显示所有字幕轨道的选项

②要在字幕轨道中为项目设置标签颜色，可以先在时间轴中选择轨道，然后选择"编辑"→"标签"选项，并选择一个标签颜色。

（4）同时修剪视频轨道及其链接的字幕轨道。如图 5-48 所示，只选择字幕轨道及其链接的音频轨道或视频轨道，并移动它以便同时修剪这两个轨道。要关闭链接，可在"时间轴"面板中单击链接选择项工具。

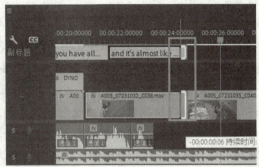

图 5-47　设置字幕的标签颜色　　　　图 5-48　同时修剪视频轨道及其链接的字幕轨道

5. 风格化字幕

可以使用"基本图形"面板中的各种样式选项（如字体、大小和位置）对字幕进行风格化。具体操作步骤如下。

（1）在字幕和图形工作区（通过选择"窗口"→"工作区"→"字幕和图形"选择访问）中，选择字幕轨道上的一个字幕。

（2）更改字体和样式。使用"基本图形"面板中的"文本"选项更改字幕的字体、文本对齐方式和字符间距。

①字体：设置字体、字体样式和字体大小。

②段落对齐方式：如需水平对齐，可使用左对齐、居中对齐、右对齐和两端对齐。如需垂直对齐，可使用顶部对齐、垂直居中和底部对齐。这将决定添加其他字行时字幕的增长方式。

③跟踪：扩大或缩小字符间距。

④行距：扩大或缩小字行的垂直间距。

⑤仿样式：粗体、斜体、全部大写字母、小型大写字母、上标、下标、下画线。

（3）调整文本位置。使用"对齐"和"变换"选项对齐文本并更改文本的位置。

①用区域定位字幕：可以从不同的区域进行选择，以便将字幕放置在屏幕的不同区域。

②微调位置：在"设置水平位置"与"设置垂直位置"中，可以为区域设置添加偏移量。

注：垂直和水平文本对齐方式会根据区域位置自动进行设置。

③更改文本框大小：如果要缩小或扩大文本框，可以通过"设置水平缩放"和"设置垂直缩放"达成。

（4）更改文本外观。灵活使用填充和描边、背景和阴影，更改文本外观。

①填充：更改字幕的颜色。

②描边：添加单个或多个描边。通过扳手菜单下的"图形属性"可更好地控制描边样式。

③背景：添加背景框。可以选择颜色，添加额外的填充物并更改不透明度。

④阴影：可以添加阴影并使用不透明度、角度、距离等控件进行微调。

（5）将字幕升级为图形。如需进行更多高级编辑，如将字幕制作成动画或向其添加效果，可将字幕转换为源图形（通过"图形和标题"→"将字幕升级为图形"选项操作）。还可以设置键盘快捷键以加速此过程。如果时间轴或基本图形面板处于焦点模式，则可使用此选项。可以升级选定的单个或多个字幕，或者选择所有字幕并一同升级。升级字幕后，可以像编辑任何其他图形一样对其进行编辑。

任务 5.9　动画和关键帧

5.9.1　关于关键帧

关键帧用于定义动态、效果、音频属性等随时间变化的参数。关键帧标记特定属性（如空间位置、不透明度或音频音量）在特定时间点的值。关键帧之间的值是插值。利用关键帧创建随时间推移的变化时，通常需使用至少两个关键帧：一个对应变化开始的状态；另一个对应变化结束的新状态。

5.9.2　使用关键帧

使用关键帧动画化不透明度效果时，可以在"效果控制"或"时间轴"面板中查看和编辑关键帧。有时，使用"时间轴"面板可能更适合快速查看和调整关键帧。下列指导原则适合手头任务的面板。

（1）在"时间轴"面板中编辑关键帧最适合具有单个一维值的效果，如不透明度或音频音量。对于有多个值、角度值或二维值的属性（分别如"色阶""旋转"或"缩放"），通常使用"效果控件"面板编辑这些属性的关键帧。

（2）在"时间轴"面板中，关键帧值的变化以图形方式表示，因此，可一目了然地看出该值随时间的变化。在默认情况下，关键帧值在关键帧之间以线性方式更改，可应用一些选项来微调关键帧之间的更改速率，如可以让运动以渐变方式停止，也可以更改插值，并使用"贝塞尔曲线"控件微调效果动画的速度和平滑度。

（3）"效果控件"面板虽然可一次显示多个属性的关键帧，但仅对应"时间轴"面板中选择的剪辑。"时间轴"面板虽然可一次显示多个轨道或剪辑的关键帧，但只能显示每个轨道或剪辑的一个属性的关键帧。

（4）与"时间轴"面板类似，"效果控制"面板也以图形方式显示关键帧。为效果属性激活关键帧以后，可以显示"值"和"速率"图表。"值"图表显示关键帧及效果的属性值变化。"速率"图表显示关键帧及手柄，这些手柄用于调整关键帧之间值变化的速度和平滑度。

（5）音轨效果的关键帧只能在"时间轴"面板或调音台中予以编辑。音频剪辑效果的关键帧与视频剪辑效果的关键帧类似，可以在"时间轴"面板或"效果控制"面板中对其进行编辑。

1. 添加关键帧

如图 5-49 所示，可以在"时间轴"或"效果控制"面板中在当前时间添加关键帧。使用"效果控制"面板中的"切换动画"按钮可激活关键帧过程。

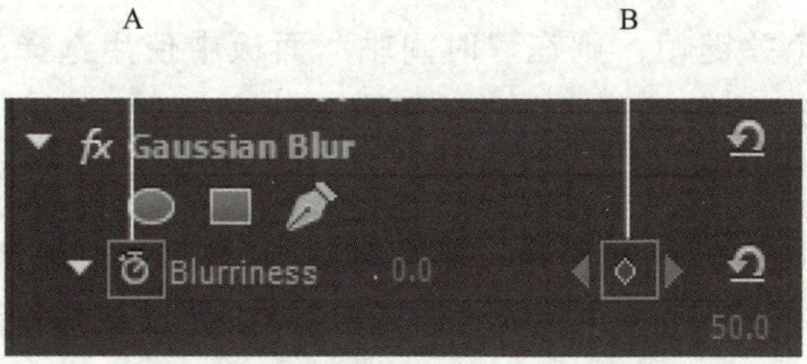

图 5-49　"效果控制"面板中的关键帧控件

A—"切换动画"按钮；B—"添加 / 删除关键帧"按钮

添加关键帧的具体操作步骤如下。

（1）在"时间轴"面板中，选择包含要动画化的效果的剪辑。

（2）如果要在"时间轴"面板中添加和调整关键帧，则使关键帧对视频轨道或音轨可见。如果在默认情况下不显示关键帧，则单击"时间轴"面板中的扳手图标 ，选择"显示视频关键帧"选项。

（3）在"效果控制"面板中，单击三角形图标展开要将关键帧添加到的效果，然后单击"切换动画"图标为效果属性激活关键帧。

（4）执行以下任一操作来显示效果属性的图表。

①（"效果控制"面板）单击三角形图标展开效果属性并显示其"值"和"速率"图表。

②（"时间轴"面板）在剪辑或轨道名称旁边的效果菜单中选择"效果属性"选项。

（5）将播放指示器移动到要添加关键帧的时间点。执行以下任一操作。

①在"效果控制"面板中单击"添加 / 移除关键帧"按钮，然后调整效果属性的值。

②使用选择工具或钢笔工具，按住 Ctrl 键并单击关键帧图表，然后调整效果属性的值。可以使用选择工具或钢笔工具在图表上的任一位置添加关键帧，无须定位当前时间指示器。

③（仅限"效果控制"面板）调整效果属性的控件。这将在当前时间自动创建关键帧。

（6）根据需要重复步骤（5）添加关键帧并调整效果属性。

2. 选择关键帧

如果要修改或复制关键帧，首先在"时间轴"面板中选择此关键帧。未选择的关键帧显示为虚；已选择的关键帧显示为实。由于可以直接拖动关键帧之间的段，因此无须对其进行选择。此外，在更改用于定义段终点的关键帧时，这些段会自动调整。执行以下任一操作。

（1）要选择单个关键帧，则使用选择工具或钢笔工具单击"时间轴"面板中的"关键帧"图标。

（2）要选择多个关键帧，则在"时间轴"面板中使用选择工具或钢笔工具按住 Shift 键，并单击选择多个连续或非连续关键帧。

（3）要在"时间轴"面板中拖动选择多个关键帧，则使用钢笔工具在关键帧周围画一个选框。按住 Shift 键拖动可将更多关键帧添加到现有选择范围内。

（4）要在"效果控制"面板中为属性选择所有关键帧，则单击图层属性名称。例如，单击"位置"可为图层选择所有"位置"关键帧。

3. 删除关键帧

如果不再需要某个关键帧，可在"效果控制"或"时间轴"面板中从效果属性中将其轻松删除。可以一次性移除所有关键帧，也可以对效果属性停用关键帧。在"效果控制"面板中，单击"目标关键帧"按钮停用关键帧时，现有的关键帧将被删除，并且在重新激活关键帧之前，无法创建任何新的关键帧。删除关键帧可执行以下操作之一，确保效果属性的图表在"效果控制"面板或"时间轴"面板中可见。

（1）选择一个或多个关键帧，然后选择"编辑"→"清除"选项或按 Delete 键。

（2）将当前时间指示器导航到关键帧，单击"添加 / 移除关键帧"按钮。

（3）（仅限"效果控制"面板）要删除效果属性的所有关键帧，单击位于效果或属性名称左侧的"切换动画"按钮，出现确认提示时，单击"确定"按钮。

4. 查看关键帧和图表

"效果控制"面板和"时间轴"面板可用于调整关键帧的时间设置和值,但是它们的工作方式不同。"效果控制"面板一次显示所有效果属性、关键帧和插值法。"时间轴"面板中的剪辑一次仅显示一个效果属性。在"效果控制"面板中,用户对关键帧值拥有完全控制权。在"时间轴"面板中,用户的控制权有限。例如,用户不能在时间轴中更改那些使用 x 和 y 坐标的值,如"位置"。然而,用户无须移到"效果控制"面板即可进行关键帧调整。

"时间轴"和"效果控制"面板中的图表显示每个关键帧的值及关键帧之间的插值。当效果属性的图表处于水平状态时,属性的值在关键帧之间保持不变。当图表向上或向下倾斜时,属性的值在关键帧之间增大或减小。要调整关键帧之间的属性变化的速度和平滑度,只需要更改插值法并调整贝塞尔曲线即可。

(1)在"效果控制"面板中查看关键帧。如果已将关键帧添加到序列剪辑中,则可在"效果控制"面板中查看。当效果处于折叠状态时,包含关键帧属性的所有效果均显示"摘要关键帧"图标。摘要关键帧从效果标题处开始出现,并对应于包含在效果内的所有单个属性关键帧。无法操作摘要关键帧,它们仅供参考。

①在"时间轴"面板中选择"剪辑"选项。

②单击"效果控制"面板中的"显示 / 隐藏时间轴视图"按钮可以显示效果时间轴。如果需要,可加宽"效果控制"面板,使"显示 / 隐藏时间轴视图"按钮可见。

③在"效果控制"面板中,单击"效果"左侧的三角形图标,便可展开要查看的效果。"效果控制"时间轴中将显示关键帧。

④要查看效果属性的"值"和"速率"图表,可以单击"切换动画"图标旁边的三角形图标。

(2)在"时间轴"面板中查看关键帧和属性。如果已经增加关键帧来动画化效果,则可以在"时间轴"面板中查看关键帧及其属性。对于视频和音频效果,"时间轴"面板可以显示每个剪辑所特有的关键帧。对于音频效果,"时间轴"面板还可显示整个轨道的关键帧。每个剪辑或轨道可以显示不同的属性。然而,一次只能显示单个剪辑或轨道内的一个属性的关键帧。

连接关键帧的段形成的图表能显示剪辑或轨道持续时间内的关键帧值变化。调整关键帧和段会更改该图表的形状。

①如果轨道被折叠,则单击轨道左侧的三角形图标将其展开。

②对于视频轨道,先单击"显示关键帧"按钮,然后在菜单中选择以下任一选项。

a. 显示关键帧:显示应用于轨道剪辑的任何视频效果的图表和关键帧。"剪辑"旁边显示一个效果菜单,可以选择要查看的效果。

b. 显示不透明度手柄:显示应用于轨道的每个剪辑的不透明度效果的图表和关键帧。

c. 隐藏关键帧：隐藏轨道所有剪辑的图表和关键帧。

③对于音轨，单击"显示关键帧"按钮，然后在菜单中选择以下任一选项。

a. 显示剪辑关键帧：显示应用于轨道剪辑的任何音频效果的图表和关键帧。"剪辑"旁边显示一个效果菜单，可以选择要查看的效果。

b. 显示剪辑音量：显示应用于轨道每个剪辑的音量效果的图表和关键帧。

c. 显示轨道关键帧：显示应用于整个轨道的任何音频效果的图表和关键帧。轨道的开头会显示一个效果菜单，可以选择要查看的效果。

d. 显示轨道音量：显示应用于整个轨道的音量效果的图表和关键帧。

e. 隐藏关键帧：隐藏轨道所有剪辑的图表和关键帧。

④使用"放大"控件放大剪辑，使"效果"菜单显示在轨道的顶部。还可以拖动轨道上方和下方的边界来增加轨道高度。

⑤拖动轨道头的边界来更改轨道高度。对于视频轨道，拖动轨道的顶部。对于音轨，拖动轨道的底部。要调整所有展开的轨道的大小，需要按住 Shift 键拖动。

⑥如果在步骤②和③中选择了"显示关键帧""显示剪辑关键帧"或"显示轨道关键帧"选项，则在"效果"菜单中选择包含关键帧的效果。

⑦将光标直接放在关键帧上方，在工具提示中查看其属性。此工具提示将显示关键帧位置，以及在"效果控制"面板中为其设定的属性和选项。此信息可以用于进行精确的关键帧定位，以及快速查看关键帧设置的值，还可以快速比较两个或更多关键帧的位置和值变化。

（3）设置"时间轴"面板的关键帧显示。可以指定时间轴的轨道中显示的关键帧类型，甚至可以指定关键帧在默认情况下是否显示。例如，可以选择使关键帧在默认情况下隐藏，这样在尝试编辑剪辑时不会意外设置或更改这些关键帧。选择"编辑"→"首选项"→"常规"选项（Windows 系统）。

编辑音轨时，单击"新建时间轴音轨"字段中的三角形图标打开菜单，选择任一选项。编辑视频轨道时，单击"新建时间轴视频轨道"字段中的三角形图标打开菜单，选择任一选项。

5. 将当前时间指示器移动到关键帧

"效果控制"面板和"时间轴"面板都配备了关键帧导航器，这些导航器具有左右箭头，可将当前时间指示器从一个关键帧移动到下一个关键帧。在"时间轴"面板中，为效果属性激活关键帧之后，关键帧导航器将启用，执行以下任一操作。

（1）在"时间轴"面板或"效果控制"面板中，单击一个关键帧导航器箭头，向左的箭头将当前时间指示器移动到上一关键帧，向右的箭头将当前时间指示器移动到下一关键帧。

（2）（仅限"效果控制"面板）按住 Shift 键拖动当前时间指示器可对齐到关键帧。

6. 修改关键帧值

在"效果控制"面板中编辑关键帧图表时，为效果的属性激活关键帧后，可以显示效果的"值"图表和"速率"图表。"值"图表提供任何时间点上非空间关键帧（如运动效果的"缩放"属性）的值的相关信息。"值"图表还显示并允许调整关键帧之间的插值。"速率"图表可用于微调关键帧之间的变化速率。具体操作步骤如下。

（1）在"时间轴"面板中，选择一个剪辑，其中有一个效果包含要调整的关键帧。

（2）在"效果控制"面板中，单击三角形图标以展开效果的控件。

（3）单击"属性"旁边的三角形图标以显示其"值"图表和"速率"图表。

（4）要更好地查看图表，将选择工具或钢笔工具悬停在图表下方的边界线上。当光标变成段指针 时，通过拖动来增加图表区域的高度。

（5）使用选择工具或钢笔工具在"值"图表上向上或向下拖动关键帧，从而更改效果属性的值。

在"时间轴"面板中编辑关键帧图表时，确保"时间轴"面板至少有一个剪辑包含一个或多个具有关键帧的效果。选择此剪辑并选择"效果控制"面板。确保剪辑或轨道的关键帧在"时间轴"面板中可见。具体操作步骤如下。

（1）在"效果控制"面板中，单击位于要调整的控件旁边的三角形图标以显示其"值"图表和"速率"图表。

（2）在剪辑或轨道名称之后出现的效果菜单中选择要调整的属性。如果无法看到效果菜单，可尝试增加"时间轴"面板的放大比例。

（3）使用选择工具或钢笔工具执行以下任一操作。

①如果要编辑多个或不相邻的关键帧，则选择这些关键帧。

②将选择工具或钢笔工具定位在关键帧或关键帧段上方。选择工具或钢笔工具变成关键帧指针 或关键帧段指针 。

（4）执行以下任一操作。

①向上或向下拖动关键帧或段以更改值。拖动时，工具提示会指示当前值。如果没有关键帧，则拖动操作将调整整个剪辑或轨道的值。

②向左或向右拖动关键帧以更改关键帧的时间位置。拖动时，工具提示会指示当前时间。如果将一个关键帧移动到另一个关键帧上，则新的关键帧将替代旧的关键帧。

"效果控制"面板中的"值"图表和"速率"图表将显示对"时间轴"面板中的关键帧所做的更改。

7. 复制和粘贴关键帧

可以使用"效果控制"面板将关键帧复制并粘贴到剪辑属性中的新时间，或者复制并粘贴到另一剪辑中的相同效果属性。要在其他时间点或其他剪辑或轨道中快速应用相同的关键帧值，可以在"时间轴"面板中复制和粘贴关键帧。

在"效果控制"面板中复制和粘贴关键帧时，若将关键帧粘贴至其他剪辑，则这些关键帧将出现在"效果控制"面板中的目标剪辑效果的相应属性中。最早的关键帧将在当前时间出现，而其他关键帧将按相对顺序随后出现。如果目标剪辑比源剪辑短，则在目标剪辑的出点之后出现的关键帧将粘贴到目标剪辑中，但这些关键帧只有在禁用"固定到剪辑"选项后才会显示。若这些关键帧在粘贴之后保持选中状态，则可以在目标剪辑中立即移动它们。具体操作步骤如下。

（1）在"效果控制"面板中，单击三角形图标，展开相应效果以显示其控件和关键帧。

（2）选择一个或多个关键帧。

（3）选择"编辑"→"复制"选项。

（4）执行以下任一操作。

①将当前时间指示器移动到第一个关键帧出现的位置，然后选择"编辑"→"粘贴"选项。

②选择另一个剪辑，在"效果控制"面板中展开适当的属性，将当前时间指示器移动到第一个关键帧出现的位置，然后选择"编辑"→"粘贴"选项。

在"时间轴"面板中复制和粘贴关键帧时，若将关键帧粘贴至"时间轴"面板中，则最早的关键帧将在当前时间出现，而其他关键帧将按相对顺序随后出现。若关键帧在粘贴之后保持选中状态，则可以微调它们的位置。

只有剪辑或轨道显示的属性与被复制的关键帧的属性相同时，才能将关键帧复制到此剪辑或轨道。此外，Adobe Premiere Pro 一次只能将关键帧粘贴到一个剪辑或轨道上的当前时间指示器位置。由于当前时间指示器可以跨越多个视频轨道或音轨，所以 Adobe Premiere Pro 按以下条件来确定关键帧的粘贴位置。

（1）如果当前时间指示器位于选定剪辑内，则在该剪辑中粘贴关键帧。

（2）如果剪切或复制的是音频关键帧，则 Adobe Premiere Pro 在其找到相应效果属性的第一个轨道中进行粘贴，其查找效果属性的顺序依次是序列的音轨、其子混合音轨、主音轨。

（3）如果以上所有条件均无法找到符合要求的目标视频轨道或音轨，即与被剪切或复制的关键帧的效果属性和范围（剪辑或轨道）均匹配的轨道，则"粘贴"命令不可用。例如，如果复制音轨关键帧，但目标音轨显示剪辑关键帧，则无法粘贴音轨关键帧。

在"时间轴"面板中复制和粘贴关键帧的具体操作步骤如下。

（1）在"时间轴"面板中，在剪辑或轨道的效果菜单中进行选择，以显示包含要复制的关键帧的属性。

（2）选择一个或多个关键帧。

（3）选择"编辑"→"复制"选项。

（4）在包含目标剪辑或轨道的序列所对应的时间轴中，执行以下任一操作。

①选择要将关键帧粘贴到的剪辑。

②定位到所需的视频轨道或音轨，以便复制的关键帧出现在其中。

（5）确保剪辑或轨道所显示的属性与复制的关键帧的属性相同，否则"粘贴"命令不可用。如果属性在剪辑或轨道的"效果属性"菜单中不可用，则必须应用特定的效果，也就是在作为关键帧复制来源的剪辑或轨道中所应用的效果。

（6）将当前时间指示器移动到要显示关键帧的时间点。

（7）选择"编辑"→"粘贴"选项。

8. 查看和调整效果与关键帧

如图 5-50 所示，"效果控制"面板列出了应用于当前所选剪辑的所有效果。每个剪辑附带固定效果：运动、不透明度及时间重映射效果列在"视频效果"区段，而音量效果列在"音频效果"区段。只有在音频剪辑或视频剪辑链接了音频的情况下，才包括音量效果。

默认情况下，时间轴视图已隐藏，可以通过单击"显示 / 隐藏时间轴视图"按钮 来显示它，必要时加宽"效果控制"面板来激活此按钮。在"效果控制"面板中，可以单击三角形图标来展开效果属性，以便显示"值"图表和"速率"图表。

在"时间轴"面板中选择剪辑后，"效果控制"面板会自动调整其"时间轴"视图的缩放比例，使剪辑入点和出点的图标居中。可以在"效果控制"面板菜单中取消勾选"固定到剪辑"复选框，从而查看超出剪辑入点和出点的时间轴。"效果控制"面板还包括用于播放和循环播放音频剪辑的控件。关键帧区域位于时间标尺下方。在关键帧区域可以针对特定帧上每个效果属性的值设置关键帧。

图 5-50　"效果控制"面板

A—序列名称；B—剪辑名称；C—效果；D—"显示 / 隐藏时间轴视图"按钮；E—筛选效果选项

9. 在"效果控制"面板中查看效果

在"效果控制"面板中执行以下任一操作。

（1）要查看应用于剪辑的所有效果，则在"时间轴"面板中选择该剪辑。

（2）要展开或折叠视频或音频效果标题，则单击标题旁边的"显示 / 隐藏"按钮。当箭头朝上 ⚌ 时，会展开标题，从而在该区段中显示所有效果。当箭头朝下 ⚌ 时，会折叠标题。

（3）要展开或折叠效果或其属性，则单击"效果标题""属性组"或"属性"左侧的三角形图标。展开效果标题会显示与该效果关联的属性组及属性。例如，"三向颜色校正器"是效果标题，"色调范围定义"是属性组，"阴影阈值"是属性，展开单个属性会显示一个图形控件，如滑块或表盘。

（4）要对效果重新排序，可以将效果名称拖到列表中的新位置。当效果位于其他效果上方或下方时，拖动该效果时会出现一条黑线。在松开鼠标左键时，该效果将显示在新位置。

（5）要显示超出剪辑入点和出点的时间轴，可以在"效果控制"面板菜单中取消选择"固定到剪辑"选项。时间轴超出选定剪辑的入点和出点的区域时会显示为灰色。选择"固定到剪辑"选项时，仅显示位于剪辑入点和出点之间的时间轴。

（6）要播放选定剪辑中的音频，则单击"播放音频"按钮 ▶♪，只有选定的剪辑包含音频时才能使用此控件。

10. 在"时间轴"面板中查看效果属性的关键帧

在"时间轴"面板中执行以下任一操作。

（1）单击视频轨道或音轨的轨道头中的"显示关键帧"按钮 ◆，然后在"显示关键帧"菜单中选择其中一个关键帧选项。

（2）用鼠标右键单击包含要查看的关键帧属性的剪辑。选择"显示剪辑关键帧"选项，然后选择包含要查看的关键帧的效果。

任务 5.10　输出影片

5.10.1　关于合成

要从多个图像创建一个合成，可以使一个或多个图形的一部分变得透明，以使其他图形透过透明部分显示出来。在 Adobe Premiere Pro 中有多种功能（包括遮罩和效果）

可以使某图像的一部分变得透明。

要使整个剪辑呈现均匀的透明或半透明效果，以及使用不透明度效果，可以在"效果控制"面板或"时间轴"面板中设置所选剪辑的不透明度，并可通过对不透明度进行动画处理，使剪辑随着时间而淡入或淡出。

当剪辑的一部分为透明时，透明度信息会存储在其 Alpha 通道中。也可以将图像合成在一起，而不修改剪辑本身的透明度。例如，可以使用混合模式或某些声道效果将多个剪辑中的图像数据混合为一个合成图像。

上方轨道的剪辑将覆盖下方轨道的剪辑，但 Alpha 通道表示透明度的情况除外。对所有可见轨道上的剪辑进行合成时，Adobe Premiere Pro 会从最低轨道开始向上合成剪辑。所有轨道为空白或透明的区域将显示为黑色。

渲染顺序影响不透明度与可视效果的交互方式。首先渲染"视频效果"列表，然后渲染"运动"等几何效果，之后应用 Alpha 通道调整。在每个效果组内，按照列表中从上至下的顺序渲染效果。因为"不透明度"选项在"固定效果"列表中，所以它在"视频效果"列表之后渲染。如果需要不透明度在某些效果之前或之后渲染，或者要控制其他不透明度选项，可以应用"Alpha 调整"视频效果。

可以在"解释素材"对话框中选择如何解释文件中的 Alpha 通道。选择"反转 Alpha 通道"选项可交换不透明区域与透明区域，或选择"忽略 Alpha 通道"选项以完全不使用 Alpha 通道信息。

1. 合成提示

在合成剪辑和轨道时，切记以下指导原则。

（1）如果要对整个剪辑应用相同程度的透明度，只需要在"效果控制"面板中调整该剪辑的不透明度即可。

（2）通常最有效的做法是，导入已包含定义了所需透明区域的 Alpha 通道的源文件。由于透明度信息与该文件一起保存，所以 Adobe Premiere Pro 会在所有使用该文件作为一个剪辑的序列中保存并显示该剪辑及其透明度。

（3）如果剪辑的源文件不包含 Alpha 通道，则必须手动将透明度应用于要设为透明的各个剪辑实例。通过调整剪辑不透明度或通过应用效果将透明度应用于序列中的视频剪辑。

（4）将文件保存为支持 Alpha 通道的格式后，应用程序（如 After Effects、Photoshop 和 Illustrator）可以其原始 Alpha 通道保存剪辑，或添加 Alpha 通道。

2. 关于键控

键控按图像中的特定颜色值（使用颜色键或色度键）或亮度值（使用明亮度键）定义透明度。当键出某个值时，所有具有相似颜色或明亮度值的像素都将变为透明。

键控可将颜色或亮度一致的背景替换为另一个图像，尤其在使用的对象过于复杂而无法添加蒙版的情况下键控非常有用。键出颜色一致背景的方法通常称为"蓝屏"或"绿屏"，但不必使用蓝色或绿色，可以使用任何纯色作为背景。

差值键控根据特定基线背景图像定义透明度，可以键出任意背景，而不仅键出单色屏幕。

3. 在"时间轴"面板中指定剪辑不透明度

在"时间轴"面板中指定剪辑不透明度的具体操作步骤如下。

（1）单击相应轨道名称旁边的三角形图标展开其选项，以扩展该轨道的视图。

（2）单击"显示关键帧"按钮●或"隐藏关键帧"按钮●，并在菜单中选择"显示不透明度过渡帧"选项。这样，该轨道的所有剪辑中即会出现水平不透明度控制柄。

（3）在"时间轴"面板中，执行以下任一操作。

①单击选择工具并上下拖动不透明度控制柄。

②单击钢笔工具并上下拖动不透明度控制柄。

③当拖动时，不透明度值和当前时间会显示为工具提示。

（4）要实时对不透明度效果进行动画处理，则先设置关键帧，选择钢笔工具。在不透明度控制柄上，按住 Ctrl 键并使用钢笔工具单击要设置关键帧的位置，然后上下拖动每个关键帧以设置其值。例如，要使某个剪辑淡入，可在该剪辑开始处创建一个关键帧，几秒之后再创建另一个关键帧，将第一个关键帧向下拖到剪辑的底部（不透明度为0），将第二个关键帧向上拖到 100%。

5.10.2 蒙版

利用蒙版，可在剪辑中定义要模糊、覆盖、高光显示、应用效果或校正颜色的特定区域。可以创建和修改不同形状的蒙版，如椭圆形或矩形；也可以使用钢笔工具绘制自由形式的贝塞尔曲线形状。使用蒙版前、后效果如图 5-51 所示。

图 5-51　使用蒙版前、后效果

1. 使用形状工具创建蒙版

使用椭圆工具创建圆形或椭圆形的蒙版，或使用矩形工具创建四边形的蒙版，具体操作步骤如下。

（1）在"时间轴"面板中，选择要应用蒙版的剪辑。

（2）在"效果控制"面板中，选择要应用于剪辑的效果。例如，如要应用"马赛克"效果，则依次选择"视频效果"→"风格化"→"马赛克"选项，如图5-52所示。

（3）将"效果控制"面板中的效果拖动到"时间轴"面板中的剪辑上，使所选择的效果应用至剪辑。或者先选择剪辑，然后在"效果控制"面板中双击某个效果以应用该效果。

图 5-52　为剪辑添加"马赛克"效果

（4）打开"效果控制"面板以查看效果属性。单击下拉箭头显示控件，如图5-53所示。

使用钢笔工具创建椭圆形蒙版，如图5-54所示。使用"效果控制"面板指定值来调整蒙版，这些控件会根据选择而变化。

图 5-53　椭圆工具、矩形工具、钢笔工具

图 5-54　使用钢笔工具创建椭圆形蒙版

（5）剪辑中出现的形状蒙版显示在节目监视器中，效果则被限制在蒙版区域内。

（6）使用"效果控制"面板自定义蒙版的大小和形状。

2. 创建自由形式形状蒙版

使用钢笔工具可以绘制自由形式形状蒙版。使用钢笔工具可围绕目标自由绘制复杂蒙版形状。在"效果控制"面板中选择钢笔工具，直接在节目监视器中的剪辑上绘制，如图 5-55 所示。通过绘制直线和曲线来创建不同形状。要绘制平滑曲线，可以绘制贝塞尔曲线路径线段。

图 5-55　使用钢笔工具创建自由形式形状

3. 修改和移动蒙版

蒙版上的顶点使用户能够轻松管理蒙版的形状、大小和旋转，见表 5-3 和表 5-4。

表 5-3　修改蒙版的形状、大小和旋转

要更改蒙版的形状，只需拖动蒙版手柄即可	要将椭圆蒙版更改为多边形蒙版，只需按住 Alt 键并单击椭圆蒙版的任一顶点即可	要调整蒙版大小，只需将光标置于顶点之外并按住 Shift 键（光标将变为一个双向箭头↔），然后拖动光标即可	要旋转蒙版，只需将光标置于顶点之外（光标将变为一个弯曲的双向箭头↬），然后拖动光标即可

表 5-4　移动、添加或移除顶点

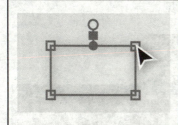	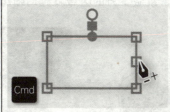	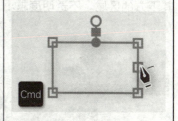
要移动顶点，可以使用选择工具拖动顶点，应注意拖动椭圆形蒙版时，它不会保持不变	要添加顶点，可在按住 Ctrl 键（Windows 系统）或 Cmd 键（macOS）的同时，将光标置于蒙版边缘处，光标会变成带"+"号的钢笔形状	要删除某个顶点，可在按住 Ctrl 键（Windows 系统）或 Cmd 键（macOS）的同时，将光标置于该点处，光标会变成带"-"号的钢笔形状

其他重要命令和键盘快捷键如下。

（1）使用键盘上的箭头键可将所选控制点微移 1 个距离单位。

（2）按 Shift 键并使用箭头键可将所选控制点微移 5 个距离单位。

（3）要取消选择所有选定的控制点，可以在当前活动的蒙版外单击。

（4）要禁用蒙版的直接操纵功能，可以在蒙版外单击或在序列中取消选择该剪辑。

（5）要删除某个蒙版，可以在"效果控制"面板中选择该蒙版并按 Delete 键。

4. 调整蒙版设置

要调整蒙版设置，可以使用"效果控制"面板指定值调整蒙版，将蒙版羽化、扩展，更改其不透明度，或者将蒙版反转以调整视频风格，如图 5-56 所示。

图 5-56　调整蒙版设置

（1）应用蒙版羽化。如图 5-57 所示，要羽化蒙版，需要指定"蒙版羽化"的值。蒙版周围的羽化参考线显示为虚线。将手柄拖离羽化引导线可增加羽化量，拖向羽化引导线可减少羽化量。蒙版羽化手柄可直接在节目监视器的蒙版轮廓上控制羽化量。

（2）调整蒙版的不透明度。如图 5-58 所示，对蒙版应用不透明度时，会更改已裁剪素材的不透明度。要调整蒙版的不透明度，需要指定"蒙版不透明度"值，使用滑块可控制蒙版的不透明度。当不透明度等于100时，蒙版完全不透明并会遮挡图层中位于其下方的区域。不透明度越小，蒙版下方的区域就越清晰可见。

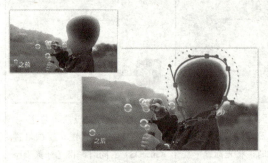

图 5-57　应用蒙版羽化

图 5-58　调整蒙版的不透明度

（3）调整蒙版扩展。如图5-59所示，调整蒙版扩展，需要指定"蒙版扩展"的值。正值将使边界外移，负值将使边界内移，也可用手柄将扩展参考线向外拖动以扩展蒙版区域，或者向内拖动以收缩蒙版区域。

（4）反转蒙版选区。如图5-60所示，勾选"反转"复选框，可使蒙版区域和未蒙版区域交换。如要将某个区域保持原样，可对该区域设置蒙版，然后勾选"反转"复选框将效果应用到未设置蒙版区域。

图 5-59　调整蒙版扩展

图 5-60　反转蒙版选区

5. 复制和粘贴蒙版

可在剪辑或效果之间轻松复制和粘贴蒙版。在剪辑之间复制和粘贴带蒙版的效果时，粘贴后的效果将包含同样的蒙版。具体操作步骤如下。

（1）在"时间轴"面板中，选择带有蒙版效果的剪辑。

（2）在"效果控制"面板中，选择要复制的效果。

（3）选择"编辑"→"复制"选项，或者使用快捷键Ctrl+C（Windows系统）或Cmd+C（macOS）。

（4）在时间轴中选择要将蒙版粘贴到其中的另一个剪辑。

（5）选择"编辑"→"粘贴"选项，或者使用快捷键 Ctrl+V（Windows 系统）或 Cmd+V（macOS）。

在效果之间复制和粘贴蒙版的具体操作步骤如下。

（1）在"效果控制"面板中，单击三角形图标展开效果以显示已应用的蒙版。

（2）选择要复制的蒙版。

（3）选择"编辑"→"复制"选项。或者使用快捷键 Ctrl+C（Windows 系统）或 Cmd+C（macOS）。

（4）在"效果控制"面板中选择要粘贴蒙版的另一个效果。

（5）选择"编辑"→"粘贴"选项，或者使用快捷键 Ctrl+V（Windows 系统）或 Cmd+V（macOS）。

6. 蒙版追踪

将蒙版应用到对象后，Adobe Premiere Pro 会让蒙版自动跟随对象，蒙版可跟随对象从一帧移动到另一帧。例如，在使用某个蒙版形状模糊脸部之后，Adobe Premiere Pro 可自动跟踪人物移动时各帧之间出现的蒙版面部的位置变化。

选择某个蒙版后，"效果控制"面板会显示用于向前或向后跟踪蒙版的控件。跟踪蒙版时，既可选择一次跟踪一帧，也可选择一直跟踪到序列结束。

单击扳手图标 能够修改跟踪蒙版的方式，可酌情选择以下选项以进行最有效的跟踪。

（1）位置：只跟踪从帧到帧的蒙版位置。

（2）位置及旋转：在跟踪蒙版位置的同时，根据各帧的需要更改旋转情况。

（3）位置、缩放及旋转：在跟踪蒙版位置的同时，随着帧的移动而自动缩放和旋转。

（4）加速蒙版跟踪：当"实时预览"功能被禁用（默认选项）时，Adobe Premiere Pro 中的蒙版跟踪将会更快。如果由于某种原因启用了"实时预览"功能，那么可以使用以下操作禁用该功能。

在"时间轴"面板中，选择带有蒙版效果的剪辑。若要预览轨道中的更改，则单击蒙版的扳手图标 ，在菜单中选择"预览"选项，如图 5-61 所示。若要禁用"实时预览"功能，只需要单击蒙版的扳手图标 ，取消选择菜单中的"预览"选项即可，如图 5-62 所示。

图 5-61　蒙版预览　　　　　　　　　　　图 5-62　禁用"实时预览"功能

此外，Adobe Premiere Pro 还拥有优化蒙版跟踪的内置功能：对于高度大于 1 080 像素的剪辑，Adobe Premiere Pro 在计算轨道时会将帧缩放至 1 080 像素大小。另外，Adobe Premiere Pro 会使用低品质渲染来加快蒙版跟踪的处理过程。

5.10.3 混合模式

1. 使用混合模式

在时间轴中，将剪辑放置于位于另一个剪辑所在轨道上方的一条轨道中，Adobe Premiere Pro 会将上方轨道中的剪辑叠加（混合）在下方轨道中的剪辑之上。使用混合模式的具体操作步骤如下。

（1）选择上方轨道中的剪辑，选择"效果控制"面板并将其激活。

（2）在"效果控制"面板中，单击"不透明度"下拉按钮。

（3）向左拖动"不透明度"滑块，将不透明度设置为小于 100%。

（4）单击"混合模式"下拉按钮。

（5）在"混合模式"下拉列表中选择一个混合模式。

2. 混合模式类别

混合模式根据混合模式结果之间的相似度可分为六个类别。这些类别的名称不会出现在界面中，它们在下拉列表中只是以分隔线隔开。

（1）正常类别：包括"正常"和"溶解"。除非不透明度小于源图层的 100%，否则像素的结果颜色不受基础像素的颜色影响。"溶解"混合模式会将源图层的一些像素变成透明。

（2）减色类别：包括"变暗""相乘""颜色加深""线性加深"和"深色"。这些混合模式往往会使颜色变暗，一些混合模式采用的颜色混合方式与在绘画中混合彩色颜料的方式大致相同。

（3）加色类别：包括"变亮""滤色""颜色减淡""线性减淡（添加）"和"浅色"。这些混合模式往往会使颜色变亮，一些混合模式采用的颜色混合方式与混合投影光的方式大致相同。

（4）复杂类别：包括"叠加""柔光""强光""亮光""线性光""点光"和"强混合"。这些混合模式会根据某种颜色是否比 50% 灰色亮，对源颜色和基础颜色执行不同的操作。

（5）差值类别：包括"差值""排除""相减"和"相除"。这些混合模式会根据源颜色和基础颜色之间的差值创建颜色。

（6）HSL 类别：包括"色相""饱和度""颜色"和"发光度"。这些混合模式会将颜色的 HSL 表示形式（色相、饱和度和发光度）中的一个或多个分量从基础颜色转换为结果颜色。

5.10.4　导出视频

在 Adobe Premiere Pro 中可以使用高级设置来自定义导出视频，如图 5-63 所示。

图 5-63　导出视频

具体操作步骤如下。

（1）选择要导出的序列。如果"项目"面板中有焦点，则导出模式会使用当前选定的序列或剪辑作为源；导出模式支持多重选择，但存在一些限制，如导出预览被禁用，导出设置会被应用于所有源。如果其他面板中有焦点，则导出模式会使用"时间轴"面板中最前面的打开的序列作为源。

（2）从 Adobe Premiere Pro 顶部的标题栏中选择"导出"选项以打开"导出"工作区。

（3）选择"文件"→"导出"→"媒体"选项或使用 Ctrl+M（Windows）/Cmd+M（macOS）快捷键切换至导出模式。导出工作流程从左至右移动，首先从左侧栏的选项中选择视频的目标，如 YouTube、Vimeo 或本地驱动器（媒体文件）。Adobe Premiere Pro 会提供优化的导出设置。

（4）接受默认的 H.264 预设或从"预设"菜单中选择一个不同的预设。还可以自定义导出设置，并保存自己的自定义预设。虽然所有导出参数都可以单独设置，但匹配源预设通常是最佳选择。这些是自适应预设，它们使用与源序列相同的帧大小、帧速率等。选择"高比特率"预设，以高质量导出视频，如图 5-64 所示。

（5）使用"预览"窗口在导出前预览、拖动和回放媒体，设置自定义的持续时间，如果导出为不同的帧大小，还可以控制源视频适应输出帧的方式。

图 5-64 "预设管理器"管理常用的预设列表

（6）使用"范围"可自定义导出视频的持续时间。

①整个源：导出序列或剪辑的完整持续时间。

②源入点/出点：如果在序列或剪辑中设置了入点/出点，则将这些设置用于导出。

③工作区域：导出工作区域栏的持续时间（仅限序列）。

④自定义：采用在导出模式下设置的自定义入点/出点。

（7）通过使用"缩放"功能，可以在导出为不同的帧大小时调整源视频以适应导出帧的方式。

①缩放以适合：调整源文件大小，使其适合输出帧，而不出现任何失真或裁剪的像素，但可能出现黑条。

②缩放以填充：调整源文件大小，使其完全填充输出帧，而不出现黑条，但可能裁剪一些像素。

③拉伸以填充：拉伸源文件大小，使其完全填充输出帧，而不出现任何黑条或裁剪的像素。不会保持画面长宽比，因此视频可能看起来失真。

（8）单击"导出"按钮。

复习思考题

1. 简述 Adobe Premiere Pro 的特点。

2. Adobe Premiere Pro 的操作面板可分为哪几部分？各部分有什么作用？

3. 如何为剪辑或序列添加标记？

4. 如何为素材添加遮罩键效果？

5. 如何为素材添加转场效果？

6. 如何分离素材中的音频 / 视频信息？

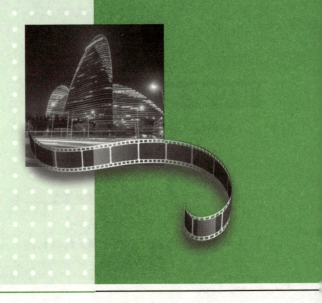

项目 6
音视频编辑综合案例

项目介绍

　　本项目将详细介绍 Adobe Premiere Pro 中音视频编辑的核心技术与功能，包括视频剪辑、音频编辑、特效添加、色彩校正、字幕设计等内容。通过本项目的学习，学生不仅能够掌握音视频编辑的基本技能和方法，以及使用 Adobe Premiere Pro 的强大功能制作专业的音视频作品，还能够培养创新思维和实践能力，为今后的学习和工作打下坚实的基础。

学习目标

　　1. 知识目标
　　（1）了解字幕在视频编辑中的重要性和作用；
　　（2）掌握 Adobe Premiere Pro 中字幕设计的基本功能；
　　（3）了解 MTV 制作中字幕的常见形式和应用。
　　2. 技能目标
　　（1）能够熟练使用 Adobe Premiere Pro 创建和编辑字幕；
　　（2）能够掌握为字幕添加动画效果的方法，如淡入、淡出、模糊、飞入等；
　　（3）能够在字幕中插入图形，进行图文混排；
　　（4）能够对字幕进行对齐、排列操作。
　　3. 素养目标
　　（1）提高对视频编辑软件的熟练度，增强实践操作的能力；
　　（2）培养创新思维，能够根据实际需求设计独特的字幕动画效果；
　　（3）培养良好的团队协作和沟通能力，能与他人合作完成 MTV 制作任务；
　　（4）培养持续学习的习惯，不断探索和学习新的视频编辑技术与工具。

PPT：音视频编辑综合案例

任务 6.1　综合实例 1：MTV 字幕动画

6.1.1　实例介绍

字幕在视频编辑制作中是一项重要的内容，Adobe Premiere Pro 中的字幕设计为用户提供了制作视频字幕所需的特性，可以方便、快速地创建多种样式的静态字幕、上滚字幕、游动字幕等，可以对整篇文字进行排版，可以在字幕中插入图形，进行图文混排，还可以轻松地对众多的图文元素进行对齐、排列操作。

下面以制作一个 MTV 的字幕效果为例进行介绍。MTV 中主要有两类不同形式的字幕：第一类为普通的唱词显示，可以添加一些淡入、淡出、模糊或飞入、飞出等效果；第二类为字幕动画设计，用于制作跟唱时有进度提示的 MTV 动态字幕效果，如图 6-1 所示。

图 6-1　MTV 字幕动画实例效果

6.1.2　制作步骤

1. 新建项目、序列并导入素材

（1）新建项目文件，打开"新建序列"对话框。预设选择"标准 48 kHZ"；视频帧大小为 720×720（1.0）；帧速率为 25.00 帧 / s；音频采样率为 48 000 样本 / s；将序列的名称命名为"MTV 字幕动画"。

（2）将准备好的"我的祖国 .mp3"音乐文件和 7 个相关的视频、图像素材导入"项目"面板，如图 6-2 所示。

2. 放置音频和添加标记点

将"我的祖国 .mp3"音频从"项目"面板拖至时间轴音轨中，按 Space 键开始监听，在每句歌词开始的位置处按 M 键，在时间轴标尺上添加标记点，所添加的标记点依次为第 16 s 处、第 26 s 处、第 35 s 处、第 44 s 处和第 50 s 处，如图 6-3 所示。

图 6-2　导入素材

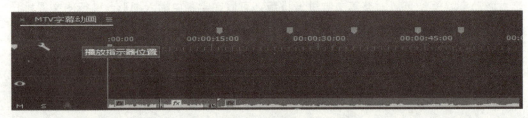

图 6-3　添加标记

3. 根据音乐节奏和歌词内容放置画面素材

（1）根据音乐节奏和歌词内容，从"项目"面板中将素材放入 V1 轨道，并编辑"剪辑视频 -1.mp4"及"视频 -3.mp4"放置画面素材，将其他素材以 8 ～ 15 s 的时长放置和连接，如图 6-4 所示。

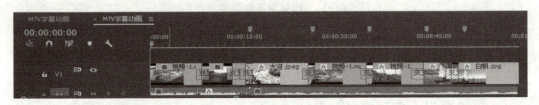

图 6-4　轨道素材放置

（2）根据音乐的内容及节奏，在各素材片段之间添加渐变的过渡。确认 V1 轨道为激活的高亮状态，在每段素材之间添加"交叉溶解"过渡效果。

4. 创建标题字幕

（1）按快捷键 Ctrl+T 新建字幕，命名为"标题字幕"。在打开的字幕面板中，创建文字"我的祖国"，在字幕面板中设置字体样式、字体大小、填充颜色、描边颜色、阴影效果，如图 6-5 所示。

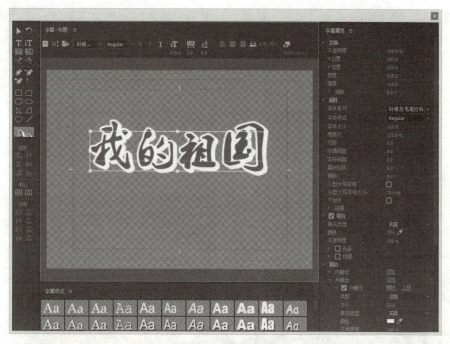

图 6-5 创建标题字幕

（2）从"项目"面板中将"标题"字幕拖至时间轴 V2 轨道的开始处，将出点拖至第 10 s 处，在 V2 轨道选中"标题"字幕，在其入点处添加"渐隐为白色"过渡效果，在其出点处添加"交叉溶解"过渡效果，如图 6-6 所示。

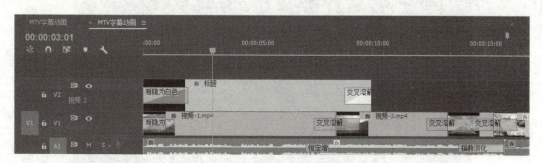

图 6-6 添加视频过渡效果

5. 创建歌词字幕

（1）准备和音乐内容提要对应的 5 句歌词，分别为"一条大河波浪宽""风吹稻花香两岸""我家就在岸上住""听惯了艄公的号子""看惯了船上的白帆"。MTV 的字幕随着演唱进度逐字变色，需要对每句歌词都设置蓝色和白色两种颜色。

（2）新建字幕，命名为"词 1 白色"，在打开的字幕属性面板中创建文字"一条大河波浪宽"，在右侧的属性面板中设置字体及大小，填充颜色为"白色"，描边选项为

"外描边"，将大小设置为"30"，将颜色设置为"黑色"，使文字居中，重复该步骤创建"词1蓝色"，如图6-7和图6-8所示。

图6-7　创建白色字幕

图6-8　创建蓝色字幕

（3）基于"词1白色"字幕创建"词2白色""词3白色""词4白色"和"词5白色"字幕，只需修改其中的歌词即可。同样，基于"词1蓝色"字幕建立"词2蓝色""词3蓝色""词4蓝色"和"词5蓝色"字幕，只需要修改其中的歌词即可。

6. 放置歌词字幕

（1）从"项目"面板中将"词 1 白色"和"词 2 白色"字幕拖至时间轴的 V3 和 V2 轨道中，入点为连接在标题字幕之后的第 10 s 处，出点设置为每句唱完后延长 1～2 s 的位置。根据标记点，设置"词 1 白色"字幕的出点为第 25 s 处，"词 2 白色"字幕的出点为第 35 s13 帧处，如图 6-9 所示。

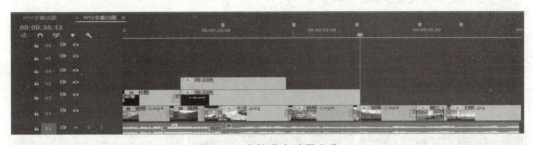

图 6-9　在轨道中放置字幕

（2）依次选择"词 1 白色"和"词 2 白色"这两个字幕，在"效果控制"面板中设置上下行的位置，如图 6-10 所示。

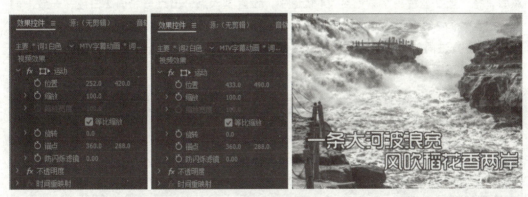

图 6-10　设置白色字幕位置参数

（3）将"词 3 白色""词 4 白色"和"词 5 白色"字幕拖至时间轴中，连接在对应的歌词之后，出点与音频一致，如图 6-11 所示。

图 6-11　摆放其他白色字幕

（4）在"词1白色"字幕上单击鼠标右键，在弹出的快捷菜单中选择"复制"命令（快捷键Ctrl+C），在"词3白色"和"词5白色"字幕上单击鼠标右键，在弹出的快捷菜单中选择"粘贴属性"命令（快捷键Ctrl+Alt+V），将包括位置设置的属性应用到"词3白色"和"词5白色"字幕上。

（5）同样，将"词2白色"字幕属性粘贴到"词4白色"字幕上，因为字数不同，所以需要调整水平位置，如图6-12所示。

图6-12　调整白色字幕位置参数

（6）将"词1蓝色"字幕拖至V5轨道中，设置其入点、出点与"词1白色"一致。然后，将"蓝2蓝色"字幕拖至V4轨道中，设置其入点、出点与"词2白色"一致。同理，放置"词3蓝色""词4蓝色"和"词5蓝色"字幕到对应位置。

（7）方法同前，复制白色字幕，粘贴其属性到对应的字幕上，这样，蓝色字幕在上面与白色字幕重叠，如图6-13所示。

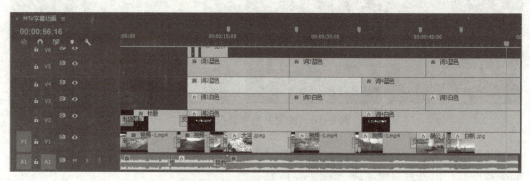

图6-13　调整蓝色字幕位置参数

7. 创建开始演唱提示图形

（1）在时间轴中将时间移至第一句歌词处，新建字幕，命名为"提示"，在第一句歌词"一条大河波浪宽"字幕上方使用字幕图形工具⊙建立一个圆点图形，在右侧的字幕面板中设置填充颜色为"绿色"，添加"外描边"，将大小设置为"3"，将颜色设置为"白色"，如图6-14所示。

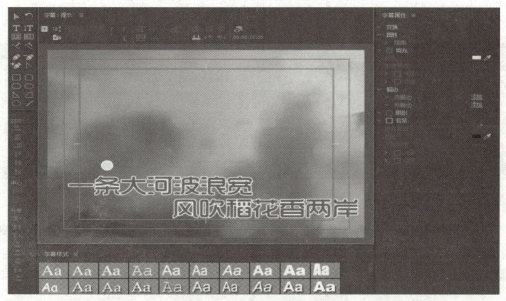

图 6-14　创建提示字幕图形

（2）使用选择工具，在按住 Alt 键的同时拖动圆点图形，即可生成一个新的副本图形，将其放置在原图形的右侧。采用同样的方式共建立 4 个圆点图形，并在字幕左上方大致排列放置，如图 6-15 所示。

（3）框选这 4 个圆点图形，单击工具箱中的"对齐"按钮使之对齐，在"分布"下单击"水平等距间隔"按钮使之等距离分布，如图 6-16 所示。

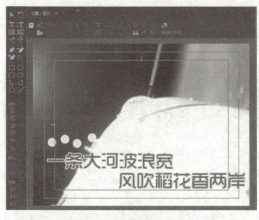

图 6-15　复制圆形图形

图 6-16　对齐分布图形

8. 设置开始演唱提示动画

（1）将"提示"字幕拖至时间轴视频 V6 轨道中，将其入点设置为与歌词一致的第

10 s 处，将出点设置为开始演唱时的第 16 s 处，如图 6-17 所示。

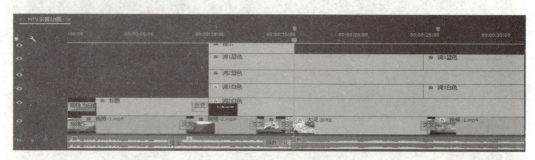

图 6-17　放置提示图形字幕

（2）为"提示"字幕制作闪动效果，可以在第 10 s14 帧处和 11 s 处分割字幕并删除多余字幕，同理，在第 11 s14 帧处和第 12 s 处分割字幕并删除多余字幕，即可产生字幕闪动的显示效果，如图 6-18 所示。

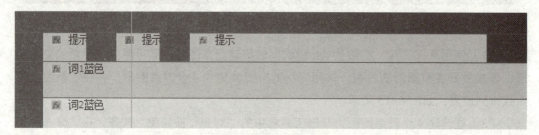

图 6-18　剪切制作提示图形

（3）将时间移至第 12 s 处，从"效果控制"面板中将"变换"下的"裁剪"效果拖至"提示"字幕上，制作倒计时提示动画，如图 6-19 所示。

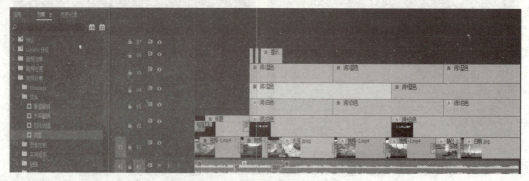

图 6-19　添加"剪切"效果

（4）在"效果控制"面板中，单击"裁剪"按钮，会在节目监视器面板中显示矩形的参考线框，单击"右侧"按钮前面的秒表图标记录关键帧，分别设置右侧裁剪参数在第 12 s 处为 "64%"，在第 13 s 处为 "80%"，在第 13 s17 帧处为 "84%"，在第 14 s11 帧处为 "89%"，在第 15 s 处为 "100%"，如图 6-20 所示。

（5）单击 "右侧" 按钮将其关键帧全部选中，然后在其中一个关键帧上单击鼠标右键，在弹出的快捷菜单中选择 "定格" 命令，即可产生圆点图形逐个跳动消失的动画，而不再显示从右侧逐渐剪切消失的动画方式，如图 6-21 所示。

图 6-20 设置右侧剪切参数

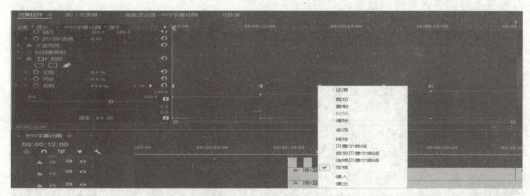

图 6-21 设置定格关键帧

9. 设置歌词演唱进度动画

（1）在完成 "提示" 字幕动画制作之后，可以使用相同的方法制作歌词演唱进度动画，区别是剪裁方式不同，歌词演唱进度的关键帧为逐渐剪裁的动画方式，而不是定格关键帧。

（2）"词 1 蓝色" 歌词动画效果设置方法如下：在 "效果控制" 面板中将 "变换" 下的 "裁剪" 效果拖至字幕上，设置特效的 "左对齐" 参数在第 15 s16 帧处为 "19%"，在第 18 s8 帧处为 "55%"，在第 20 s9 帧处为 "63%"，在第 21 s23 帧处为 "70%"，在第 24 s16 帧处为 "100%"，播放动画效果，第一句歌词演唱完毕，蓝色字幕逐渐过渡为下层的白色字幕。由于演唱的进度不是匀速的，所以制作时需要及时调整左对齐的数值，如图6-22所示。

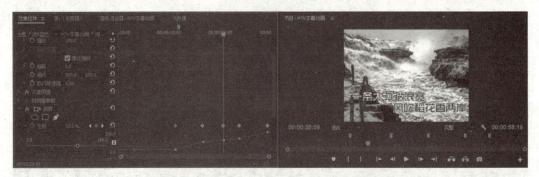

图 6-22　"词 1 蓝色"歌词设置剪切关键帧

（3）设置完第一句歌词的演唱进度动画，其余字幕可按此方法制作。"词 2 蓝色"歌词动画效果设置方法如下：在"效果控制"面板中将"变换"下的"裁剪"效果拖至字幕上，设置特效的"左对齐"参数在第 25 s21 帧处为"29%"，在第 28 s7 帧处为"47%"，在第 31 s3 帧处为"63%"，在第 34 s11 帧处为"91%"，播放动画效果，第二句歌词演唱完毕，蓝色字幕逐渐过渡为下层的白色字幕。由于演唱的进度不是匀速的，所以制作时需要及时调整左对齐的数值，如图 6-23 所示。

图 6-23　"词 2 蓝色"歌词设置剪切关键帧

（4）"词 3 蓝色"歌词动画效果设置方法如下：在"效果控制"面板中将"变换"下的"裁剪"效果拖至字幕上，设置特效的"左对齐"参数在第 35 s3 帧处为"20%"，在第 36 s09 帧处为"41%"，在第 38 s2 帧处为"50%"，在第 39 s14 帧处为"60%"，在第 40 s19 帧处为"67%"，在第 43 s5 帧处为"100%"，播放动画效果，第三句歌词演唱完毕，蓝色字幕逐渐过渡为下层的白色字幕。由于演唱的进度不是匀速的，所以制作时需要及时调整左对齐的数值，如图 6-24 所示。

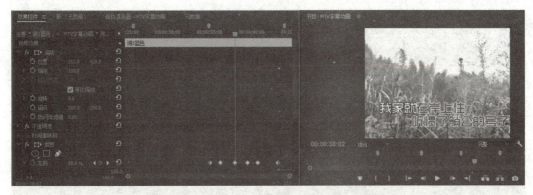

图 6-24　"词 3 蓝色"歌词设置剪切关键帧

（5）"词 4 蓝色"歌词动画效果设置方法如下：在"效果控制"面板中将"变换"下的"裁剪"效果拖至字幕上，设置特效的"左对齐"参数在第 44 s19 帧处为"20%"，在第 45 s7 帧处为"30%"，在第 45 s21 帧处为"38%"，在第 47 s 处为"64%"，在第 48 s17 帧处为"100%"，播放动画效果，第四句歌词演唱完毕，蓝色字幕逐渐过渡为下层的白色字幕。由于演唱的进度不是匀速的，所以制作时需要及时调整左对齐的数值，如图 6-25 所示。

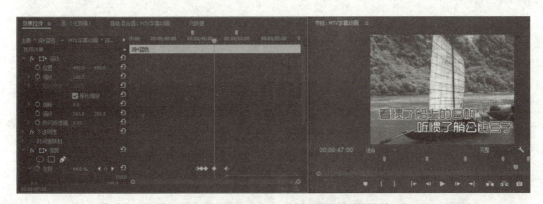

图 6-25　"词 4 蓝色"歌词设置剪切关键帧

（6）"词 5 蓝色"歌词动画效果设置方法如下：在"效果控制"面板中将"变换"下的"裁剪"效果拖至字幕上，设置特效的"左对齐"参数在第 49 s20 帧处为"20%"，在第 51 s 处为"37%"，在第 52 s1 帧处为"45.5%"，在第 53 s4 帧处为"62.3%"，在第 54 s20 帧处为"72%"，在第 56 s16 帧处为"100%"，播放动画效果，第五句歌词演唱完毕，蓝色字幕逐渐过渡为下层的白色字幕。由于演唱的进度不是匀速的，所以制作时需要及时调整左对齐的数值，如图 6-26 所示。

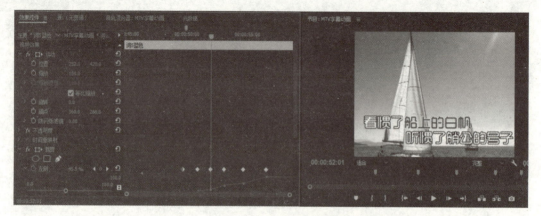

图 6-26　"词 5 蓝色"歌词设置剪切关键帧

6.1.3　实例小结

本任务以"MTV 字幕动画"实例为基础，详细介绍了字幕的创建方法，包括设置字幕属性、复制字幕、为监听音频添加标记、管理与剪辑素材、使用裁剪特效制作文字逐渐出现效果等。

通过本实例的学习，可以深入了解 Adobe Premiere Pro 中字幕设计的功能和应用，掌握如何为字幕添加动画效果，如何在字幕中插入图形，进行图文混排，如何对字幕进行对齐、排列操作，以及如何制作跟唱时有进度提示的 MTV 动态字幕效果。

本实例不仅使学生掌握了 Adobe Premiere Pro 中字幕设计的技能，还培养了学生的创新思维和解决问题的能力。同时，通过与他人合作完成 MTV 制作任务也锻炼了学生的团队协作能力。

任务 6.2　综合实例 2：旅游宣传片头制作

6.2.1　实例介绍

Adobe Premiere Pro 主要用于剪辑和编排视频节目，也具有一定的栏目包装制作功能，可以对一些不太复杂的包装效果进行制作。本任务利用 Adobe Premier Pro 的综合功能进行旅游宣传片头制作。

下面以制作一个新疆喀纳斯旅游宣传片头效果为例进行介绍，如图 6-27 所示。本实例使用创建字幕、嵌套序列、设置关键帧动画节奏、设置视频切换转场、剪辑音视频、添加音乐、输出视频等技术制作音视频作品，通过制作本实例可使学生积累一定的实践经验。

图 6-27　旅游宣传片头实例效果

6.2.2　制作步骤

素材包：项目工程源文件——魅力新疆喀纳斯旅游宣传片

1. 准备及预览素材

在制作旅游宣传片头之前，需先拍摄或收集相关素材并进行预览，如发现有些素材色彩灰暗，可在 Photoshop 中对其亮度 / 对比度进行调整，如图 6-28 所示。

2. 导入素材

在制作旅游宣传片头之前需要先导入素材至操作界面中，具体操作步骤如下。

（1）运行 Adobe Premiere Pro，选择"新建项目"选项。在"新建项目"对话框中选择项目保存路径，对项目进行命名，单击"确定"按钮，如图 6-29 所示。

（2）选择"新建序列"选项，打开"新建序列"对话框，在"序列预设"选项卡的"可用预设"列表框中选择"HDV 720p25"选项，对序列进行命名，单击"确定"按钮，如图 6-30 所示。

图 6-28　素材预览

图 6-29　"新建项目"对话框　　　　图 6-30　"新建序列"对话框

（3）进入操作界面，在项目窗口中双击，在打开的对话框中导入随书附带素材。

3. 创建字幕

创建旅游宣传片头所需字幕，具体操作步骤如下。

（1）新建片头字幕"魅力新疆，喀纳斯风光"，将字体设置为"迷你简汉真广标"，字体大小为"100.0";填充类型选择"渐变",起始颜色 RGB 值为"242""142""47",结束颜色 RGB 值为"256""246""0";添加"外描边",颜色为"黑色",大小为"19",角度为"26.0°";添加阴影,不透明度为"54",距离为"4",大小为"2",如图 6-31所示。

（2）新建片头字幕 1"自然宝藏,文化瑰宝",字体设置为"汉仪菱心体简",字体大小设置为"100.0";填充类型选择"渐变",起始颜色 RGB 值为"242""142""47",结束颜色 RGB 值为"256""246""0";添加"外描边",颜色为"黑色",大小为"19.0",角度为"26.0°";添加阴影,不透明度为"54",距离为"4",大小为"2",如图 6-32所示。

图 6-31　新建片头字幕　　　　　　　　图 6-32　新建片头字幕 1

（3）新建字幕 1"新疆喀纳斯,一幅天然的画卷,令人叹为观止",字体设置为"迷你简汉真广标",字体大小按样文要求设置,重点字幕放大显示,填充类型选择"实底",如图 6-33 所示。

（4）新建字幕 2"湖光山色与茂密的森林相互映衬",字体设置为"迷你简汉真广标",字体大小按样文要求设置,重点字幕放大显示,填充类型选择"实底",如图 6-34所示。

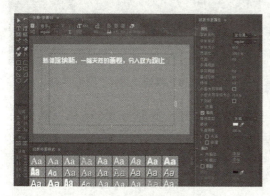 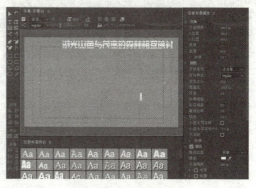

图 6-33　新建字幕 1　　　　　　　　图 6-34　新建字幕 2

（5）新建字幕3"碧绿的湖水与壮美的山峦相互映衬"，字体设置为"迷你简汉真广标"，字体大小按样文要求设置，重点字幕放大显示，填充类型选择"实底"，如图6-35所示。

（6）新建字幕4"烟波浩渺的湖泊上，湖光山色交相辉映"，字体设置为"迷你简汉真广标"，字体大小按样文要求设置，重点字幕放大显示，填充类型选择"实底"，如图6-36所示。

图6-35　新建字幕3

图6-36　新建字幕4

（7）新建"图1""图2"图形字幕，绘制圆角矩形，设置宽度为700像素，高度为450像素，圆角大小为10.0%，填充类型选择"纹理"（根据图示选择纹理图片），添加外描边，将颜色设置为"白色"，大小设置为"16"，如图6-37、图6-38所示。

图6-37　新建"图1"图形字幕

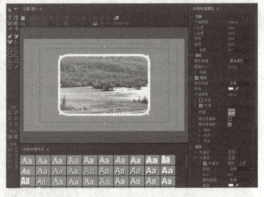

图6-38　新建"图2"图形字幕

（8）新建"图3""图4"图形字幕，绘制圆角矩形，宽度为700像素，高度为450像素，圆角大小为10.0%，填充类型选择"纹理"（根据图示选择纹理图片），添加外描边，颜色设置为"白色"，大小设置为"16"，如图6-39、图6-40所示。

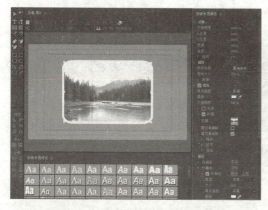

图 6-39　新建"图 3"图形字幕

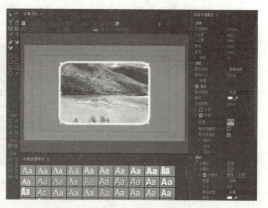

图 6-40　新建"图 4"图形字幕

（9）新建"图 5""图 6"图形字幕，绘制圆角矩形，宽度为 700 像素，高度为 450 像素，圆角大小为 10.0%，填充类型选择"纹理"（根据图示选择纹理图片），添加外描边，颜色设置为"白色"，大小设置为"16"，如图 6-41、图 6-42 所示。

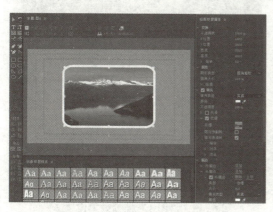

图 6-41　新建"图 5"图形字幕

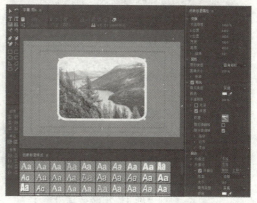

图 6-42　新建"图 6"图形字幕

4. 创建"分镜头 01"序列

使用关键帧动画技术制作图像按相同节奏沿一定方向运动的效果，主要使用"运动"下的"位置"参数。

（1）选择"新建序列"选项，新建 HDV 720P25 预设制式，添加 5 条视频轨，从项目窗口中拖动"图 1"字幕到 V1 视频轨道，修改当前时间为"00：00：12：00"，拖动"图 1"文件的结束处，使其与编辑标示线对齐，如图 6-43 所示。

（2）在"图 1"文件已被选定的情况下激活"特效控制台"面板，设置当前时间为"00：00：00：00"，设置"运动"下的"位置"值为"-373.0""360.0"。单击其左侧的 按钮，打开动画关键帧记录，如图 6-44 所示。修改当前时间为"00：00：04：00"，设置"运动"下的"位置"值为"1 645.0""360.0",如图 6-45 所示。

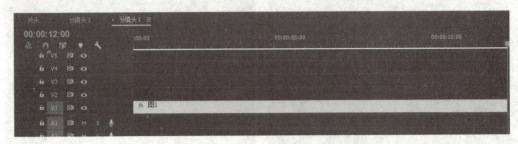

图 6-43 "图 1"轨道时间设置

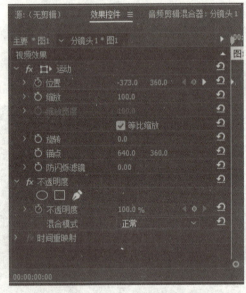

图 6-44 "图 1"视频效果设置 1   图 6-45 "图 1"视频效果设置 2

（3）设置当前时间为"00∶00∶01∶05"，在项目窗口中将"图 2"文件拖至时间线窗口中的"视频 2"轨道中，与编辑标示线对齐，将其结束处与"图 1"文件的结束处对齐，如图 6-46 所示。

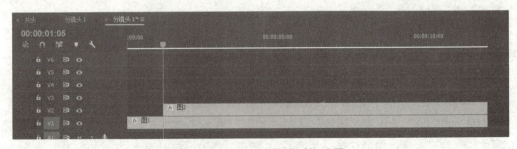

图 6-46 "图 2"轨道时间设置

（4）在"图2"文件被选定的情况下激活"特效控制台"面板，设置当前时间为
"00：00：01：12"，设置"运动"下的"位置"值为"-373.0""360.0"。单击其左侧
的![按钮]按钮，打开动画关键帧记录，如图6-47所示。修改当前时间为"00：00：05：12"，
设置"运动"下的"位置"值为"1 645.0""360.0"，如图6-48所示。

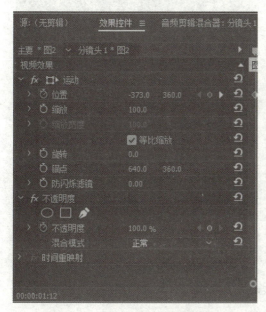

图 6-47　"图 2"视频效果设置 1　　　　图 6-48　"图 2"视频效果设置 2

（5）设置当前时间为"00：00：02：05"，在项目窗口中将"图3"文件拖至时间
线窗口中的"视频3"轨道中，与编辑标示线对齐，将其结束处与"图1"文件的结束处
对齐，如图6-49所示。

图 6-49　"图 3"轨道时间设置

（6）在"图3"文件被选定的情况下激活"特效控制台"面板，设置当前时间为
"00：00：02：24"，设置"运动"下的"位置"值为"-373.0""360.0"。单击其左侧
的![按钮]按钮，打开动画关键帧记录，如图6-50所示。修改当前时间为"00：00：06：24"，
设置"运动"下的"位置"值为"1 645.0""360.0"，如图6-51所示。

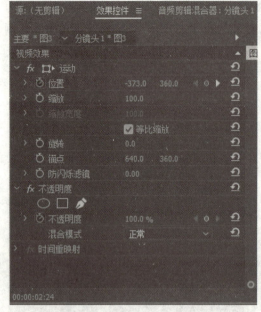

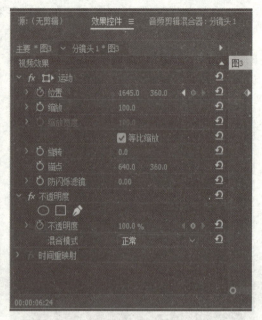

图 6-50　"图 3"视频效果设置 1　　　　　图 6-51　"图 3"视频效果设置 2

（7）设置当前时间为"00：00：03：05"，在项目窗口中将"图 4"文件拖至时间线窗口中的"视频 4"轨道中，与编辑标示线对齐，将其结束处与"图 1"文件的结束处对齐，如图 6-52 所示。

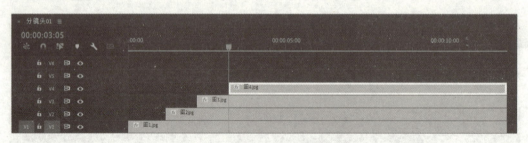

图 6-52　"图 4"轨道时间设置

（8）在"图 4"文件被选定的情况下激活"特效控制台"面板，设置当前时间为"00：00：04：11"，设置"运动"下的"位置"值为"-373.0""360.0"。单击其左侧的■按钮，打开动画关键帧记录，如图 6-53 所示。修改当前时间为"00：00：08：11"，设置"运动"下的"位置"值为"1 645.0""360.0"，如图 6-54 所示。

（9）设置当前时间为"00：00：04：05"，在项目窗口中将"图 5"文件拖至时间线窗口中的"视频 5"轨道中，与编辑标示线对齐，将其结束处与"图 1"文件的结束处对齐，如图 6-55 所示。

图 6-53　"图 4"视频效果设置 1

图 6-54　"图 4"视频效果设置 2

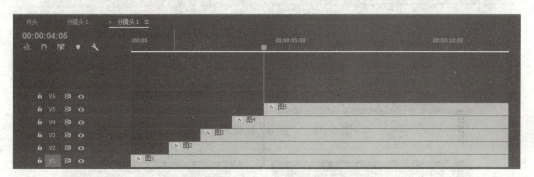

图 6-55　"图 5"轨道时间设置

（10）在"图 5"文件被选定的情况下激活"特效控制台"面板，设置当前时间为"00：00：04：11"，设置"运动"下的"位置"值为"-373.0""360.0"。单击其左侧的▓按钮，打开动画关键帧记录，如图 6-56 所示。修改当前时间为"00：00：08：11"，设置"运动"下的"位置"值为"1 645.0""360.0"，如图 6-57 所示。

（11）设置当前时间为"00：00：05：05"，在项目窗口中将"图 6"文件拖至时间线窗口中的"视频 6"轨道中，与编辑标示线对齐，将其结束处与"图 1"文件的结束处对齐，如图 6-58 所示。

（12）在"图 6"文件被选定的情况下激活"特效控制台"面板，设置当前时间为"00：00：04：11"，设置"运动"下的"位置"值为"-373.0""360.0"。单击其左侧的▓按钮，打开动画关键帧记录，如图 6-59 所示。修改当前时间为"00：00：08：11"，设置"运动"下的"位置"值为"1 645.0""360.0"，如图 6-60 所示。

图 6-56 "图 5"视频效果设置 1

图 6-57 "图 5"视频效果设置 2

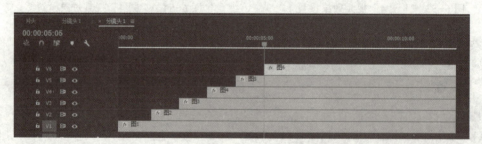

图 6-58 "图 6"轨道时间设置

图 6-59 "图 6"视频效果设置 1

图 6-60 "图 6"视频效果设置 2

5. 用序列制作旅游宣传片头

下面使用前面导入及创建的各类素材及序列完成旅游宣传片头制作，具体操作步骤如下。

（1）导入素材包中准备好的"视频 1""视频 2"素材，按样片要求完成视频剪辑，并拖动到视频 1 轨道中，在当前时间 00：00：01：00 处添加"交叉溶解"视频过渡效果，在当前时间 00：00：02：00 处添加"渐隐为白色"视频过渡效果，如图 6-61 所示。

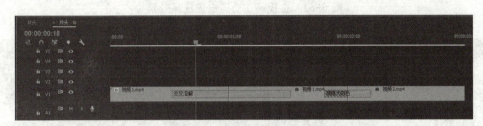

图 6-61　添加视频过渡效果

（2）在当前时间 00：00：03：00 处导入"02.jpg"素材并放置在视频 3 轨道中，将出点设置在 00：00：04：00 处，在 00：00：03：00 处添加"缩放"关键帧，值为"350"，在 00：00：03：09 处添加"缩放"关键帧，值为"100"；在当前时间 00：00：04：00 处导入"03.jpg"素材并放置在视频 3 轨道中；在当前时间 00：00：05：00 处导入"04.jpg"素材并放置在视频 3 轨道中，在三段素材之间分别添加"滑动带"（持续时间为 20 帧）及"卷走"（持续时间为 10 帧）视频切换效果，如图 6-62 所示。

图 6-62　"滑动带"及"卷走"视频效果设置

（3）在当前时间 00：00：05：00 处导入"05.jpg"素材并放置在视频 2 轨道中，将出点设置在 00：00：06：00 处；在当前时间 00：00：06：00 处导入"06.jpg"素材并放置在视频 2 轨道中；在当前时间 00：00：07：05 处导入"08.jpg"素材并放置在视频 2 轨道中，将出点设置在 00：00：08：00 处；选定素材"08.jpg"，在 00：00：07：10 处添加"不透明度"关键帧，设置值为"66%"；在 00：00：07：22 处添加"不透明度"关键帧，设置值为"41%"；在三段素材之间分别添加"带状滑动"（持续时间为 1 s）及"交叉溶解"（持续时间为 15 帧）视频切换效果；在当前时间 00：00：08：00 处导入分镜头 1 序列并放置在视频 2 轨道中，在分镜头 1 入点 00：00：08：00 处添加"交叉溶解"视频过渡效果，如图 6-63 所示。

（4）在当前时间 00：00：00：03 处导入"字幕 01"并放置在视频 4 轨道中，在当前时间 00：00：01：13 处导入"字幕 02"并放置在视频 4 轨道中，在当前时间 00：00：03：00 处导入"字幕 03"并放置在视频 4 轨道中，在当前时间 00：00：04：13 处导入"字幕 04"并放置在视频 4 轨道中，将出点设置为"00：00：06：04"，如图 6-64 所示。

图 6-63　在视频 2 轨道设置视频效果

图 6-64　在视频 4 轨道导入字幕

（5）在当前时间 00：00：04：00 处导入素材"背景 .jpg"放置在视频 1 轨道中，如图 6-65 所示。

图 6-65　在视频 1 轨道导入素材

（6）在当前时间 00：00：17：04 处导入素材"14.jpg"并放置在视频 4 轨道中，将出点设置为"00：00：17：04"，选定素材"14.jpg"，在 00：00：17：04 处添加"缩放"关键帧，设置值为"0"，在 00：00：18：00 处添加"缩放"关键帧，设置值为"100"；在当前时间 00：00：19：00 处导入素材"16.jpg"并放置在视频 5 轨道中，将出点设置为"00：00：23：10"，在入点处添加"百叶窗"视频过渡效果；在当前时间 00：00：23：00 处导入素材"19.jpg"并放置在视频 4 轨道中，将出点设置为"00：00：26：00"，在 00：00：23：05 处添加"缩放"关键帧，设置值为"200"，在 00：00：25：00 处添加"缩放"关键帧，设置值为"100"；在当前时间 00：00：25：03 处导入素材"17.jpg"并放置在视频 5 轨道中，将出点设置为"00：00：28：13"，在入点处添加"交叉缩放"视频过渡效果；在当前时间 00：00：27：22 处导入素材"22.jpg"并放置在视频 4 轨道中，将出点设置为"00：00：30：00"，如图 6-66 所示。

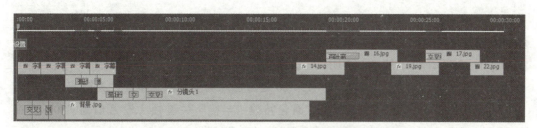

图 6-66　视频 4 轨道关键帧设置

（7）在当前时间 00：00：05：00 处导入素材"片头字幕"并放置在视频 6 轨道中，将出点设置为"00：00：14：18"处，选定素材"片头字幕"，在 00：00：05：00 处添加"缩放"关键帧，设置值为"200"，在 00：00：06：18 处添加"缩放"关键帧，设置值为"100"；在 00：00：05：00 处添加"不透明度"关键帧，设置值为"0"，在 00：00：07：14 处添加"不透明度"关键帧，设置值为"100"，在 00：00：13：13 处添加"不透明度"关键帧，设置值为"100"，在 00：00：14：10 处添加"不透明度"关键帧，设置值为"0"；选定素材"片头字幕"并添加"高斯模糊"特效，在 00：00：05：00 处添加"模糊度"关键帧，设置值为"35"，在 00：00：07：16 处添加"模糊度"关键帧，设置值为"0"，如图 6-67 所示。

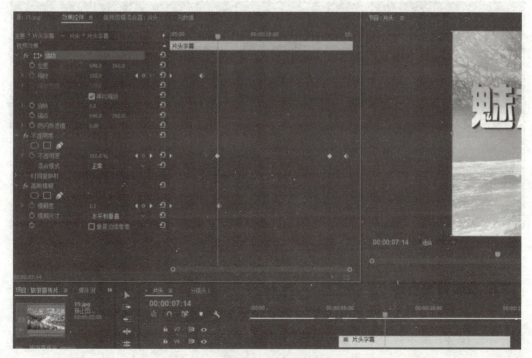

图 6-67　视频 6 轨道关键帧及特效设置

（8）在当前时间 00：00：14：00 处导入素材"片头字幕 1"并放置在视频 7 轨道中，将出点设置为"00：00：30：00"，选定素材"片头字幕 1"，在 00：00：14：00 处添加"不透明度"关键帧，设置值为"0"，在 00：00：14：17 处添加"不透明度"关键帧，设置值为"100"，在 00：00：26：15 处添加"不透明度"关键帧，设置值为"100"，在 00：00：27：21 处添加"不透明度"关键帧，设置值为"0"；选定素材"片头字幕"并添加"球面化"特效，在 00：00：15：00 处添加球面化特效"半径"关键帧，设置值为"0"，在 00：00：15：20 处添加球面化特效"半径"关键帧，设置值为"80"，在 00：00：24：23 处添加球面化特效"半径"关键帧，设置值为"80"，在 00：00：26：16 处添加球面化特效"半径"关键帧，设置值为"0"；选定素材"片头字幕 1"并添加"球面化"特效，在 00：00：15：00 处添加球面化特效"球面中心"关键帧，设置值为"640、360"，在 00：00：15：20 处添加球面化特效"球面中心"关键帧，设置值为"214""186"，在 00：00：17：08 处添加球面化特效"球面中心"关键帧，设置值为"388""177"，在 00：00：19：07 处添加球面化特效"球面中心"关键帧，设置值为"574""188"，在 00：00：21：06 处添加球面化特效"球面中心"关键帧，设置值为"766""175"，在 00：00：22：23 处添加球面化特效"球面中心"关键帧，设置值为"517""539"，在 00：00：24：23 处添加球面化特效"球面中心"关键帧，设置值为"1 049""540"，如图 6-68 所示。

图 6-68　添加球面化特效

6. 添加背景音乐

下面介绍如何为制作好的作品添加音乐。先将"背景音乐 1.mp3"拖至音频 1 轨道中，然后按样片所示效果进行音频剪辑，并添加音频淡入、淡出关键帧效果，如图 6-69 所示。

图 6-69　添加背景音乐

7. 输出视频

将制作完成的视频作品进行输出，具体操作步骤如下。

激活时间线，选择"文件"→"导出"→"媒体"选项，即可弹出"导出设置"对话框，在"导出设置"区域中选择"H.264"格式，在"输出名称"右侧设置输出路径及文件名，单击"导出"按钮，如图 6-70 所示。

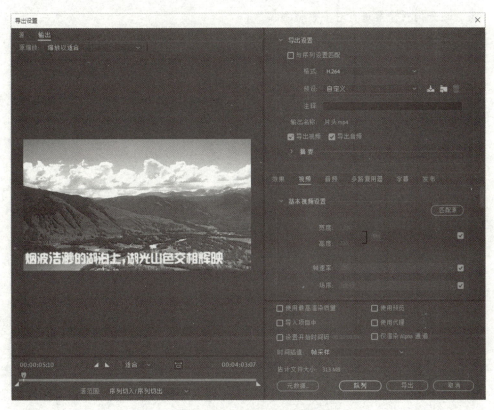

图 6-70　视频输出设置

6.2.3　实例小结

本项目以旅游宣传片头制作实例为基础，详细介绍了收集及预览素材、导入素材、创建字幕、使用关键帧技术、让图像沿一定路径运动、嵌套序列、添加视频转场特效、剪辑音视频、添加音乐、输出视频等知识。

通过本实例的学习，学生不仅可以掌握 Adobe Premiere Pro 的相关知识、技能，以及影视片头的基本制作流程，还培养了创新思维、解决问题及团队协作的能力。

复习思考题

1. 简述 Adobe Premiere Pro 中的字幕设计，以及其基本功能和特性。

2. 在 Adobe Premiere Pro 中，如何创建和编辑字幕？

3. 简述如何为字幕添加动画效果，如淡入、淡出、模糊、飞入等。

4. 简述如何在字幕中插入图形，进行图文混排。

5. 简述如何对字幕进行对齐、排列操作。

6. 简述如何制作跟唱时有进度提示的 MTV 动态字幕效果。

7. 简述在本项目中遇到了哪些困难。如何克服这些困难？

8. 简述通过本项目对音视频编辑有了哪些新的认识和理解。

9. 在音视频编辑中，字幕设计的重要性体现在哪些方面？

10. 简述关于提升音视频编辑技能和素养的建议和想法。

参考文献

［1］李宏. 数码摄影技术［M］. 北京：中国摄影出版社，2005.

［2］张建华. 数码影像基础与技巧［M］. 北京：人民邮电出版社，2010.

［3］刘斌. 数码摄影：理论与实践［M］. 北京：中国轻工业出版社，2013.

［4］王瑞. 数码摄影构图与色彩［M］. 北京：化学工业出版社，2012.

［5］张晓龙. 数码摄影后期技术［M］. 北京：中国轻工业出版社，2014.

［6］王烁. 视听语言［M］. 北京：高等教育出版社，2008.

［7］张宇. 音视频编辑基础与实例［M］. 北京：人民邮电出版社，2020.

［8］李涛. 音视频编辑技术与应用［M］. 北京：中国传媒大学出版社，2018.

［9］李志强. Adobe Premiere Pro CC 音视频编辑教程［M］. 北京：清华大学出版社，2016.

［10］赵晓丹. 音视频编辑与合成技术［M］. 北京：中国传媒大学出版社，2017.

［11］王烁. 音视频编辑实战与案例［M］. 北京：人民邮电出版社，2019.

［12］李晓龙. Adobe Premiere Pro CC 视频编辑教程［M］. 北京：人民邮电出版社，2018.

［13］张宇翔. Premiere Pro 完全学习手册［M］. 北京：电子工业出版社，2019.

［14］刘洋. Premiere Pro 视频编辑实战技巧［M］. 北京：中国水利水电出版社，2017.

［15］刘晓东. Adobe Premiere Pro CC 2018 视频编辑与特效制作实战［M］. 北京：中国电力出版社，2018.

［16］王勇. Premiere Pro 视频编辑与特效制作［M］. 北京：人民邮电出版社，2016.